光疗美甲轻松上手

Nail

7大风格美甲秀，让你轻松变成美人儿，成为全场焦点；
52组迷人美甲主题，让你根据不同场合，打造出自我风格，
让指间闪耀迷人的魔力。

邱佳雯 著

山西出版传媒集团
山西科学技术出版社

图书在版编目（CIP）数据

光疗美甲轻松上手 / 邱佳雯著 .—太原：山西科学技术出版社，2017.2

ISBN 978 – 7 – 5377 – 5468– 2

Ⅰ . ① 光… Ⅱ . ① 邱… Ⅲ . ① 美甲— 光疗法 Ⅳ . ① TS974.15

中国版本图书馆 CIP 数据核字（2016）第 303332 号

著作权合同登记号　图字 04-2017-008

光疗美甲轻松上手

出　版　人：赵建伟
著　　　者：邱佳雯
责 任 编 辑：薄九深
责 任 发 行：阎文凯
封 面 设 计：吕雁军

出 版 发 行：山西出版传媒集团・山西科学技术出版社
地址：太原市建设南路 21 号　邮编：030012
编辑部电话：0351–4922134
发 行 电 话：0351–4922121
经　　　销：各地新华书店
印　　　刷：山西晋财印刷有限公司
网　　　址：www.sxkxjscbs.com
微　　　信：sxkjcbs

开　　　本：787mm × 1092mm　1/16　　印　张：9.625
字　　　数：260 千字
版　　　次：2017 年 2 月第 1 版　2017 年 2 月太原第 1 次印刷

书　　　号：ISBN 978–5377–5468–2
定　　　价：48.00 元

本社常年法律顾问：王葆柯
如发现印、装质量问题，影响阅读，请与印刷厂联系调换。

作　者　序

光疗指甲又称为凝胶指甲，是现今美甲流行的趋势，已渐渐取代水晶指甲。其特点是无毒性、无刺激性、无臭无味、不影响人体呼吸系统及精神系统；其持久性与亮度也较水晶指甲更佳，更能减轻指甲的负担，使甲面自然又闪耀动人。

光疗指甲的制作需具备正确的保养技能、彩绘运用与延甲技术，而凝胶的特性与涂刷凝胶的技巧则更为重要。此书内容从工具使用说明至上胶技巧到造型变化一一完整呈现，让您可以轻松学习也可以做出美丽的光疗指甲喔！

作者简介：

专长：

美甲教学、贴膜教学、贴钻教学、定制化产品设计

经历：

指蝶指甲彩绘教育学苑专任讲师

世贸化妆品美容展美甲技术讲师

知名模特公司秀场表演美甲指导

多位知名艺人特约美甲师

著作：

《粉雕美甲轻松上手》

《彩绘美甲轻松上手》

《百变甲妆情报站——美甲保养小撇步》

《爱上美甲新品味——光疗美甲轻松上手》

目　录

工具、材料介绍：光疗美甲常用工具

1.UV 光疗灯

常用瓦数 9 瓦、18 瓦、36 瓦，为紫外线灯光照射，照射时间较长，灯管使用寿命较短，建议每 6 个月替换灯管。

2.LED 光疗灯

可视光线光疗灯，采用高强效波长 LED 灯泡，硬化时间快速，消耗电力小，是环保又安全的灯，所以不需更换灯泡。

3. 陶瓷甘皮推棒

顶端陶瓷素材具适当摩擦力，可快速清除甘皮（甲上皮），斜面设计更便于使用。

4. 金属甘皮推棒

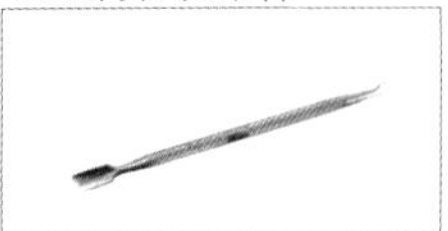

顶端弧度适合甲面弧度的勺形设计，使甲面推磨完整服帖，尾端弯度的设计适合推磨甲面周围。

5. 甘皮剪

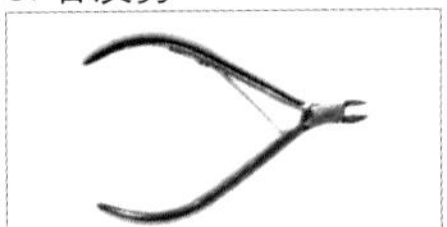

可用来修剪甘皮（甲上皮）或肉刺等指甲上皮组织。

6. 抛磨棒

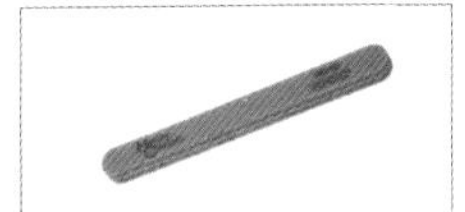

用于甲面侧边与甘皮（甲上皮）周围及延甲甲面抛磨，因磨棒粗细不同、用途不同而区分使用。

7. 磨棒

主要用来卸除指模延长的指甲，也可用在涂刷凝胶之后打磨或修饰指甲形状。

8. 薄磨板

用来修饰真甲的形状。

9. 榉木棒

使用于甲面清洁、推磨与指甲溢胶修边处理。

10. 圆口凝胶笔（圆口笔）

适用于涂刷底层胶、透明胶、上层胶，尤其在指缘区域较易涂刷。

11. 平头凝胶笔（平头笔）

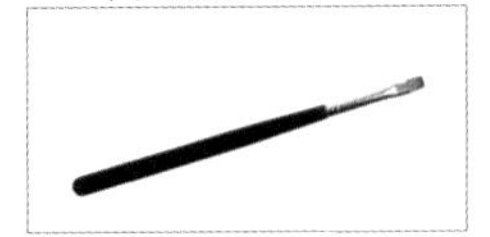

适用于延甲胶，易涂刷，好控制平整度。

12. 短斜凝胶笔（短斜笔）

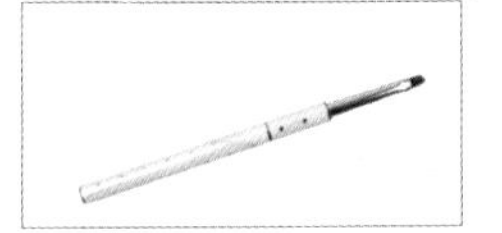

笔端斜面剪裁，适合绘画花瓣等图案。

13. 中斜凝胶笔（中斜笔）

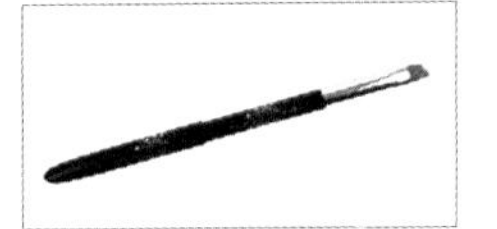

笔毛比短斜凝胶笔略长，可画出较大的花瓣，或作为法式凝胶笔使用。

14. 渐层凝胶笔（渐层笔）

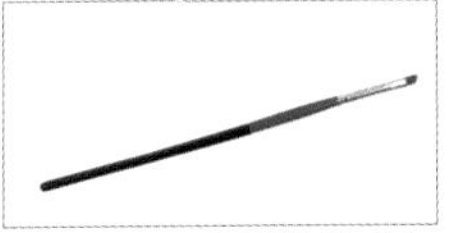

笔毛宽度、斜面的剪裁与毛量，能绘画出漂亮又自然的渐层感。

15. 短线凝胶笔（短线笔）

适合勾画亮粉线条，也可以描绘更细致的彩绘图形与线条。

16. 极细短线笔

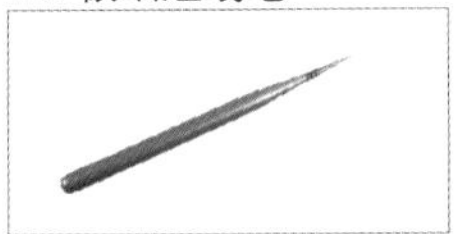

主要用于绘制彩绘图形。

17. 长线凝胶笔（长线笔）

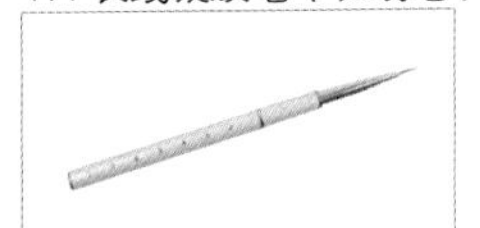

笔毛长度较短线凝胶笔略长，适合勾绘大理石纹等造型。

18. 彩绘凝胶笔（彩绘笔）

笔毛量略粗，可以描绘彩绘图案。

19. 平衡液

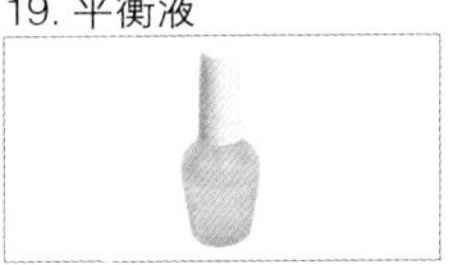

去除甲面油脂，使甲面干燥。

20. 可卸底层凝胶

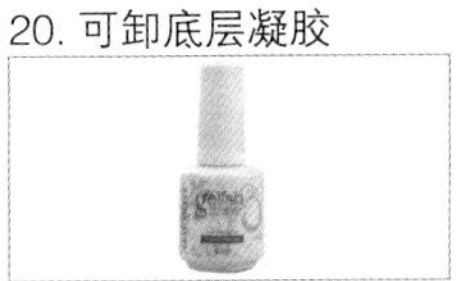

可提高甲面与凝胶附着力的底胶。

21. 可卸彩色凝胶

多色彩凝胶可任意搭配使用，卸甲方便又快速。

22. 可卸上层凝胶

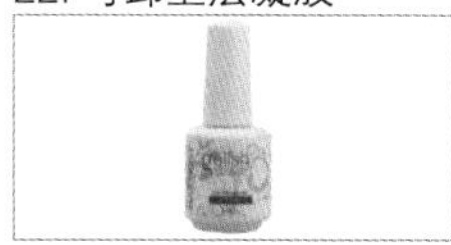

搭配亮粉、亮片与彩钻时使用的透明凝胶，也可用于填补甲面厚度使其平整。

23. 建构胶

可用来延甲，或是在贴装饰品时使用。

24. 凝胶卸甲液

卸甲时使用的卸甲液。

25. 凝胶搅拌棒

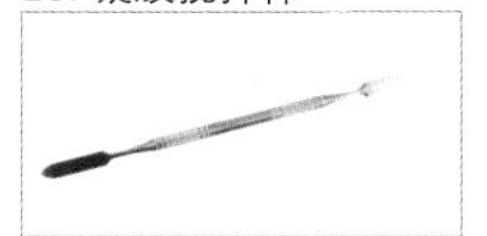

色胶搅拌或是在凝胶与亮粉、亮片混胶使用的工具，需消毒时可使用酒精消毒液清洁。

26. 凝胶清洁液

用清洁棉蘸湿后擦拭未固化凝胶，或去除甲面残留粉尘时使用。

27. 凝胶清洁棉

不易产生绒毛，残留纤维少，其吸水性适合擦拭未固化凝胶。

28. 卸甲铝箔纸

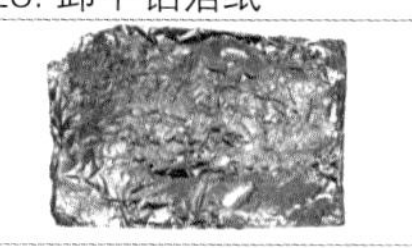

卸甲时，以棉球蘸湿卸甲液后包覆使用。

29. 棉球

可在卸甲时，蘸取卸甲液将液体渗透凝胶。

30. 凝胶笔架

用来放置凝胶笔，方便取用又美观

31. 凝胶笔套

保护凝胶笔刷，避免光线照射使笔刷干硬。

32. 粉尘刷

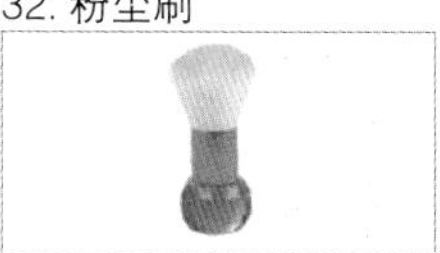

适合清洁甲面粉尘与污垢。

33. 针笔

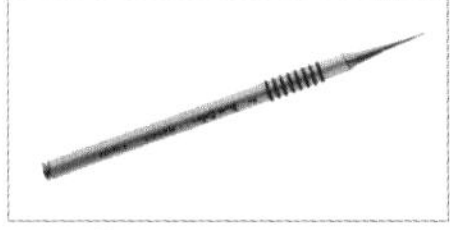

用来蘸取亮片，也可微调装饰品的位置。

34. 点珠笔

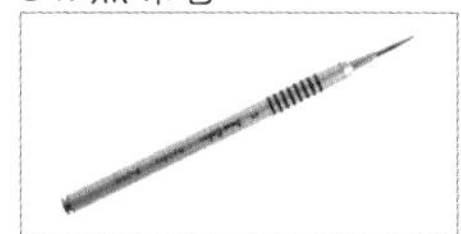

可用来蘸取彩色凝胶，在指甲上绘制出小点。

35. 镊子

夹取钻、贴纸等装饰品。

36. 剪刀

可剪下贴纸或修剪超出甲片的装饰品。

材料介绍：各式美甲装饰品

贴纸 1

贴纸 2

贴纸 3

贴纸 4

贴纸 5

贴纸 6

贴纸 7

贴纸 8

贴纸 9

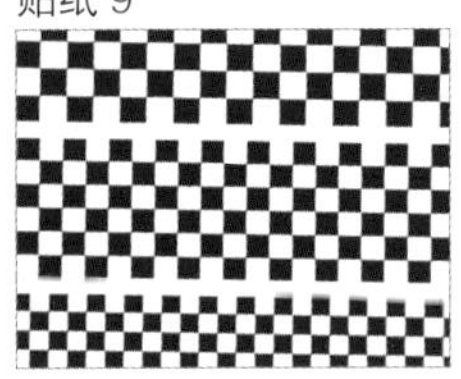

贴纸 10

贴纸 11

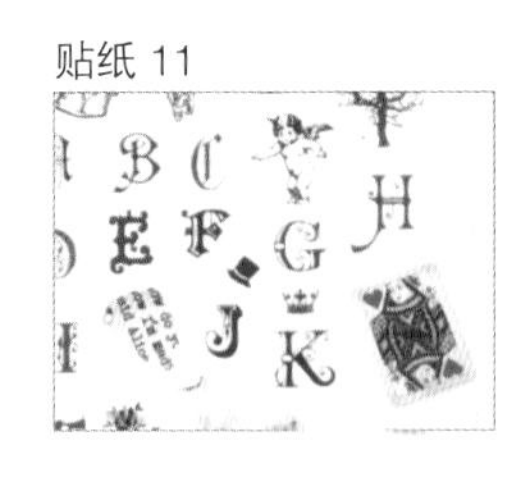

贴纸 12

贴纸 13

贴纸 14

贴纸 15

贴纸 16

贴纸 17

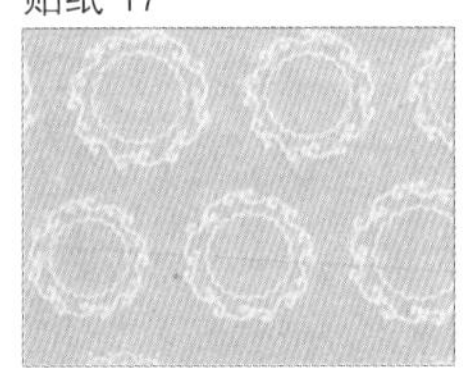

贴纸 18

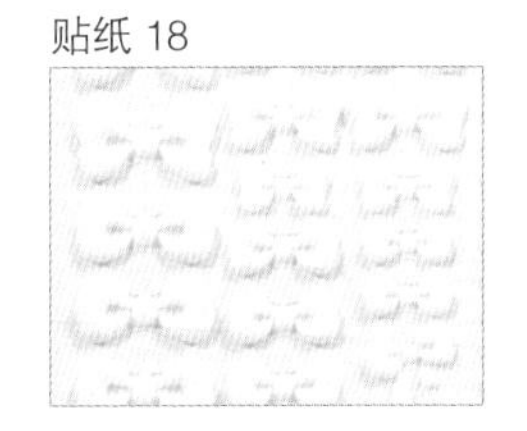

贴纸 19

钻 1

钻 2

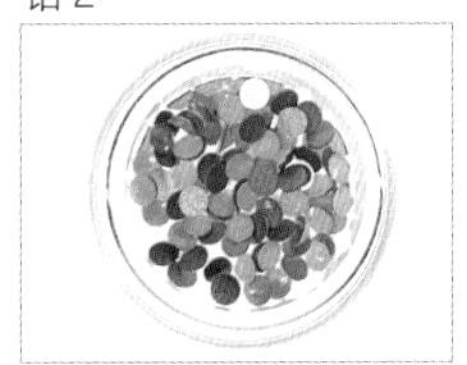

钻 3

钻 4

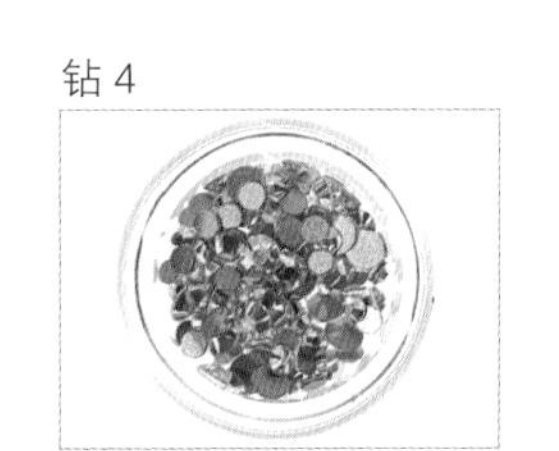

亮片 1

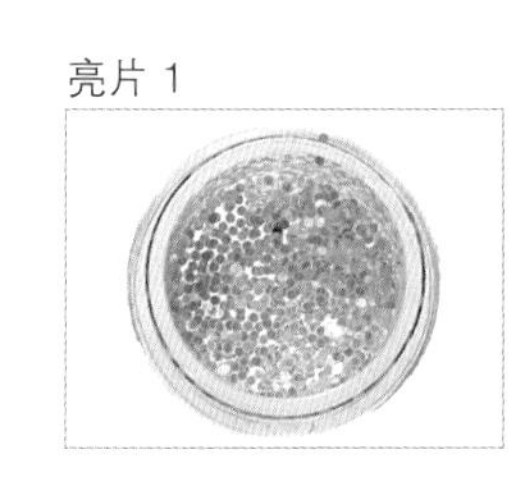

亮片 2

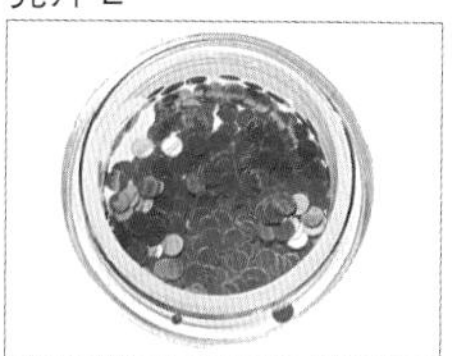

亮片 3

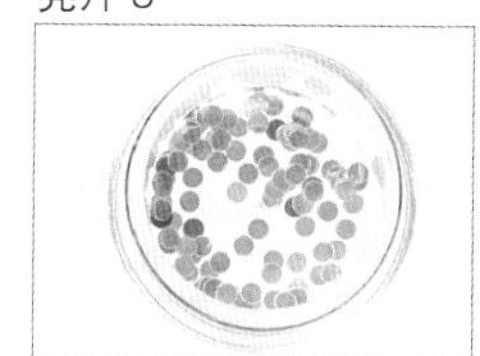

亮片 4

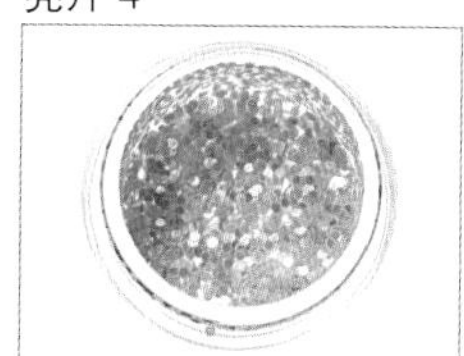

亮片 5

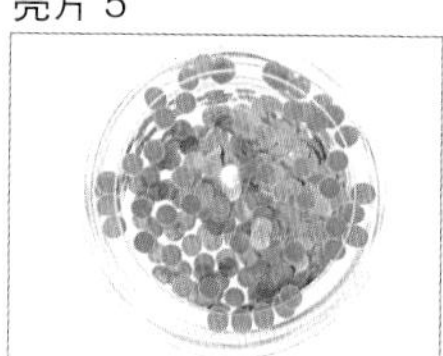

亮片 6

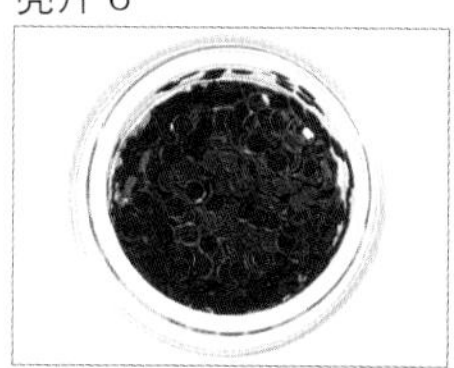

亮片 7

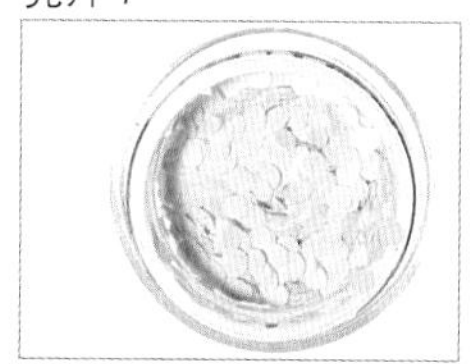

亮片 8

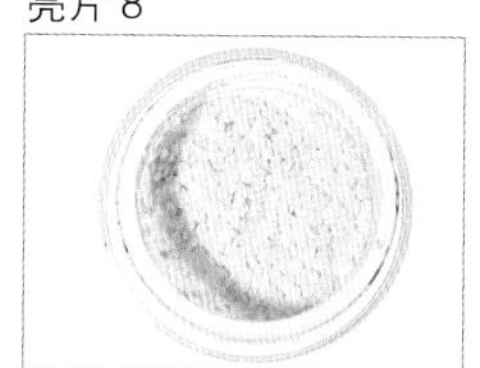

亮片 9

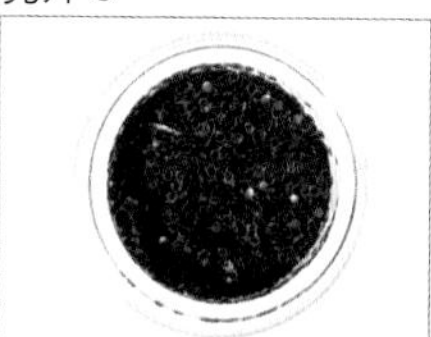

特殊贴—金线贴

特殊贴—银线贴

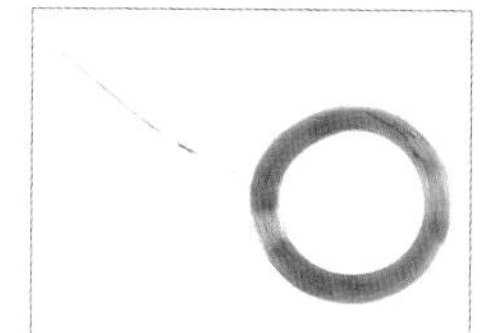

特殊贴—白线贴

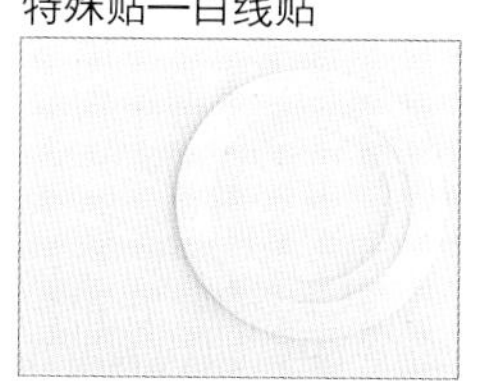

特殊贴—炫彩星空纸 1

特殊贴—炫彩星空纸 2

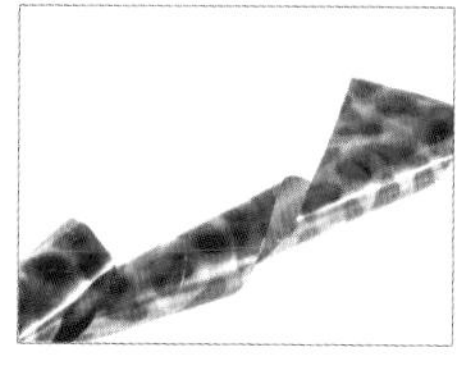

装饰品—银粉

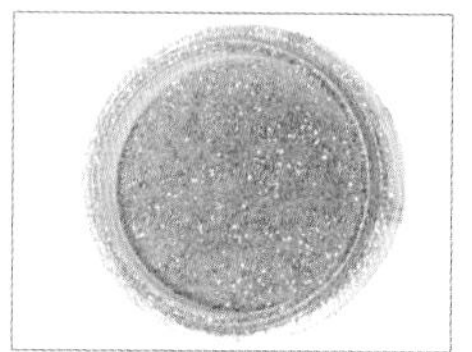

装饰品—金色珠链

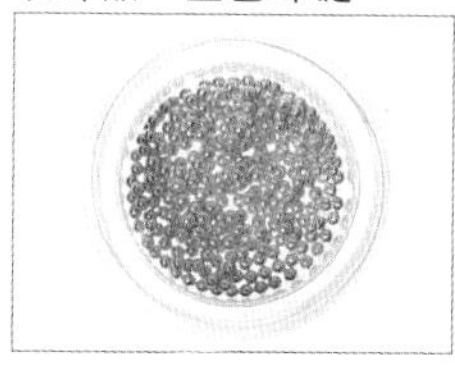

装饰品—金色电镀珠

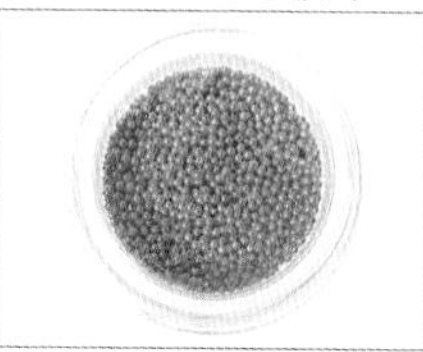

装饰品—金色菱形铝片

装饰品—银色菱形铝片

装饰品—大理石纹宝石

装饰品—圆形铝片

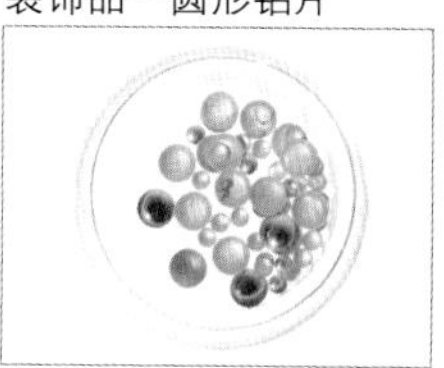

装饰品—方型铆片

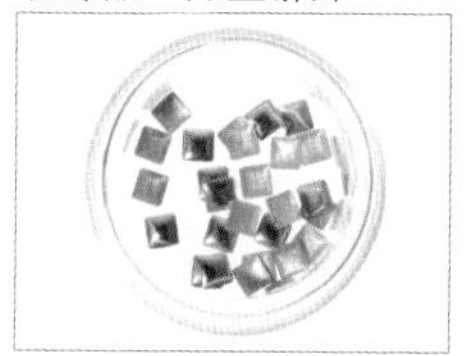

装饰品—金色铁环

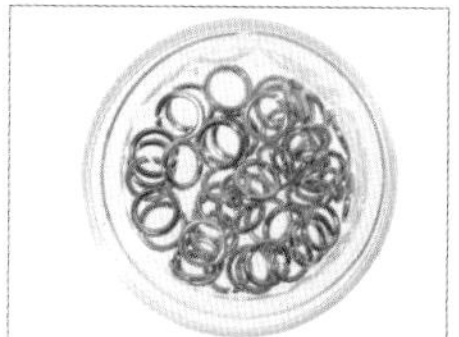

亚克力颜料—彩绘颜料

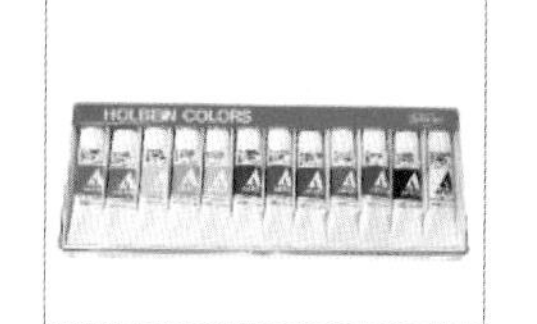

特殊胶—雕花胶

材料介绍：凝胶色卡

色卡 1

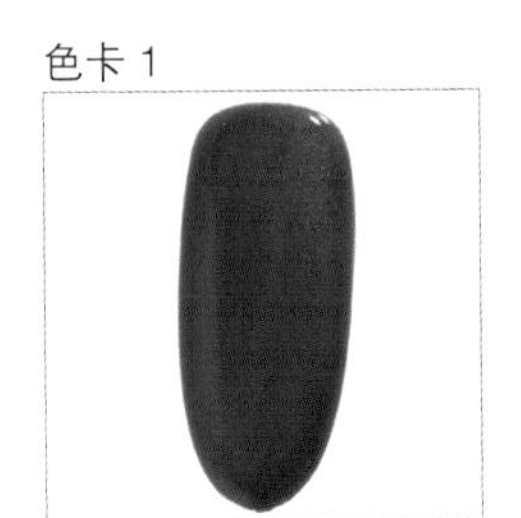

色卡 2

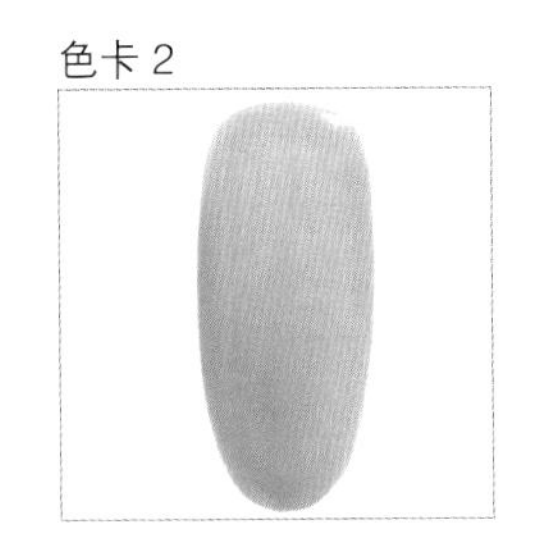

色卡 3

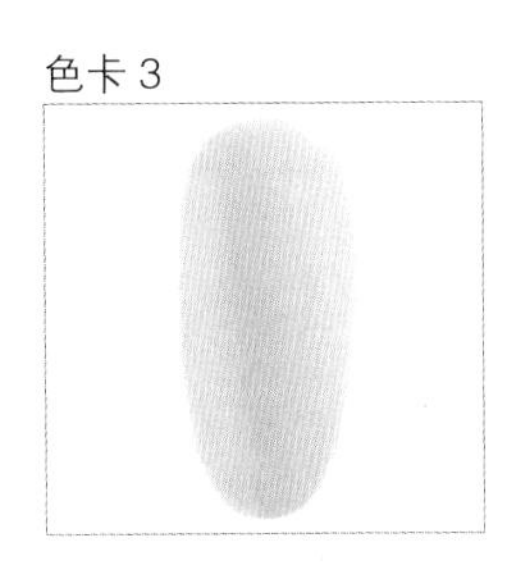

色卡 4

色卡 5

色卡 6

色卡 7

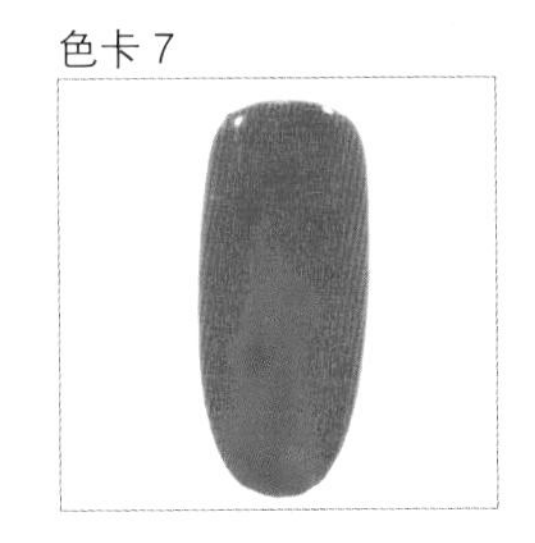

色卡 8

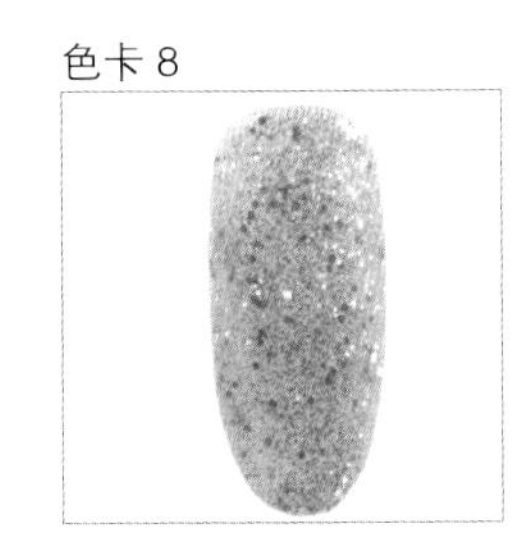

色卡 9

色卡 10

色卡 11

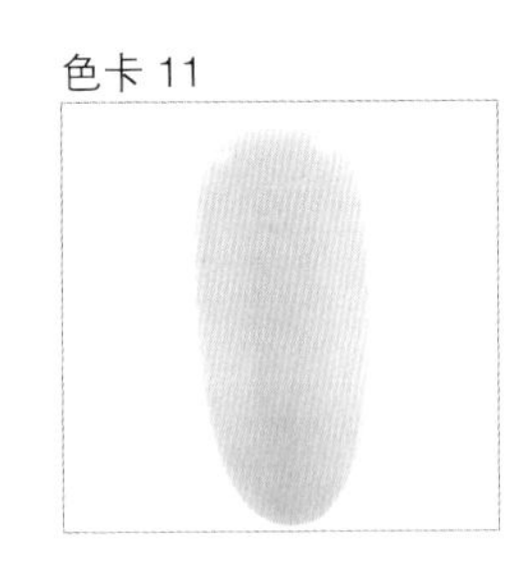

色卡 12

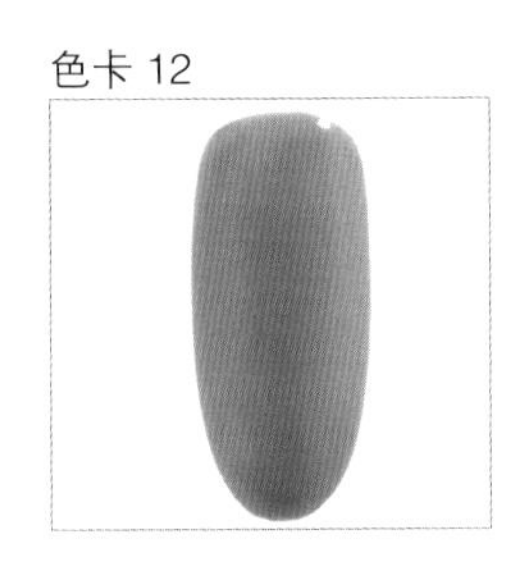

色卡 13

色卡 14

色卡 15

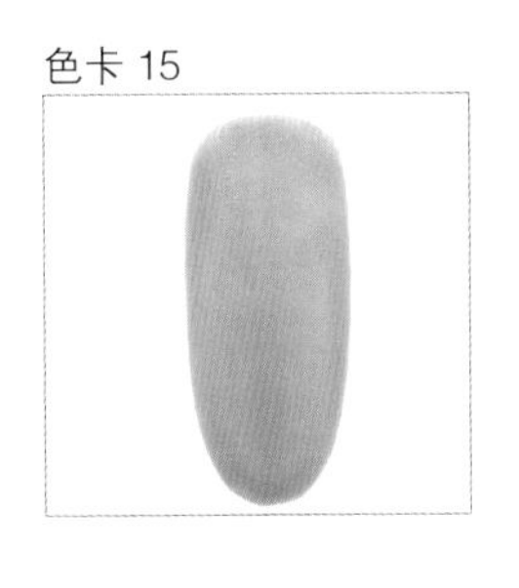

色卡 16

色卡 17

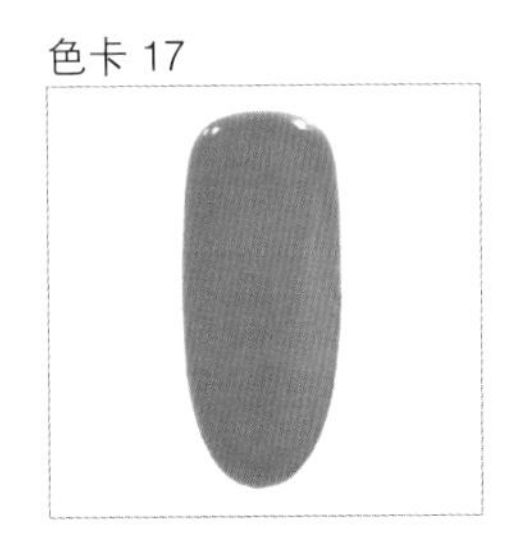

色卡 18

色卡 19

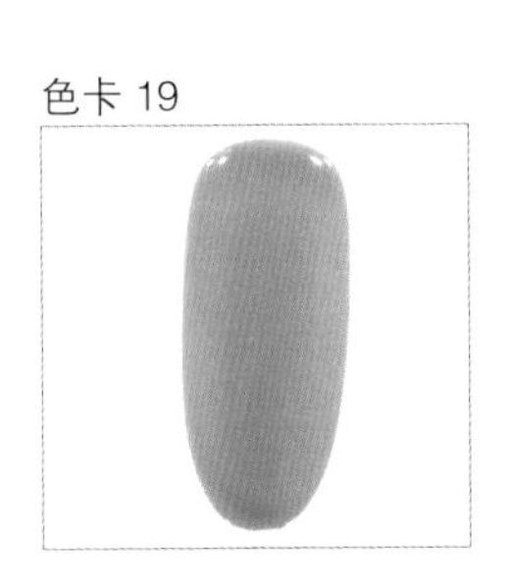

色卡 20

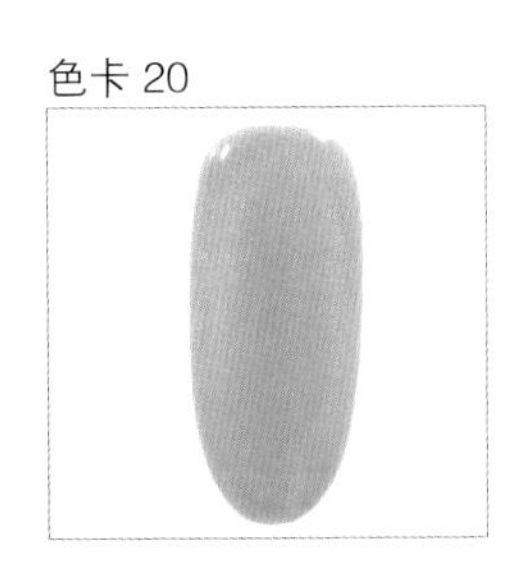

色卡 21

色卡 22

色卡 23

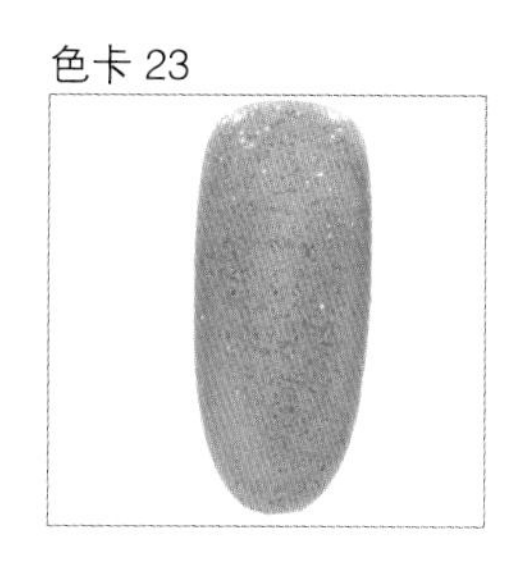

色卡 24

色卡 25

色卡 26

色卡 27

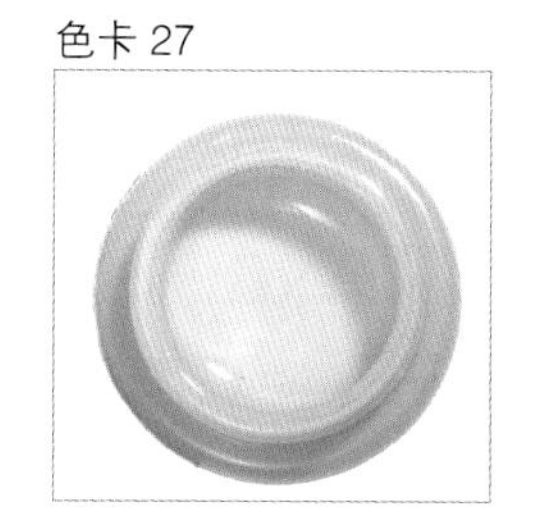

色卡 28

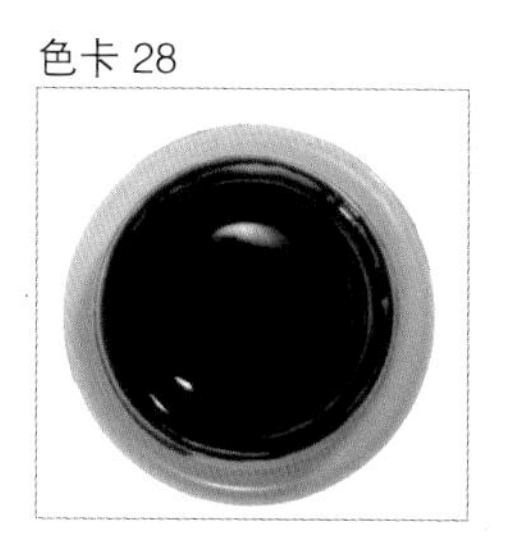

色卡 29

色卡 30

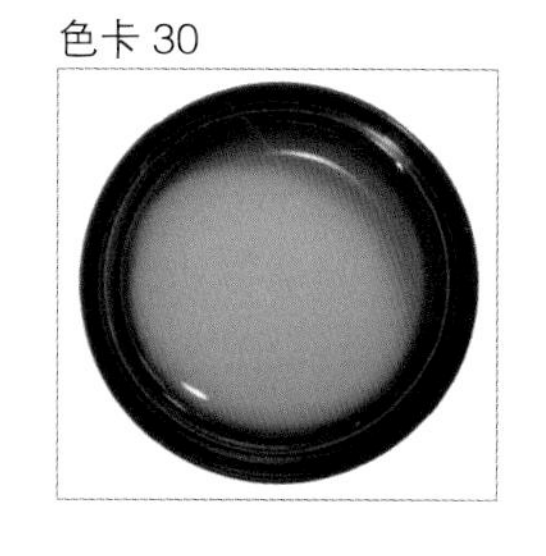

色卡 31

色卡 32

色卡 33

色卡 34

色卡 35

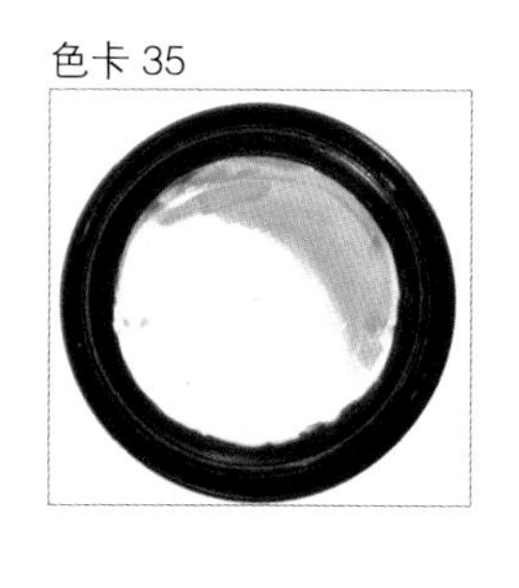

色卡 36

色卡 37

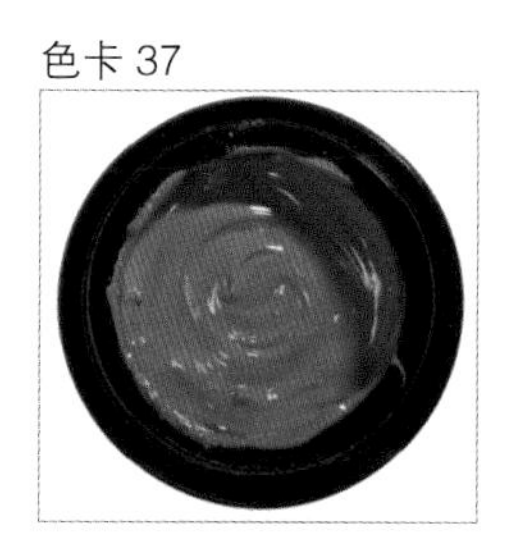

色卡 38

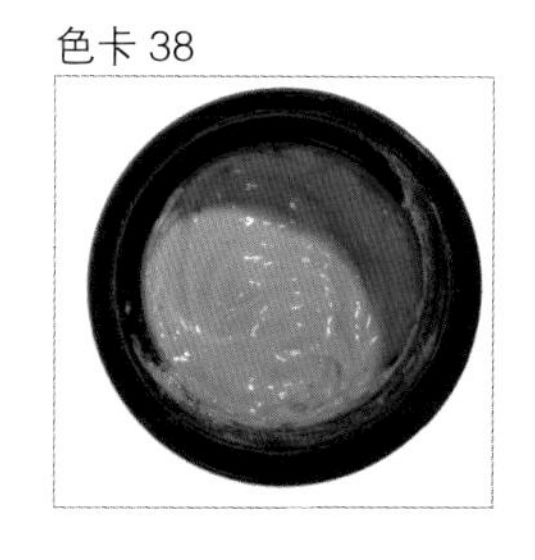

色卡 39

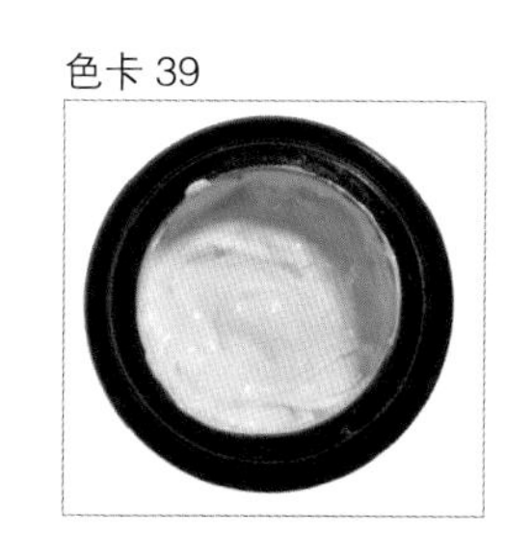

各甲片工具、材料列表

	亮丽圆点	爱恋之心	粉红甜心	少女情怀	经典豹纹	夏日甜点	缤纷点点	粉色泡泡	轻熟魅力	浪漫恋曲	迷恋花丛	甜蜜蕾丝	浪漫约定
光疗灯	●	●	●	●	●	●	●	●	●	●	●	●	●
圆口笔	●	●	●		●	●						●	●
平头笔													
短斜笔													
中斜笔													
长线笔						●							
短线笔					●		●	●	●				
极细短线笔								●				●	
彩绘笔													
针笔	●	●			●		●		●	●	●	●	●
点珠笔				●				●					
镊子		●	●	●							●		●
剪刀	●		●	●	●					●			
可卸底层凝胶	●	●	●	●	●	●	●	●	●	●	●	●	●
可卸彩色凝胶	●	●	●	●	●	●	●	●	●	●	●	●	●
可卸上层凝胶	●	●	●	●	●	●	●	●	●	●	●	●	●
特殊胶													
建构胶	●	●			●		●		●	●	●	●	●
凝胶清洁液	●	●	●	●	●	●	●	●	●	●	●	●	●
凝胶清洁棉	●	●	●	●	●	●	●	●	●	●	●	●	●
贴纸		●	●	●						●	●		●
钻													
特殊贴	●		●	●	●								
亮片	●				●		●		●	●	●	●	●
装饰品													

	爱恋情话	俏丽大方	甜蜜花样	简约风格	紫色奢华	亮丽风采	紫光魅影	纯粹质感	璀钻迷情	时尚甜心	梦幻时光	独特品味	梦中情缘
光疗灯	●	●	●	●	●	●	●	●	●	●	●	●	●
圆口笔	●		●	●	●	●	●	●	●	●	●		●
平头笔												●	
短斜笔										●			
中斜笔													
长线笔		●											
短线笔							●		●				
极细短线笔	●		●										
彩绘笔													
针笔			●					●			●	●	
点珠笔	●												
镊子	●	●			●	●	●	●	●	●	●	●	●
剪刀				●				●	●	●		●	●
可卸底层凝胶	●	●	●	●	●	●	●	●	●	●	●	●	●
可卸彩色凝胶	●	●	●	●	●	●	●	●	●	●	●	●	●
可卸上层凝胶	●	●	●	●	●	●	●	●	●	●	●	●	●
特殊胶													
建构胶		●	●	●	●	●	●	●	●	●	●	●	
凝胶清洁液	●	●	●	●	●	●	●	●	●	●	●	●	●
凝胶清洁棉	●	●	●	●	●	●	●	●	●	●	●	●	●
贴纸	●				●						●	●	●
钻		●		●	●	●	●	●	●	●			
特殊贴				●			●	●		●		●	
亮片			●								●	●	
装饰品		●		●	●	●	●	●	●	●			

	女孩心机	清新自然	纯真爱恋	轻甜气息	神秘风尚	羽之重奏	甜美气息	典雅格纹	率性自然	粉嫩气质	高雅贵妇	典雅爱恋	花之情调
光疗灯	●	●	●	●	●	●	●	●	●	●	●	●	●
圆口笔		●	●	●						●		●	
平头笔													
短斜笔													
中斜笔										●			●
长线笔											●		
短线笔						●			●		●		
极细短线笔	●						●	●		●	●	●	●
彩绘笔													
针笔	●		●	●			●	●	●		●		
点珠笔													●
镊子	●	●	●	●	●			●			●	●	
剪刀												●	
可卸底层凝胶	●	●	●	●	●	●	●	●	●	●	●	●	●
可卸彩色凝胶	●	●	●	●	●	●	●	●	●	●	●	●	●
可卸上层凝胶	●	●	●	●	●	●	●	●	●	●	●	●	●
特殊胶													
建构胶	●		●	●			●	●	●		●	●	
凝胶清洁液	●	●	●	●	●	●	●	●	●	●	●	●	●
凝胶清洁棉	●	●	●	●	●	●	●	●	●	●	●	●	●
贴纸	●	●	●	●	●								
钻											●	●	
特殊贴												●	
亮片	●		●	●			●		●		●		
装饰品								●			●	●	

	异国风情	宝石蓝调	花语寄情	亮眼魅力	典藏爱恋	玫瑰情话	白色爱恋	典雅和风	别致品味	私藏甜味	日式风韵	玫瑰传情
光疗灯	●	●	●	●	●	●	●	●	●	●	●	●
圆口笔				●								
平头笔									●		●	
短斜笔												
中斜笔			●			●	●					
长线笔		●		●	●				●			
短线笔									●	●		
极细短线笔			●			●	●	●				●
彩绘笔												●
针笔			●		●	●	●		●	●		
点珠笔												
镊子	●	●		●	●			●	●	●	●	
剪刀								●		●		
可卸底层凝胶	●	●	●	●	●	●	●	●	●	●	●	●
可卸彩色凝胶	●	●	●	●	●	●	●	●	●	●	●	●
可卸上层凝胶	●	●	●	●	●	●	●	●	●	●	●	●
特殊胶		●										
建构胶		●		●	●				●	●		●
凝胶清洁液	●	●	●	●	●	●	●	●	●	●	●	●
凝胶清洁棉	●	●	●	●	●	●	●	●	●	●	●	●
贴纸	●	●		●				●		●	●	
钻				●	●				●			
特殊贴					●			●				
亮片					●					●		●
装饰品		●			●							

认识指甲构造

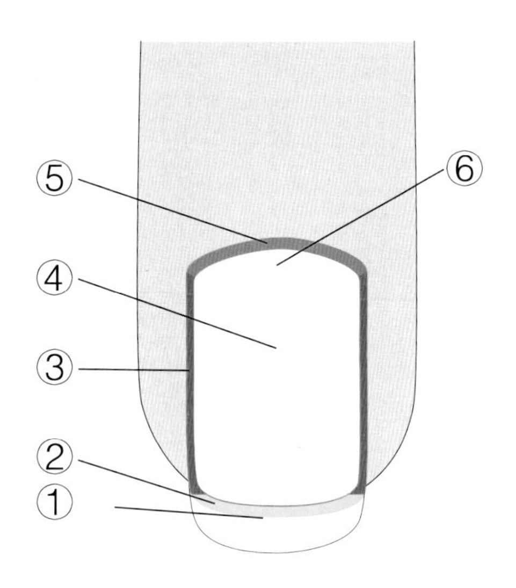

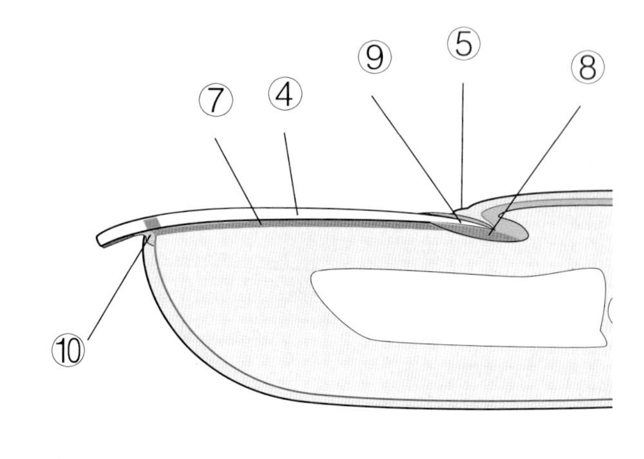

①甲尖

又称指甲游离缘，指甲本体超出指头的部分，即微笑线前端。

②微笑线

甲床和甲面连接处的前端边缘，呈圆弧形线条。

③侧甲廓

在指甲两侧与皮肤组织相接的凹沟，称为侧甲廓。

④甲板

又称甲面、指面、甲片，是指甲看得见的部分，没有神经、血管。

⑤指缘皮肤

又称甘皮、死皮、硬皮，指甲底部之外皮，部分覆盖于指甲部分，围绕在指甲的三边周围，其主要的功能为保护指甲的根部，隔离外界对甲根的伤害。

⑥甲半月

位于指甲根部，呈半月弧状，因其下的基底层较厚遮住微血管且含有水分，故呈现白色，在大拇指处最为明显。

⑦甲床

甲板下方生长的肉，有神经与血管。

⑧母体组织

主宰指甲生命的重要部分，指甲多在母体组织中进行细胞的再生，让指甲不断地推进。

⑨甲根

甲板根部的母细胞，医学上称为“甲母质”或“甲基质”，指甲生长最根部，也是最重要的地方。

⑩甲下皮

甲板根部与皮肤交接处有一层薄膜，覆盖在甲板与指头交接处的透明组织，此组织为甲下皮，具有保护指甲甲母质的功能。

指甲的小秘密

一、指甲的基本常识:

指甲是由皮肤表面角质变硬后形成的，其本身没有细胞，是皮肤的附属品。

指甲一开始是从甲根部形成，因为一开始形成的指甲很柔软无法承受外力的刺激，所以在初生指甲的上端会有一层皮肤保护，称为“甲上皮”。

二、指甲类型

一般来说，指甲的类型有四种，分为一般型、干燥型、易脆型、损伤型，不同类型的指甲，适用不同的做指甲方式。

一般型：指甲强壮平滑，且富弹性，指甲呈现粉红色。
干燥型：指甲边缘容易破碎而形成薄片状，会有裂开和剥落的现象。
易脆型：指甲非常硬或呈现弯曲状，没有弹性，会产生损坏和破裂现象。
损伤型：指甲较薄、柔软，且容易破裂，且指甲无光泽。

三、一般指甲形状介绍

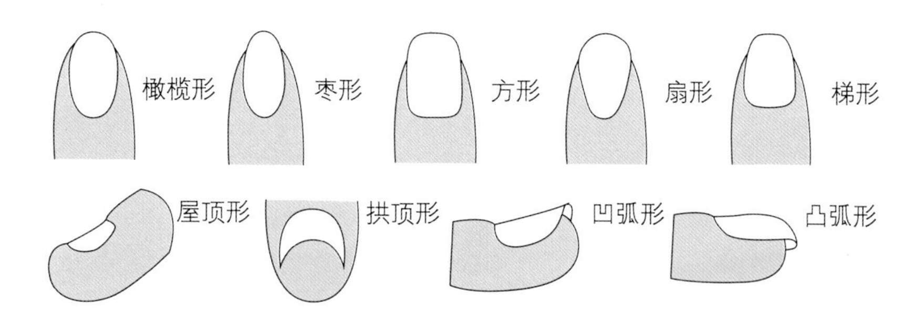

四、从指甲检测身体状况

从指甲的生长状况可以看出身体的健康状况，也可以判别身体是不是有疾病，更可以知道身体缺少什么营养元素。只要知道相应特征，一般人也能从指甲上了解自己的身体状况。

一般来说，我们要注意：指甲的颜色、形状和厚度，在指甲上或是里面有没有异样的斑点，以及指甲贴合手指和脚趾头上的紧密程度，而通常指甲的问题可分为“缺乏营养”和“疾病”两大类。

1. 指甲颜色

目测：指甲如果呈现红润色，代表身体气血充足，新陈代谢良好。

按压：指甲按压变白色；
①放手之后变回红色，代表气血流畅；
②放手之后，不容易恢复成红色，代表新陈代谢与血液循环较差。

2. 指甲表面

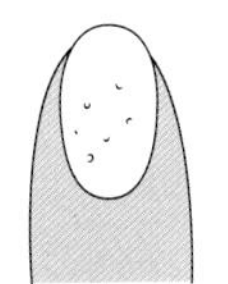

出现小凹坑

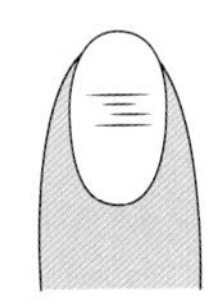

有突起横纹

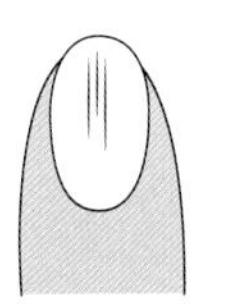

有直纹

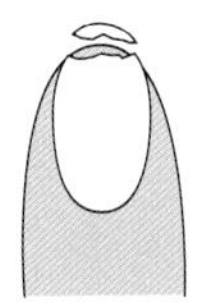

断裂剥离

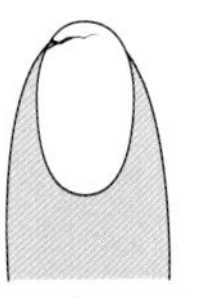

脆弱易碎

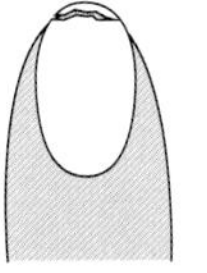

干燥、易裂

3. 指甲异常的原因

外在因素：

①工作性质和环境形成的伤害；
②不适当或错误的修甲方式；
③使用不当的溶剂，如：丙酮；
④过度外在压力影响。

内在因素：

①睡眠不足，造成新陈代谢不好；
②长期服用药物；
③营养摄取不均衡；
④体内激素分泌失调；
⑤先天或遗传性疾病；
⑥年龄逐渐增长。

4. 维持指甲健康状态的办法

①充足的睡眠，不要过度熬夜，养成规律的作息；
②正确的修甲习惯；
③使用合格的指甲相关产品；
④摄取均衡的营养；
⑤减少过度的压力；
⑥多补充水分；
⑦养成正确卸甲观念；
⑧养成规律的指甲保养习惯。

5. 保护指甲

①时常做手部运动以促进血液循环；
②不要过度压迫和刺激指甲生长的重要部位——“甲根”；
③保持指甲根部表皮的完整性，避免修剪它；
④让指甲保持滋润，使指甲不容易断裂；
⑤将指甲修剪成方圆形，可以提高指甲的耐撞度。

基础 Part1 技巧

什么是光疗指甲?

一、什么是光疗指甲?（也称凝胶指甲）

光疗指甲是利用紫外线（UV 光疗灯）或可见光（LED 光疗灯）照射而产生硬化反应的凝胶以补强真甲，再运用色彩美化指甲的一种技术。因为凝胶会让甲面有闪亮的光泽感，而且操作方便快速，无臭无味，是美甲沙龙界新宠儿，目前人气急速上升。

二、可卸式凝胶特征（软式凝胶）

可卸式凝胶也称软式凝胶，能与真甲完美的贴合，不会让指甲有“紧绷感”，凝胶本身具有柔软性与透气性，附着力稳定且轻薄自然，光泽亮度保持长达 2~3 周，最适合代替彩色指甲油与喜欢轻松简单卸甲的顾客使用。

三、不可卸式凝胶特征（硬式凝胶）

不可卸式凝胶也称硬式凝胶，胶的黏度较高不易流动，可以做人工延甲，甲面厚度易成型且具有强度。

四、可卸式凝胶与不可卸式凝胶

	可卸凝胶	不可卸式凝胶
适合甲型	指甲偏硬偏厚	指甲偏薄偏软
凝胶性质	凝胶较稀，容易溢胶、跑空气，不易维持。胶的柔软性可使甲面轻薄自然无紧绷感	凝胶的黏稠度较高不易流动，需使用光疗笔取胶涂刷。可以做人工延甲，甲面厚度易成形且具有强度
是否除去表面残胶	可卸上层凝胶照灯后需使用凝胶清洁液清洁甲面残胶	不可卸上层凝胶照灯后不需要使用凝胶清洁液清洁甲面残胶
卸甲方式	卸甲可使用光疗专用卸甲液，快速简单且不伤指甲	卸甲需使用磨棒或磨甲机修磨再使用卸甲液卸甲，卸甲时间较长，需注意勿过度抛磨伤到真甲

五、凝胶产品

	甲油胶系列凝胶	罐装胶系列凝胶
优点	涂刷方便，操作简单，制作快速	色胶色彩饱和度较佳，可以使用光疗笔制作多色运用，设计多变造型
凝胶性质	凝胶较稀，涂刷时需注意胶量	凝胶较浓稠，使用时需先以搅拌棒将胶搅拌均匀，涂刷时需注意胶量
上胶方式	涂刷色胶时需一层一层地慢慢上胶，使颜色饱和又不会过厚	涂刷色胶时需一层一层地慢慢上胶，使颜色饱和又不会过厚
其他注意须知	胶量过多易造成溢胶、跑空气，容易缩胶或起泡、起皱，甲面易有热感也较不易照干	

基础指甲保养

干处理

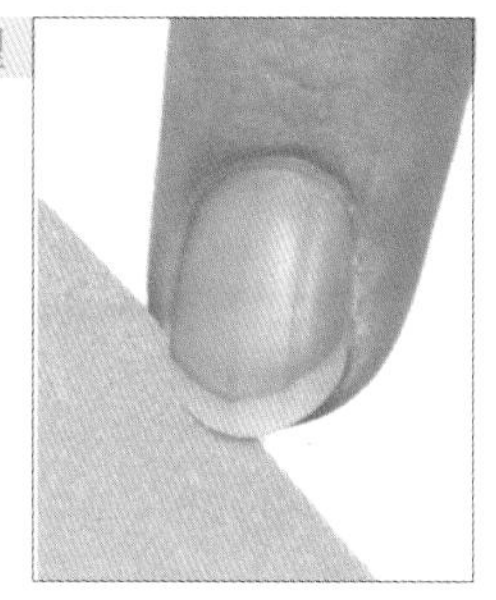

· 通常在操作光疗指甲前处理，算是前置作业的一部分。
· 以抛磨棒将指甲的上皮角质去除，并除去指甲表面的水分和油分。

泡水处理

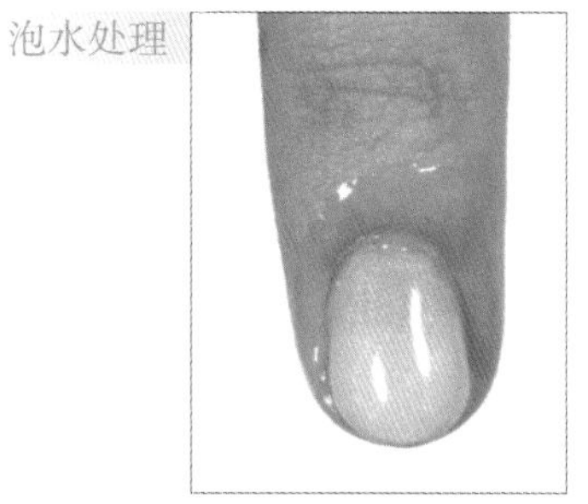

·一般的指甲保养，也会在指甲涂绘完成后进行。
·在泡水前，可先以指缘软化剂涂抹指甲边缘。

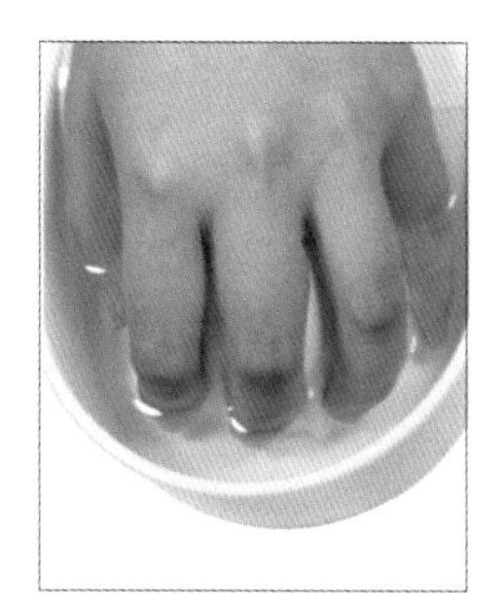

· 将指甲泡入温水让指甲的角质层软化，并除去指甲的上皮角质。

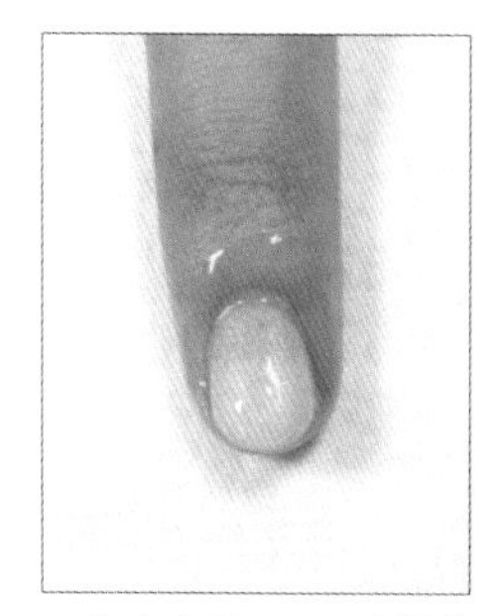

· 泡完水后，用卫生纸将多余水分清除干净。

涂刷凝胶的方法

（1）在指甲表面涂凝胶

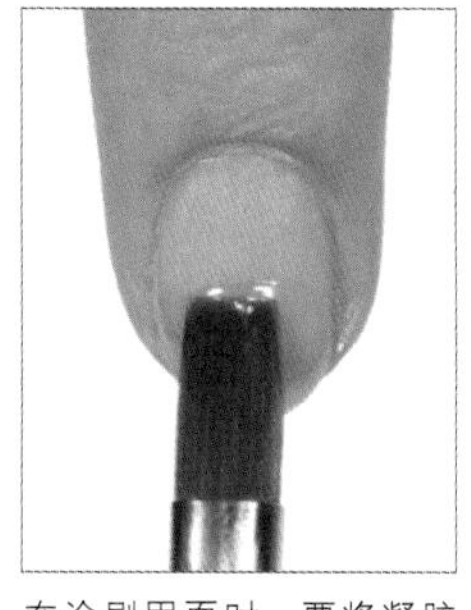

在涂刷甲面时，要将凝胶笔平放，注意笔刷力度，否则会使凝胶涂刷不均匀或是产生刷痕，涂刷可以由上往下的方式涂刷。

（2）在甘皮边缘涂凝胶

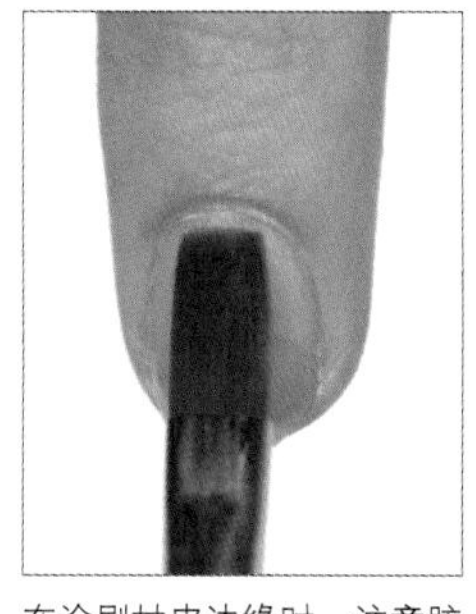

在涂刷甘皮边缘时，注意胶量与笔刷涂刷的角度是轻刷于指缘边，并且注意是否溢胶。

（3）在指甲侧缘涂刷凝胶

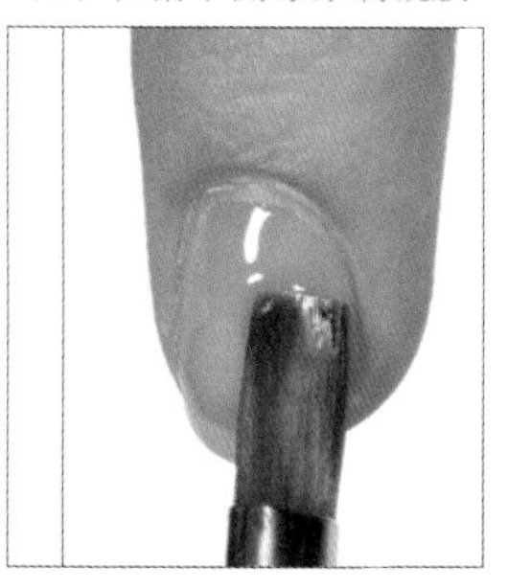

在指甲边缘涂刷凝胶时，如果凝胶涂到指甲边缘，可以用榉木棒清除溢胶。

（4）在指甲尖涂凝胶

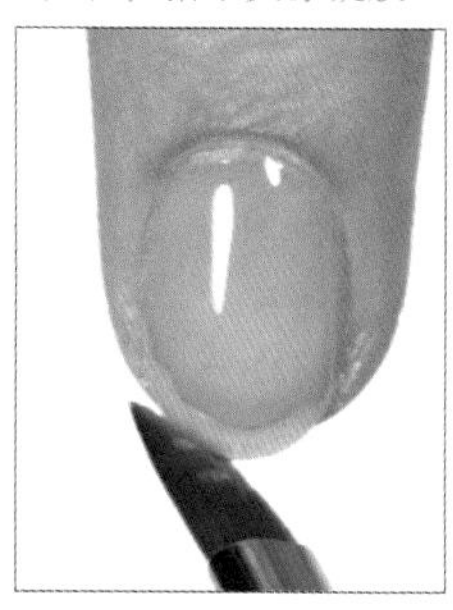

在涂刷甲尖时，凝胶笔可醮取较少的胶，并将凝胶笔横放或是将笔尖朝下摆放，以轻点或轻拍的方式薄刷一层凝胶。

上凝胶前的前置作业

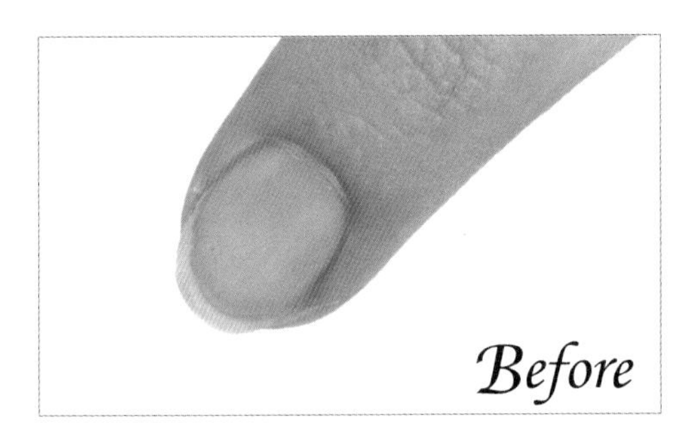

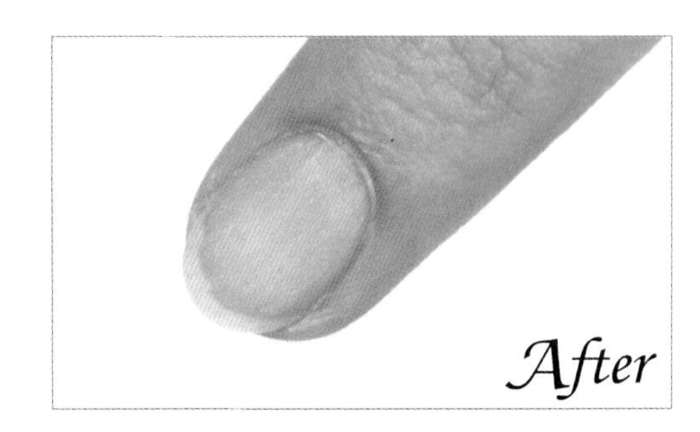

步骤

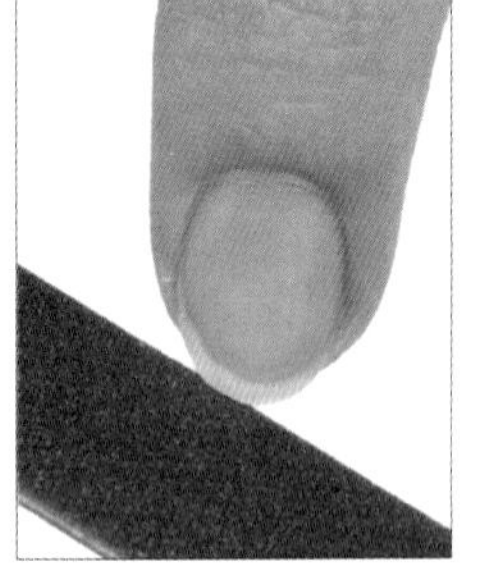

01以磨棒先修磨指甲的边缘，使指甲前缘呈现椭圆形。

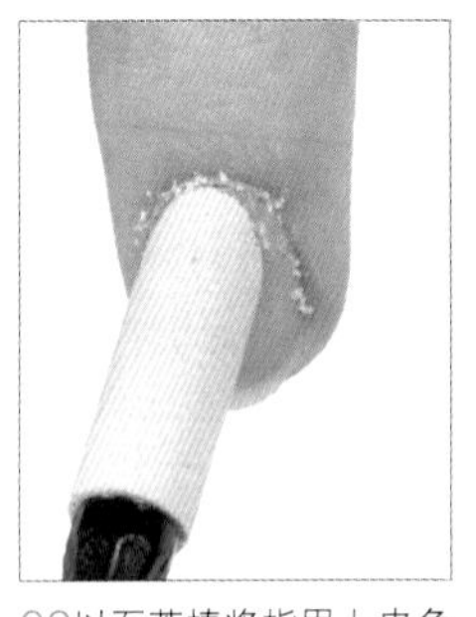

02以石英棒将指甲上皮角质去除。

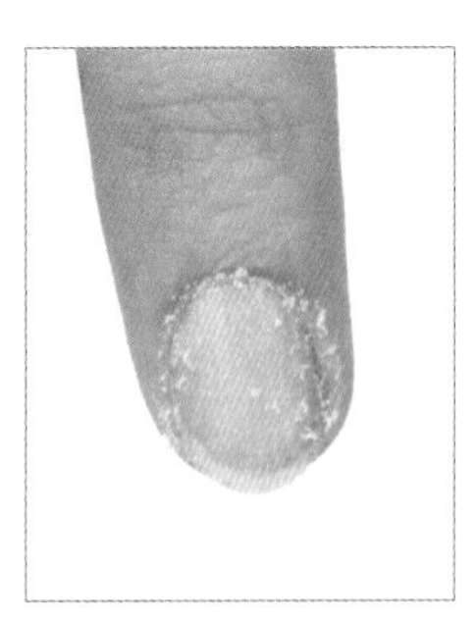

03如图，上皮角质去除完成。

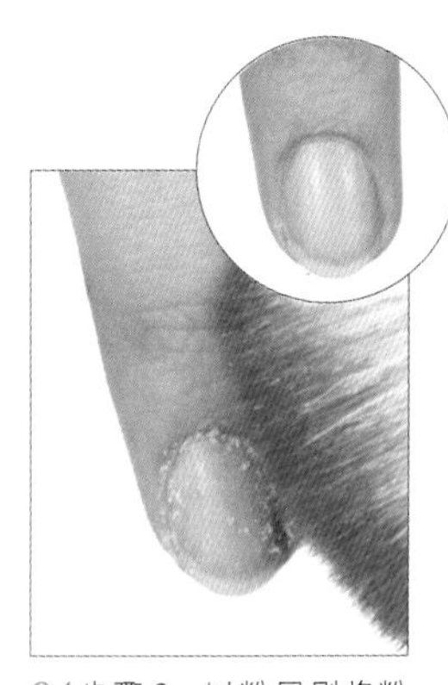

04步骤3，以粉层刷将粉屑去除干净。

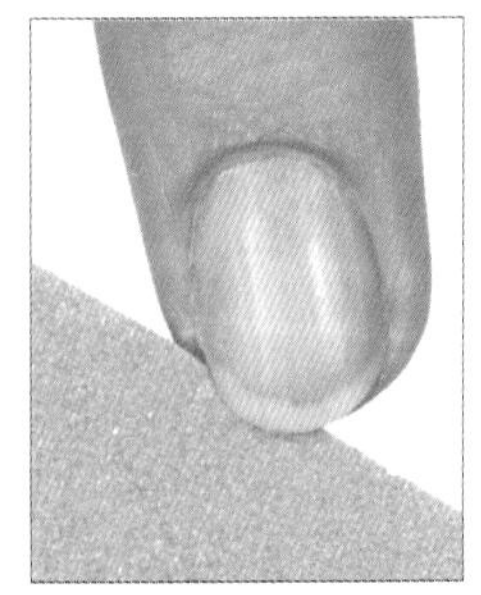

05以抛磨棒修磨指甲侧边。

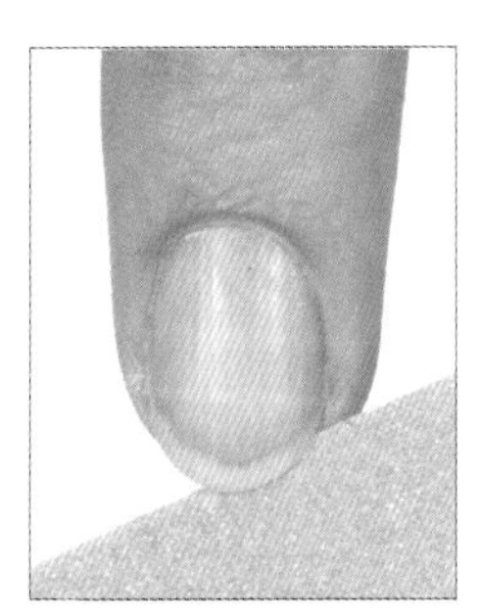

06重复步骤4，修磨指甲的另一侧，使指甲前缘的残屑清除干净。

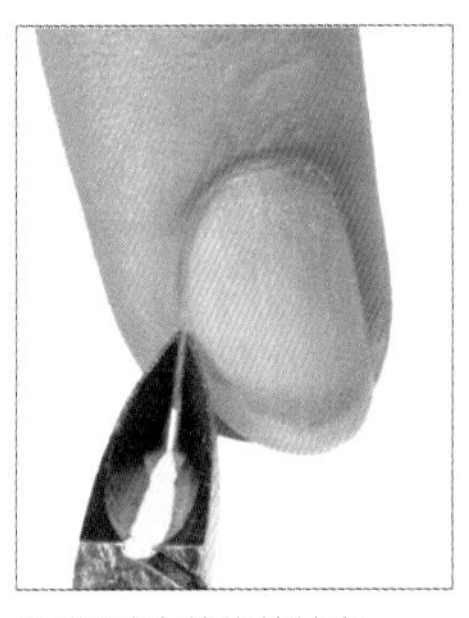

07以甘皮剪修剪甘皮。

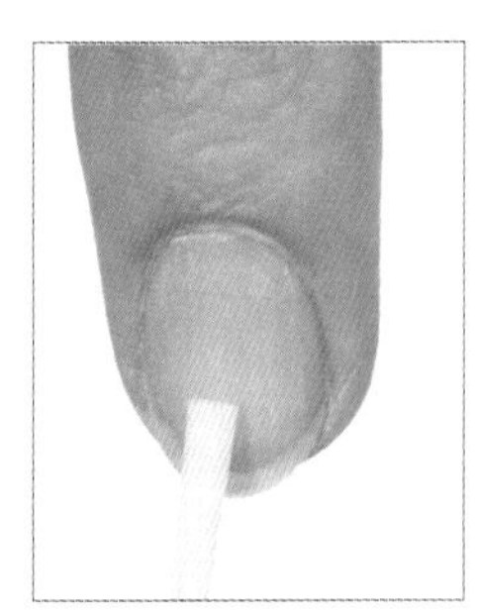

08最后以平衡剂均匀涂抹指甲表面即可。

上底层、上层凝胶的方式

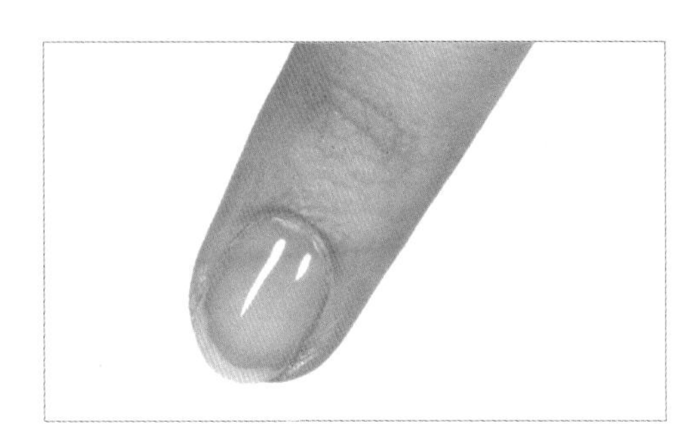

步骤

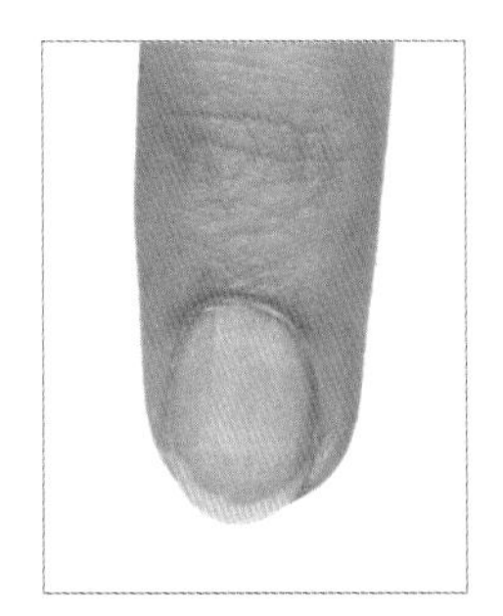

01先将指甲做好前置作业（注：可参考 p.20）。

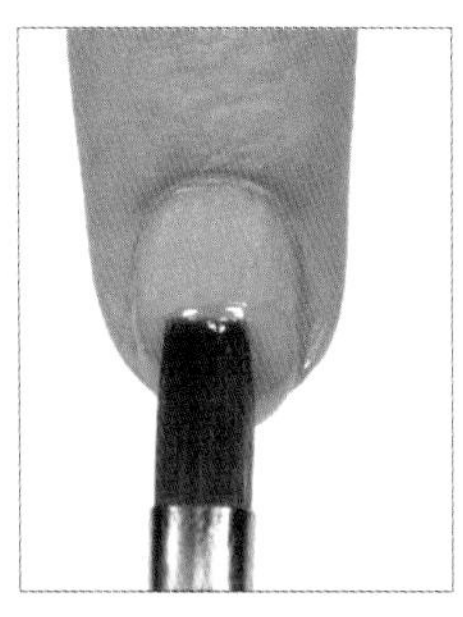

02以底层凝胶将指甲 1/2 处涂上凝胶。

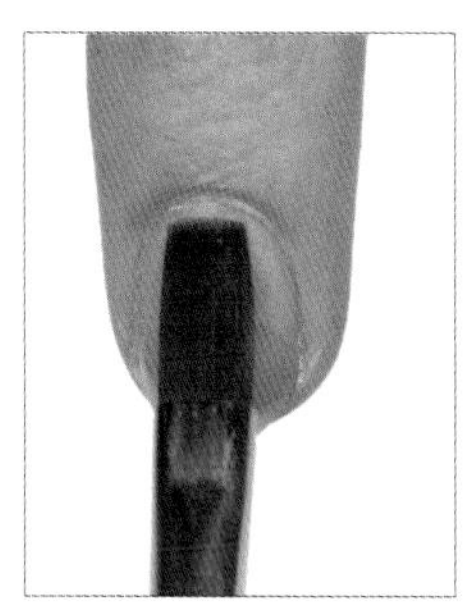

03在甘皮边缘涂上底层凝胶。

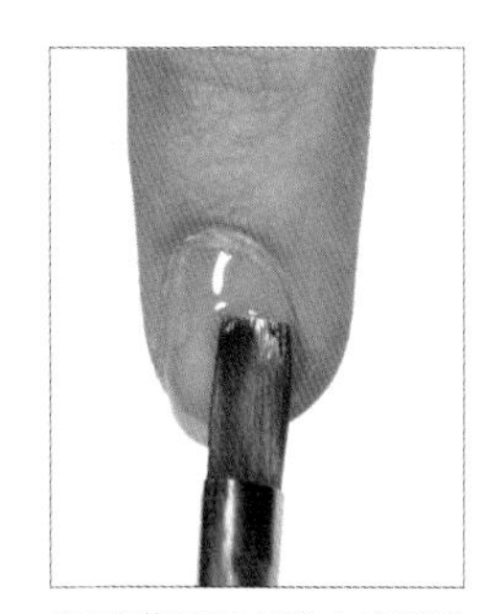

04在指甲两侧涂上底层凝胶。

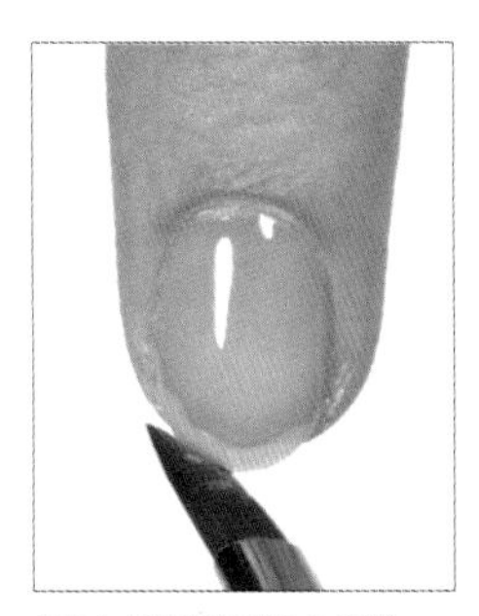

05在指甲前端涂上凝胶。

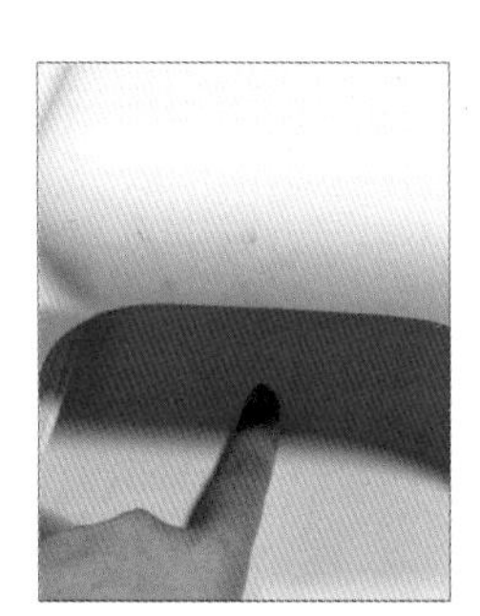

06最后照灯使表面凝胶暂时固化即可。

上彩色凝胶的方式

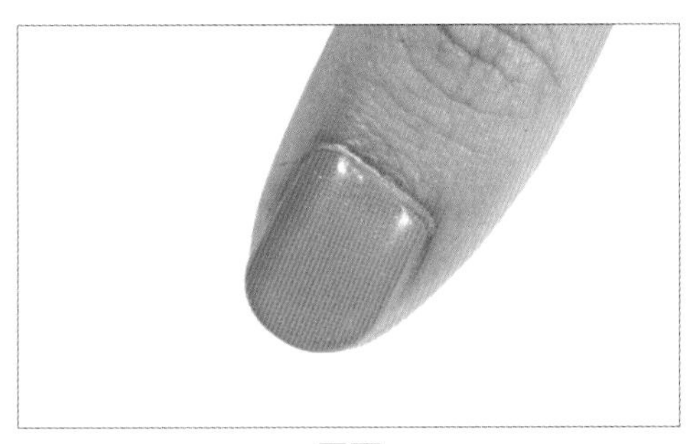
正面

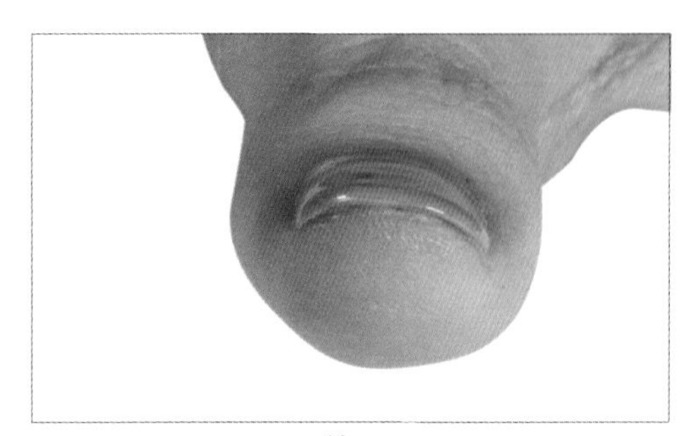
前面

步骤

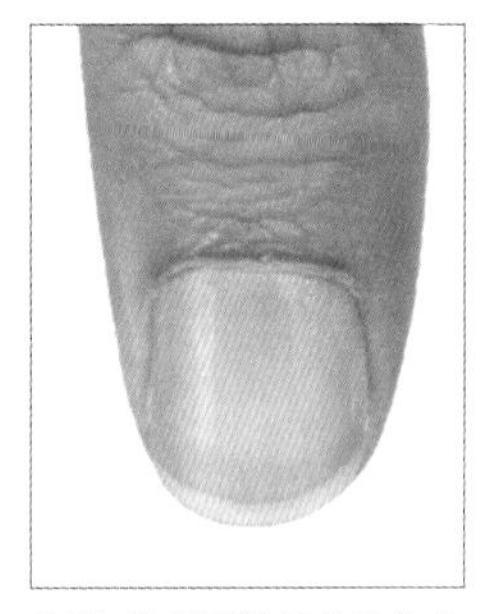
01先将指甲做好前置作业（注：可参考 p.20）。

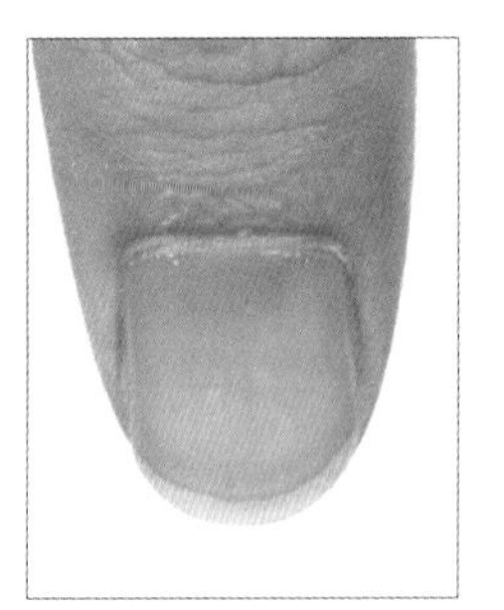
02在指甲上涂底层凝胶，并照灯使表面凝胶暂时固化（注：可参考 p.21）。

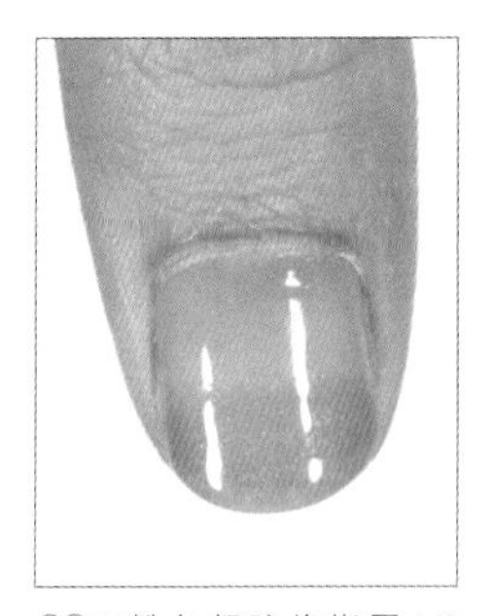
03用粉色凝胶将指甲 1/2 处涂上凝胶。

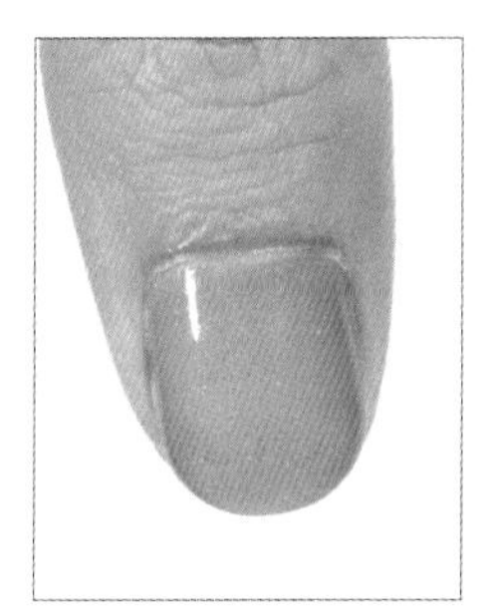
04重复步骤 3，在甘皮边缘涂上凝胶。

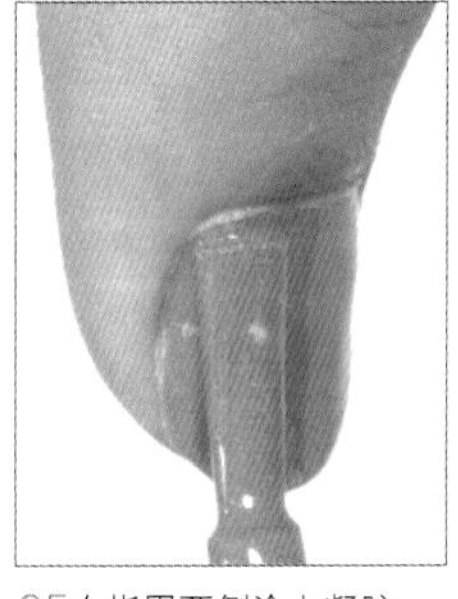
05在指甲两侧涂上凝胶。

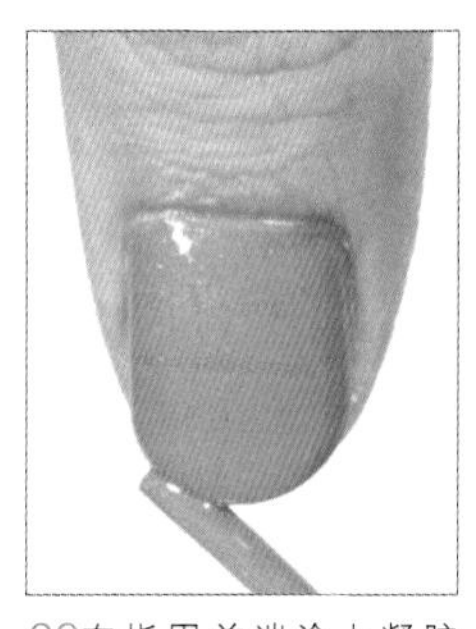
06在指甲前端涂上凝胶（注：可视颜色饱和度加强上色）。

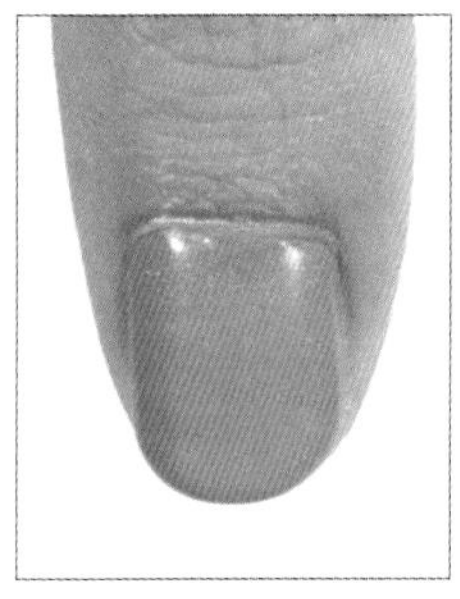
07将上完色的指甲照灯使表面凝胶暂时固化后，涂上上层凝胶并照灯固化。

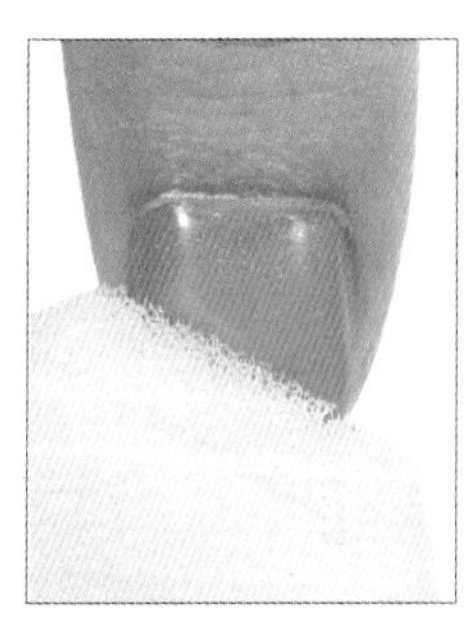
08最后，再以凝胶清洁绵蘸取凝胶清洁液清除甲面残胶即可。

上彩色渐层凝胶的方式

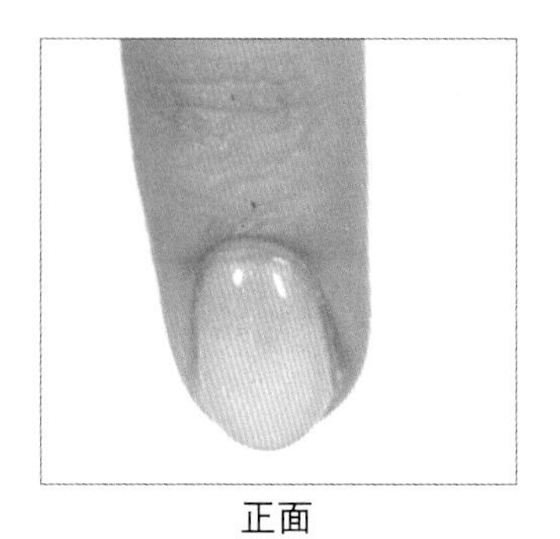
正面

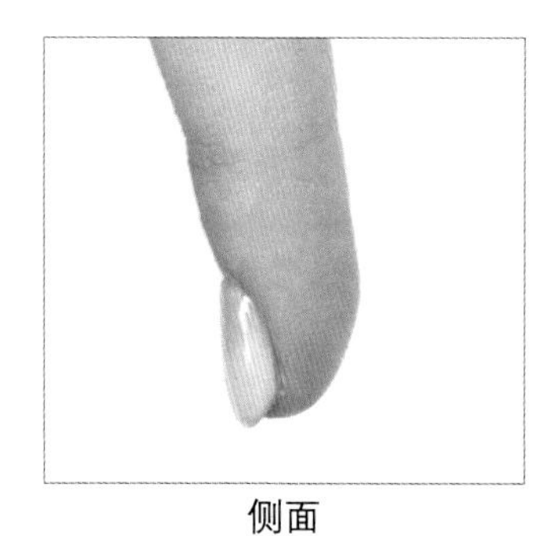
侧面

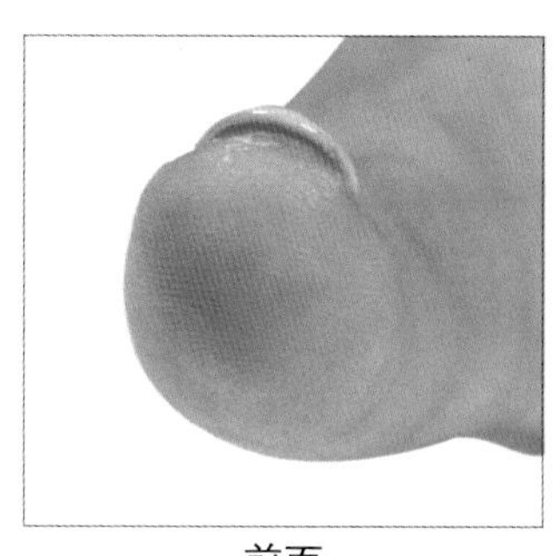
前面

步骤

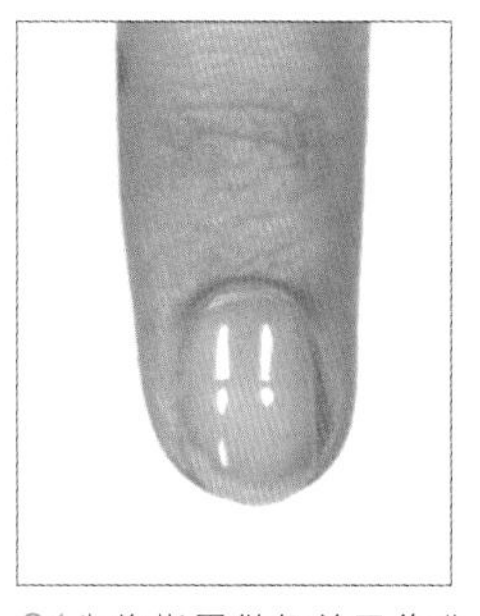
01先将指甲做好前置作业及在指甲上涂上底层凝胶并照灯暂时固化（注：可参考 p.20–21）。

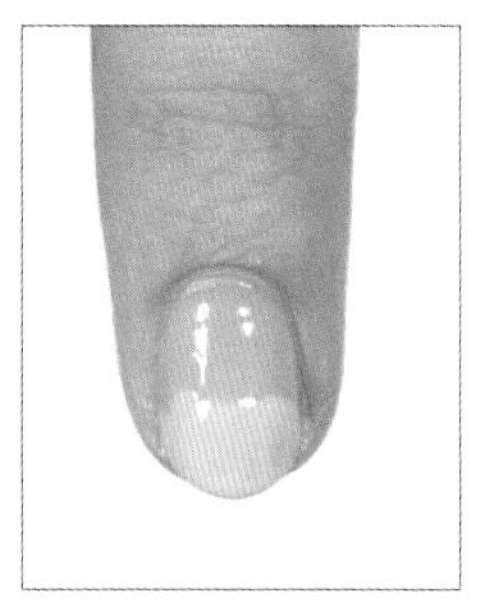
02以粉色凝胶将指甲 1/2 处涂上凝胶。

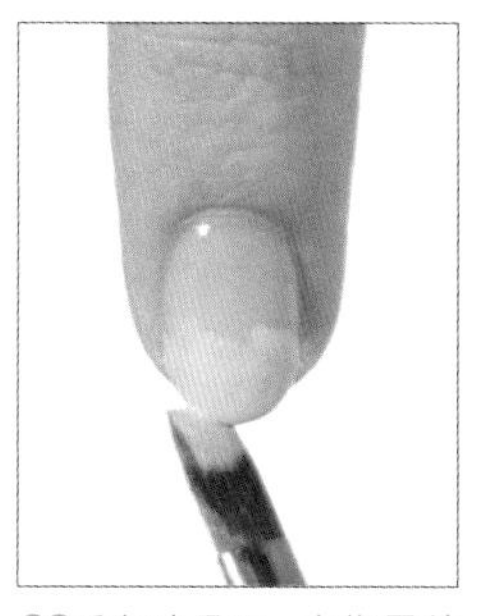
03重复步骤 2，在指甲前端涂上凝胶（注：可视颜色饱和度加强上色）。

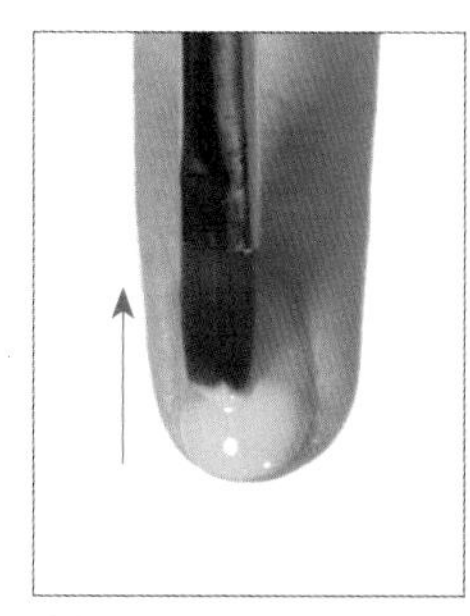
04取干净凝胶笔向上轻刷凝胶，使两层凝胶融合。

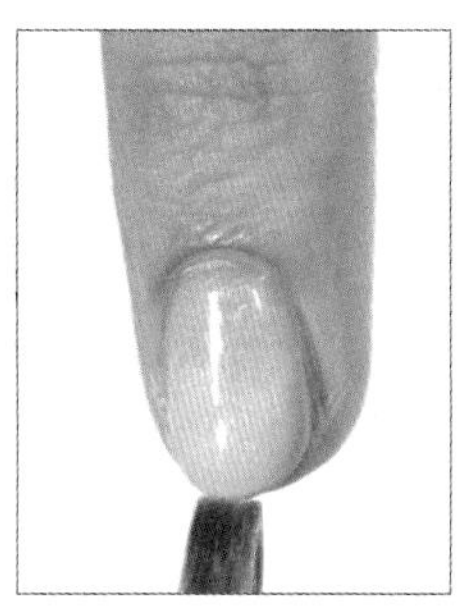
05在指甲前端涂上凝胶，使指甲颜色更为饱和后，照灯暂时固化。

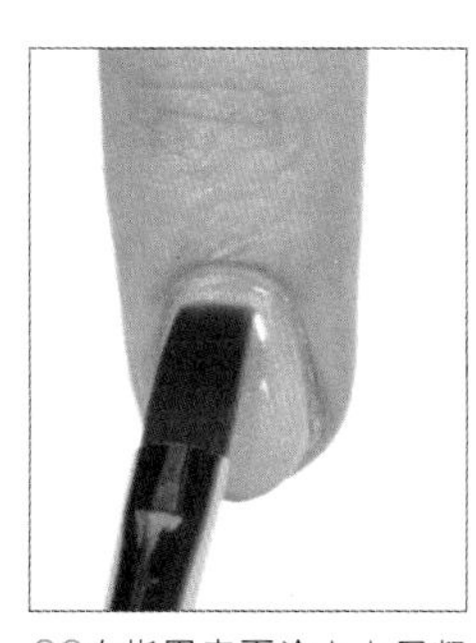
06在指甲表面涂上上层凝胶。

07承步骤 6，可将甲面朝下，使凝胶往中间集中以调整凝胶的弧度，并照灯使表面凝胶固化。

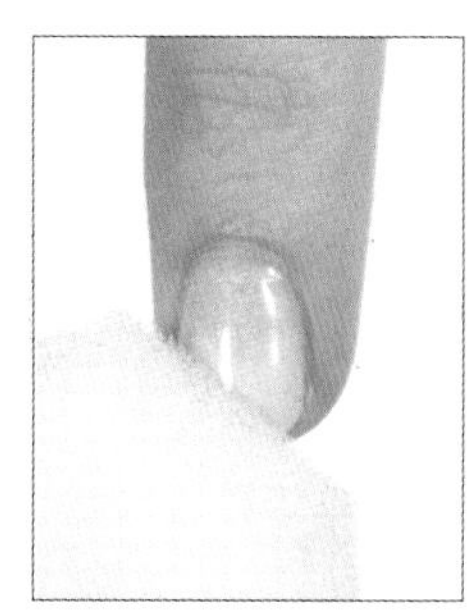
08最后，再以凝胶清洁绵蘸取凝胶清洁液清除甲面残胶即可。

卸甲的技巧

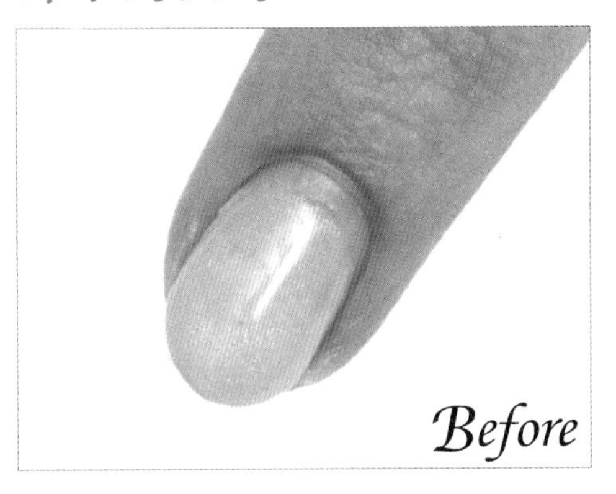

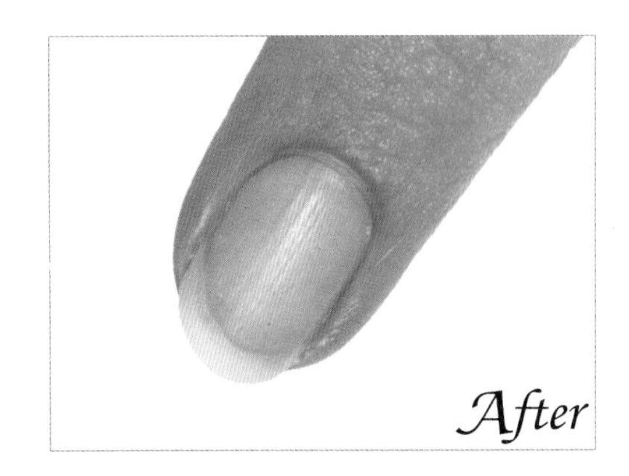

步骤

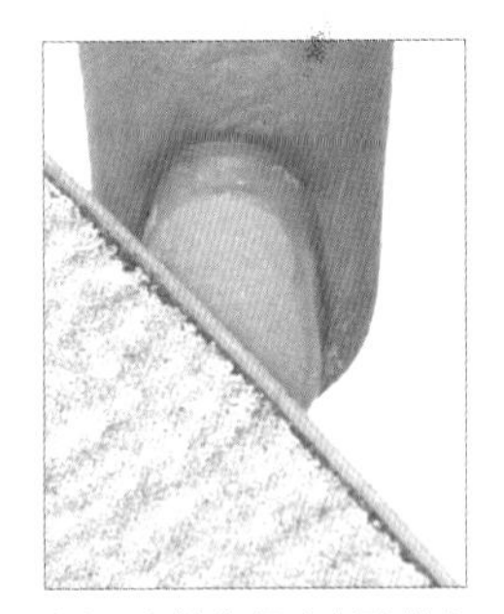

01用磨棒将凝胶表面抛磨变粗呈现雾面。

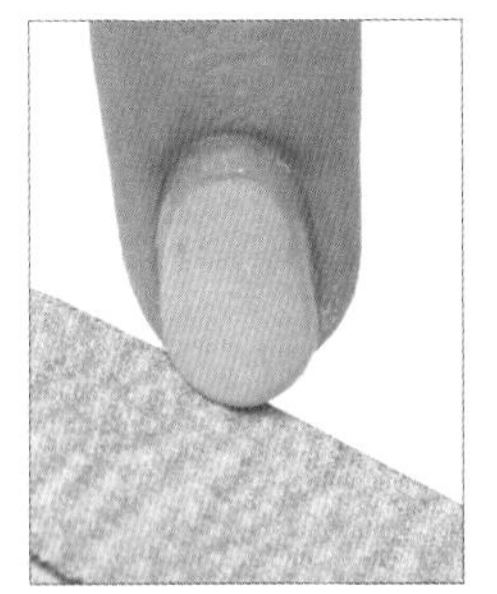

02重复步骤1，用磨棒修磨指甲边缘，方便卸甲。

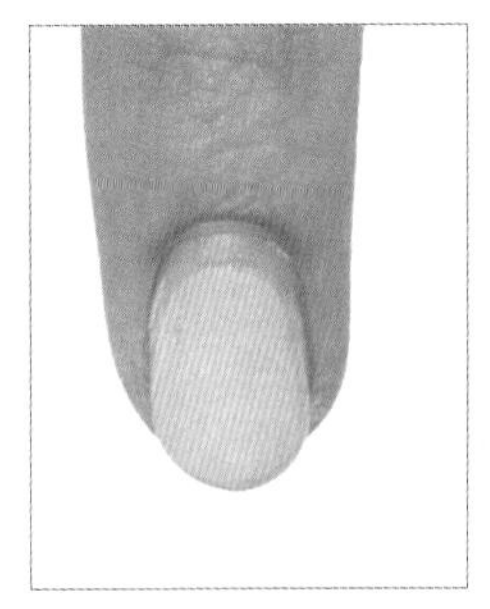

03如图，凝胶表面修磨完成（注：需避开真甲修磨，并注意不要伤到皮肤）。

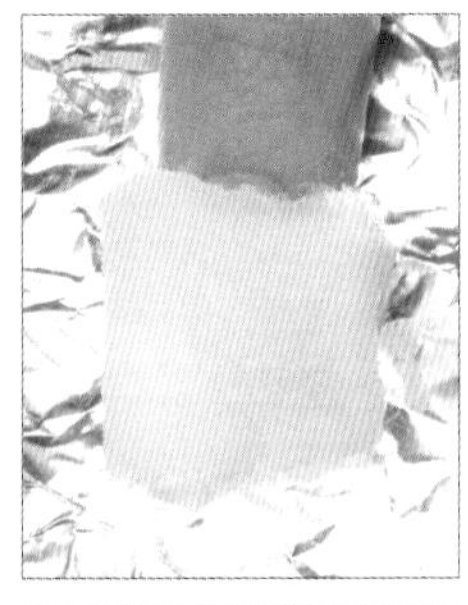

04取适量棉球蘸取卸甲液后，用铝箔纸包覆指甲。

05将卸甲铝箔纸对折后用手辅助贴齐指甲。

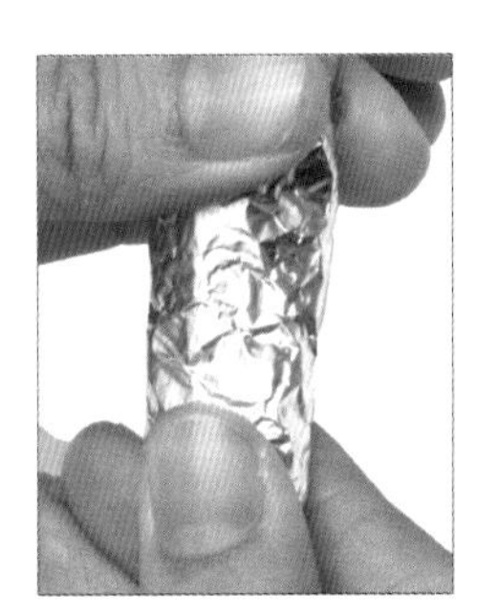

06将卸甲铝箔纸完全包覆住指甲（注：可用手辅助将卸甲铝箔纸压紧，使凝胶卸甲液更能渗透凝胶指甲）。

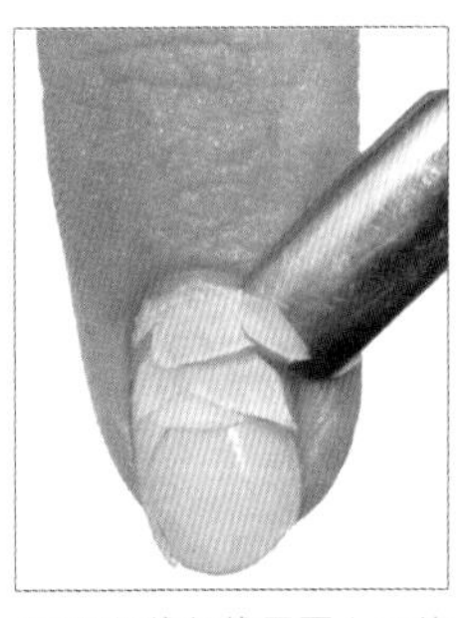

07以钢推轻推甲面上已软化的凝胶，并将凝胶去除（注：也可用榉木棒推开凝胶）。

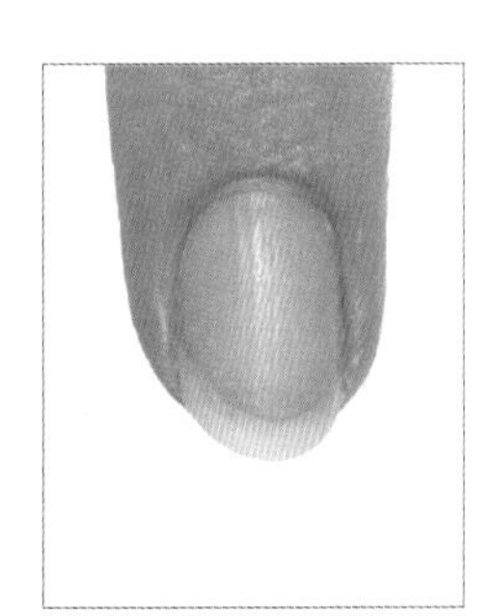

08最后，再以指缘油软化剂保养指甲即可。

凝胶笔的保养方法

（一）光疗凝胶笔

（1）新笔开笔方式

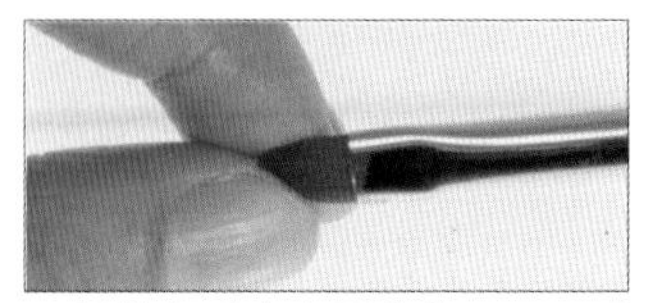

a. 新笔会以胶水固定住，可用手指轻轻将笔毛拨松，去除笔刷残留胶水的屑屑。

b. 将凝胶洗笔液倒入溶剂杯中。

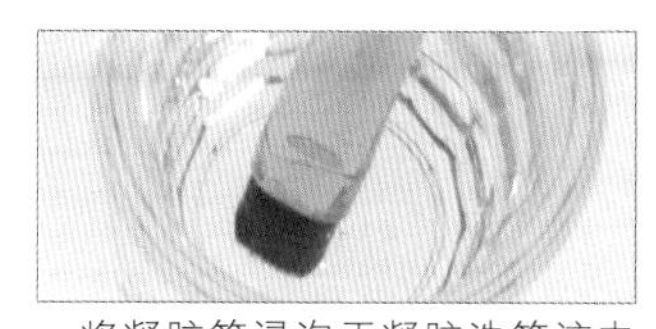

c. 将凝胶笔浸泡于凝胶洗笔液中（注：请勿用力压笔，易造成笔尖分岔，在清洗时需特别注意）。

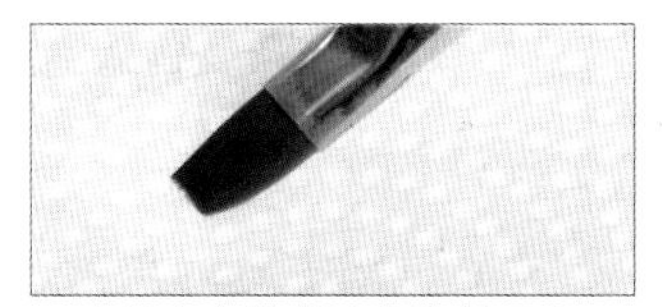

d. 在纸巾上将凝胶笔擦拭干净。

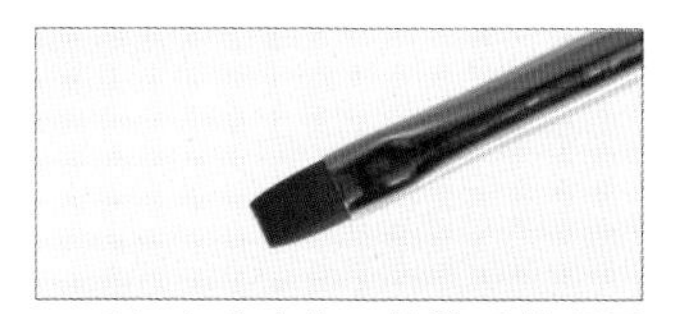

e. 重复上述动作，将笔毛整理平顺即可。

（2）日常保养方式

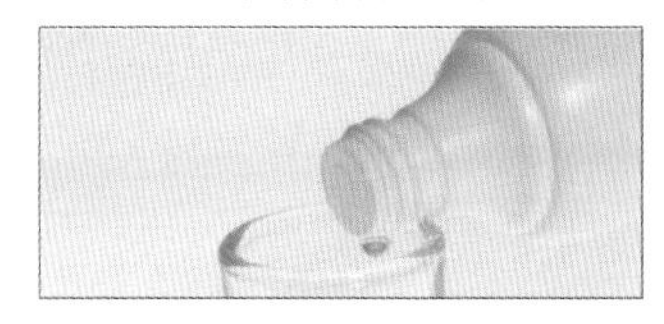

a. 将凝胶洗笔液倒入溶剂杯中。

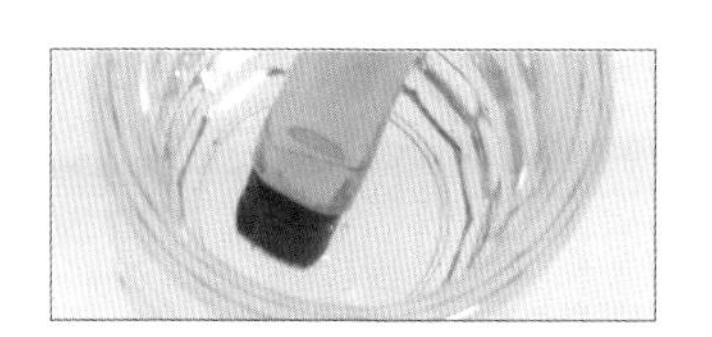

b. 把凝胶笔浸泡于凝胶洗笔液中清洗（注：溶剂杯口与按压瓶口残留的洗笔液，请用纸巾吸除并擦拭干净）。

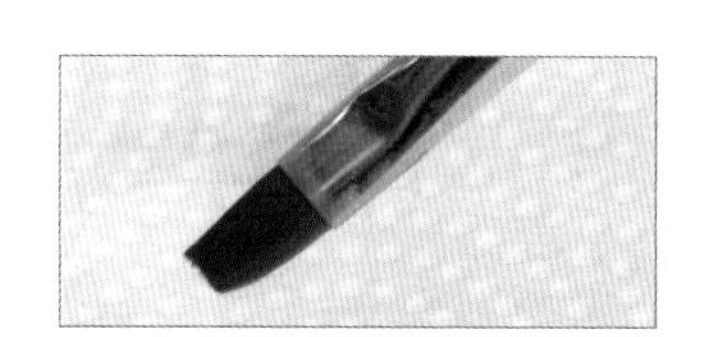

c. 在纸巾上将凝胶笔擦拭干净，并将清洗干净的凝胶笔整理收齐放进笔套里。

（二）陶瓷甘皮推棒

使用酒精消毒液浸泡 10~15 分钟后擦拭干净即可，勿用清水冲洗。

（三）金属甘皮推棒

使用酒精消毒液浸泡 10~15 分钟后擦拭干净即可，勿用清水冲洗。

甜美
Part2
可爱

亮丽圆点

图示

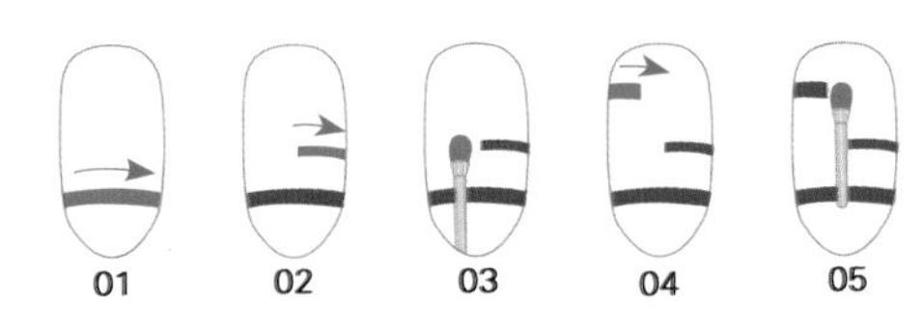

步骤

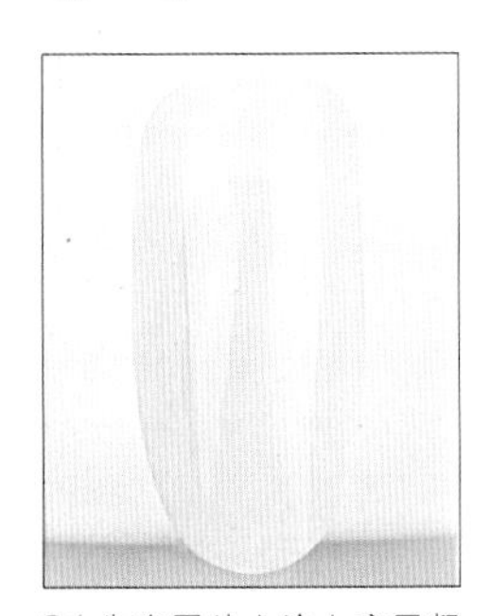

01 先在甲片上涂上底层凝胶。

02 承步骤1，将甲片放置在光疗灯中使底层凝胶暂时固化。

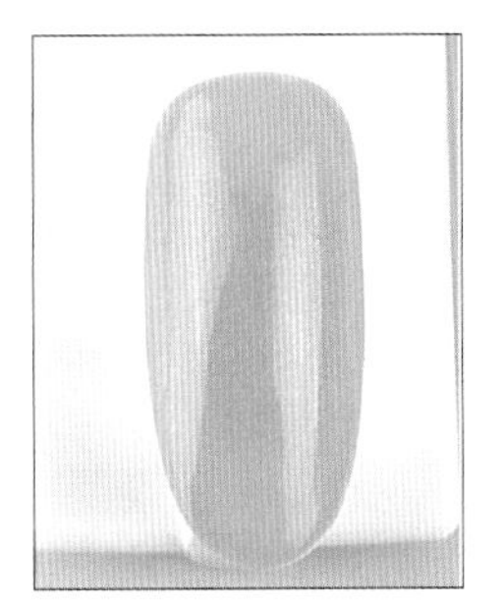

03 在甲片上涂上一层粉红色凝胶（色卡4）并放入光疗灯中使凝胶暂时固化（注：可视颜色的饱和度调整彩色凝胶的涂刷次数）。

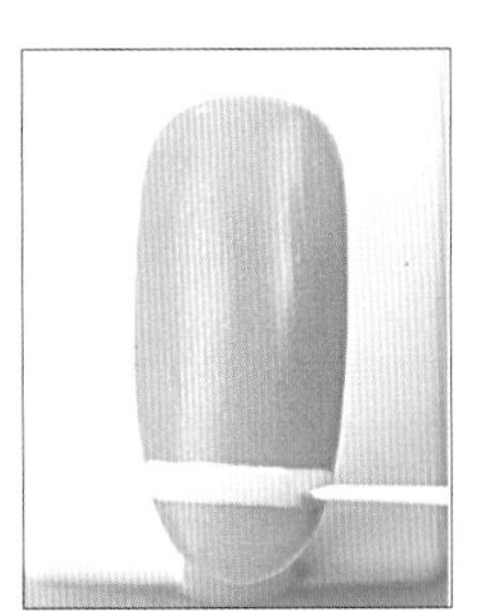

04 以白线胶（色卡32）在甲片前端由左向右涂上一横线（参考图示01）。

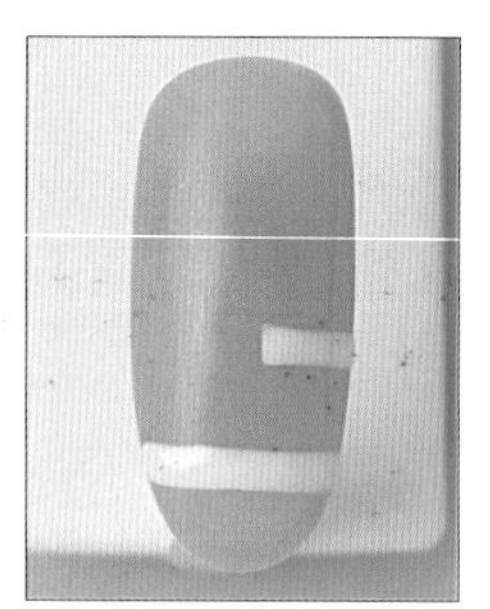

05以白线胶（色卡32）在甲片约1/3处向右涂上1/2的横线（参考图示02）。

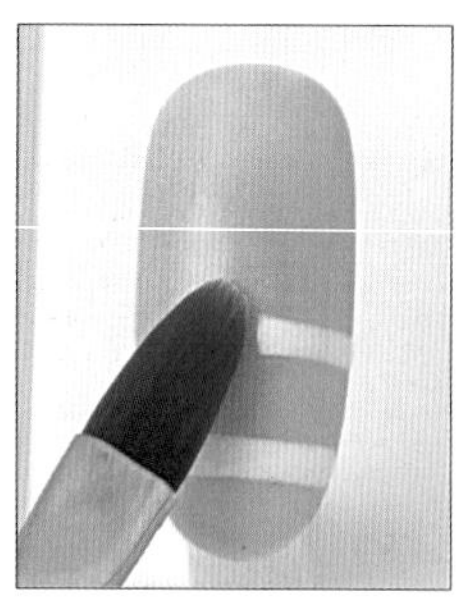

06以圆口笔修饰线条，使线条更为工整（参考图示03）。

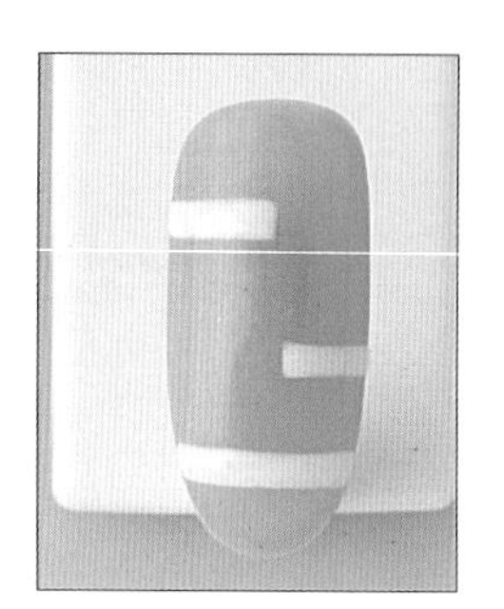

07以白线胶（色卡32）在上方1/3处，画上1/2横线（参考图示04）。

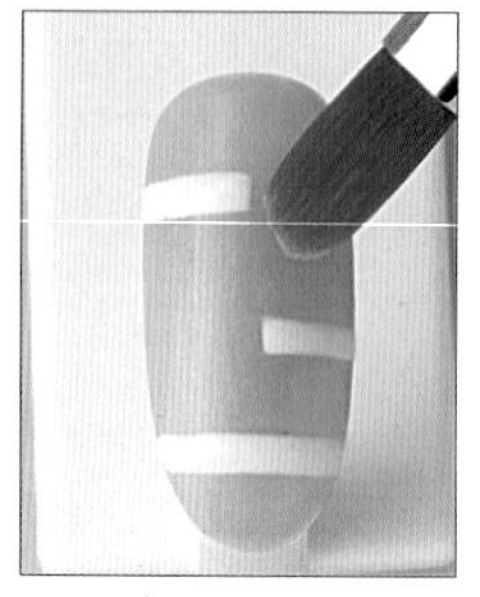

08以圆口笔修饰线条，让线条更为工整（参考图示05）。

09在甲片的上、中、下处贴上白线贴。

10承上一步骤，再以剪刀将全数的白线贴剪下（注：需沿着指甲形状剪裁）。

11完成线条造型后，照灯固化。

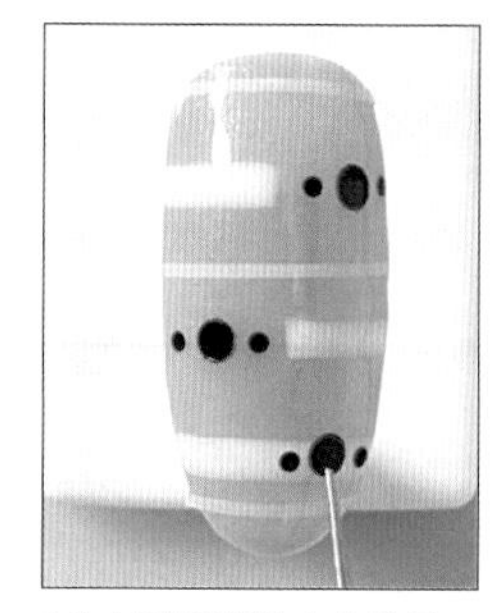

12在甲面薄刷建构胶后，取大小不同的黑色亮片依序放在白色横线侧边，并以珠笔微调位置。

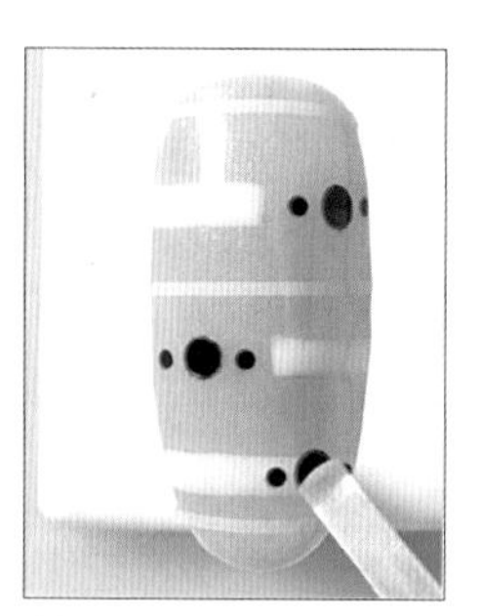

13先将甲片放入光疗灯中暂时固化，再涂上上层凝胶。

14将涂上上层凝胶的甲片放在光疗灯中，使表面凝胶固化（注：可视甲面造型厚薄来调整上层胶涂刷的次数）。

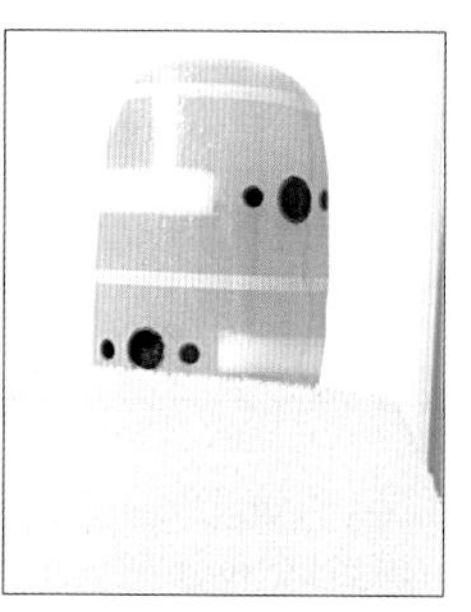

15最后，再以凝胶清洁绵蘸取凝胶清洁液清除未固化凝胶即可。

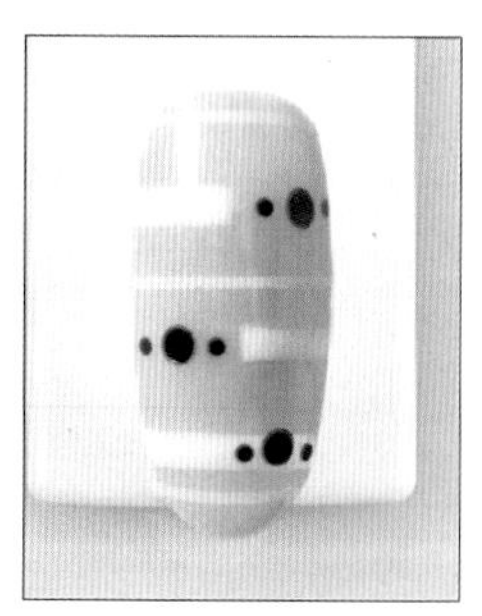

效果如图，凝胶清洁完成。

爱恋之心

图示

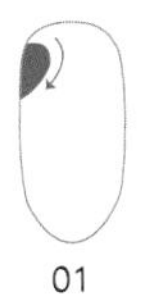
01

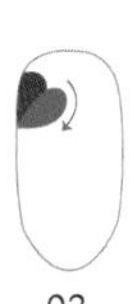
02

03

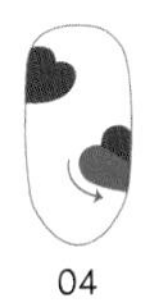
04

步骤

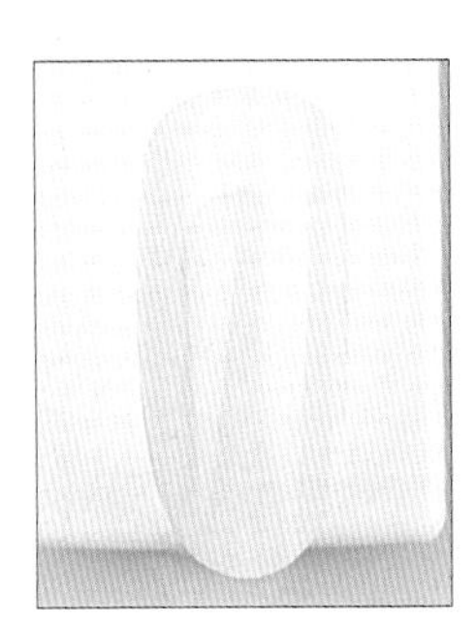

01先在甲片上均匀涂上底层凝胶。

02承步骤1，将甲片放置在光疗灯中使底层凝胶暂时固化。

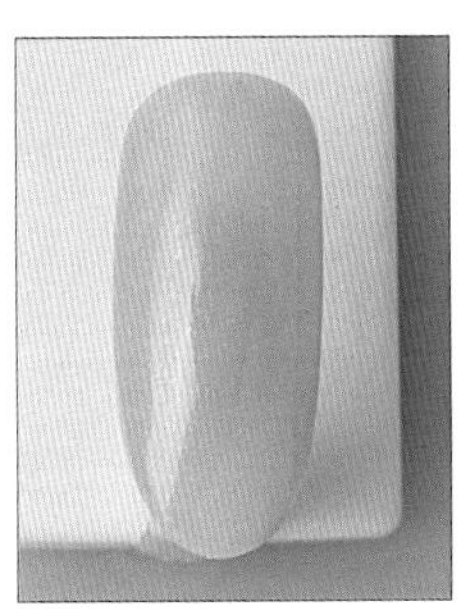

03用浅粉色凝胶（色卡4）将甲片涂上底色后，照灯暂时固化（注：可视颜色的饱和度调整彩色凝胶的涂刷次数）。

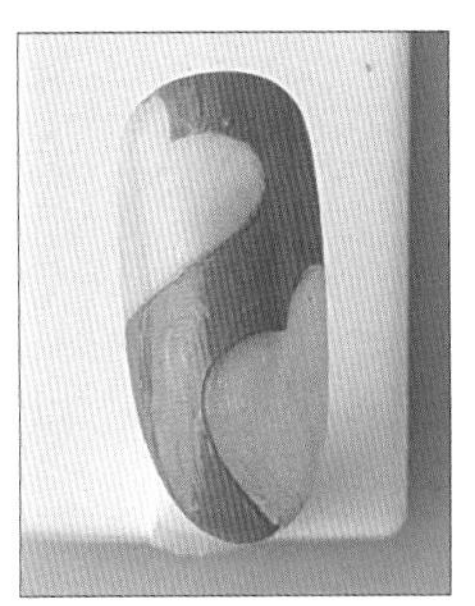

04先以深粉色凝胶（色卡37）涂在甲片上，再以干净的圆口笔修饰出爱心形状（参考图示01–04）。

05 用建构胶薄刷甲片的表面。

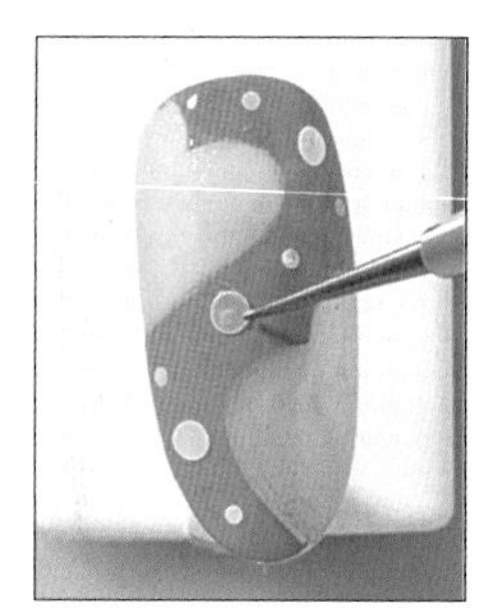

06 先取三片大圆形亮片，以斜直线的方式摆放上甲片，再取小圆形亮片摆放在大圆形亮片的间隙中，最后以珠笔微调亮片位置。

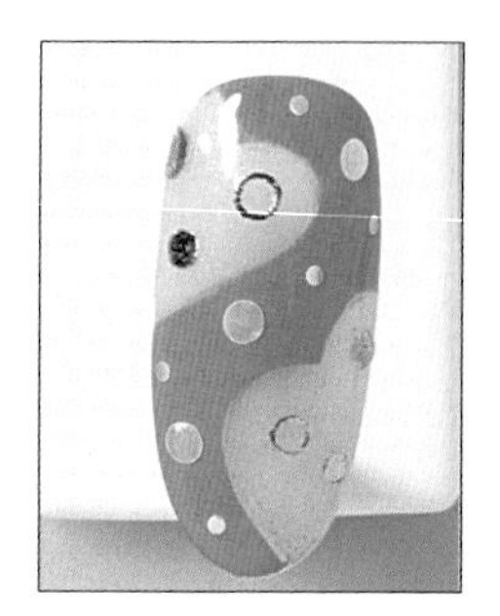

07 以镊子取金色圆点贴纸以三角形构图贴在步骤5的爱心上。

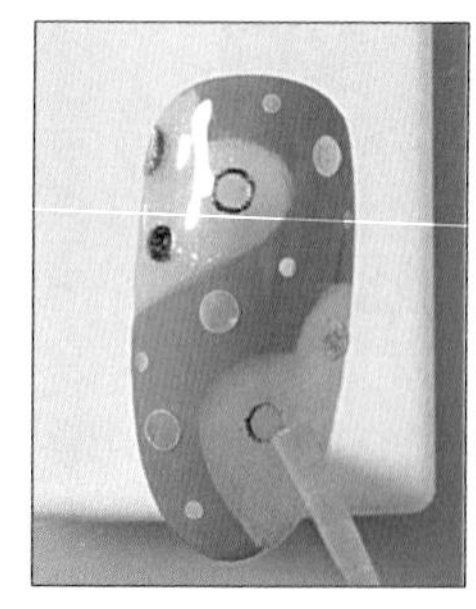

08 先将甲片放入光疗灯中暂时固化，再涂上上层凝胶。

09 **将涂上上层凝胶的甲片放在光疗灯中，使表面凝胶固化**（注：可视甲面造型厚薄来调整上层胶涂刷的次数）。

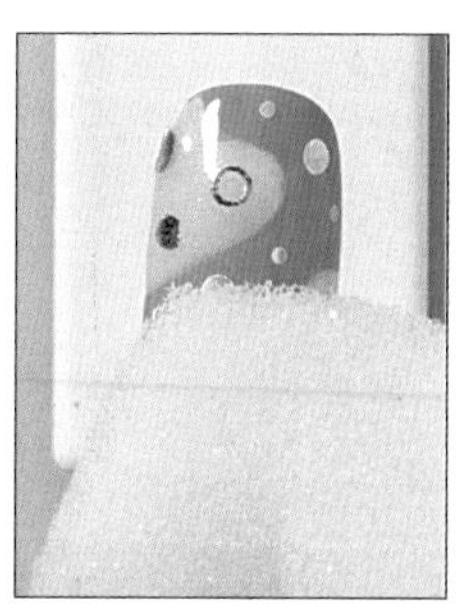

10 最后，再以凝胶清洁绵蘸取凝胶清洁液清除未固化凝胶即可。

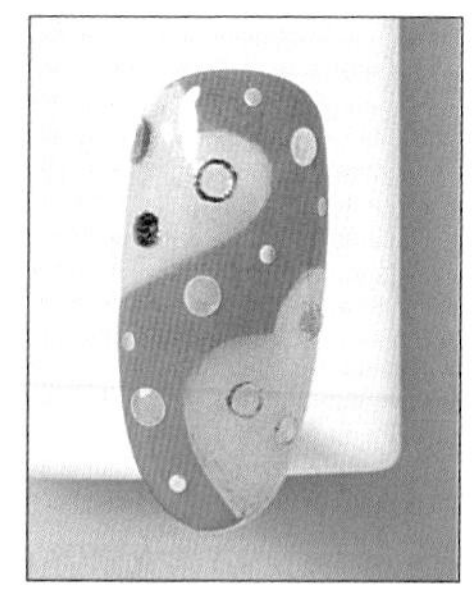

效果 如图，凝胶清洁完成。

粉红甜心

图示

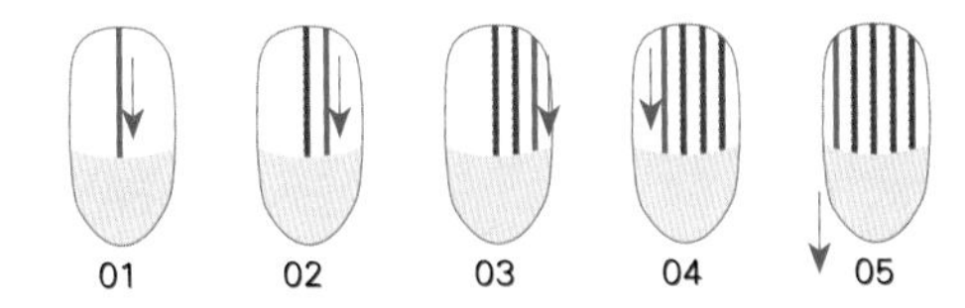

步骤

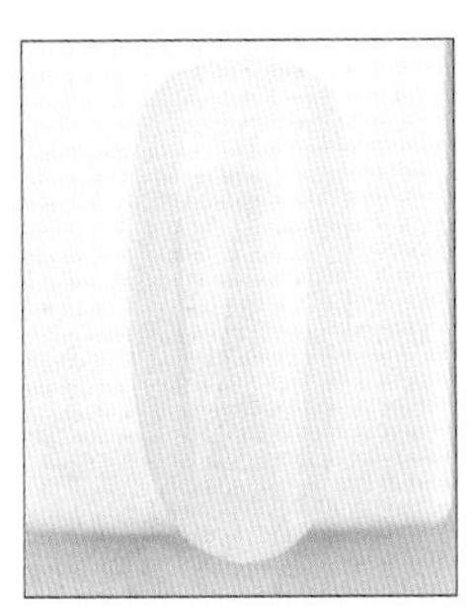

01 先在甲片上涂上底层凝胶。

02 承步骤1，将甲片放置在光疗灯中使底层凝胶暂时固化。

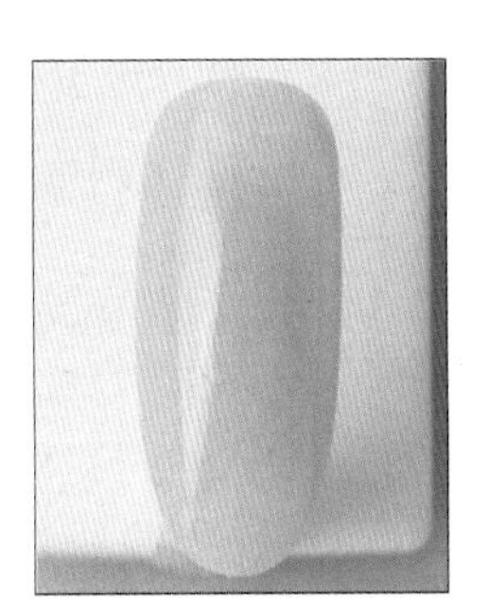

03 在甲片上涂上一层粉色凝胶（色卡11），再放入光疗灯中暂时固化（注：可视颜色的饱和度调整彩色凝胶的涂刷次数）。

04 在甲片尾端约1/3处，涂上一层深粉色凝胶（色卡17）。

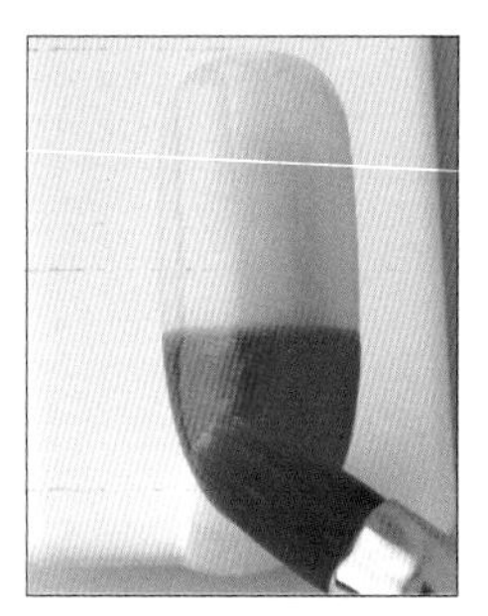

05以圆口笔修饰甲片边缘并将色胶修饰平行，放入光疗灯中使凝胶暂时固化。

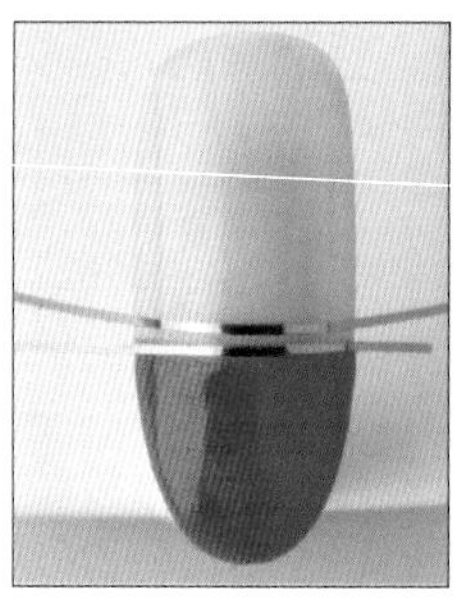

06以金线贴先贴至步骤5的边缘线，再取一条金线贴于上方。

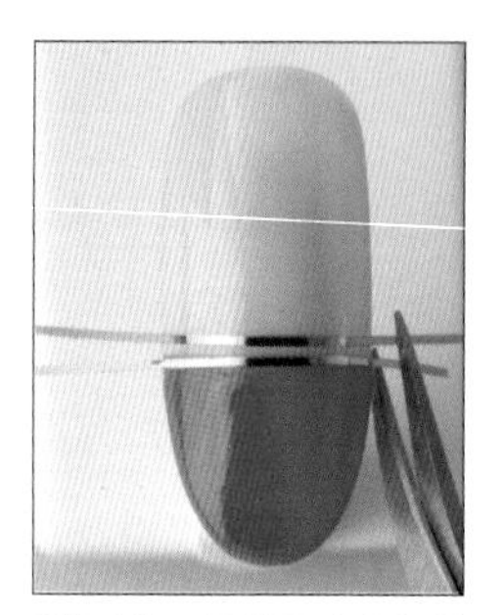

07以剪刀沿着甲片边缘剪下金线贴。

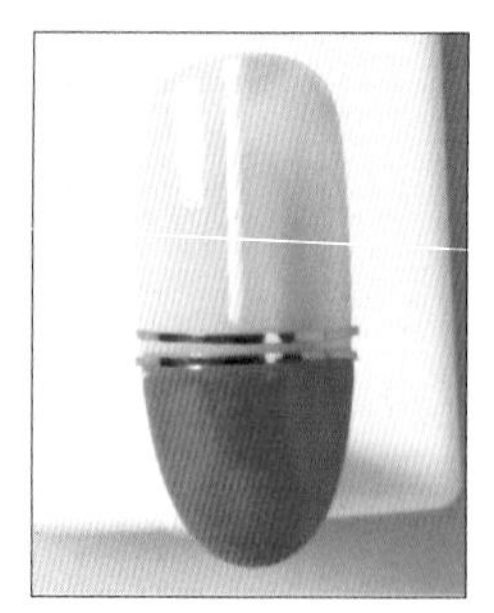

08以白线胶（色卡32）从甲片中间由上往下画至金线贴粘贴处（参考图示01）。

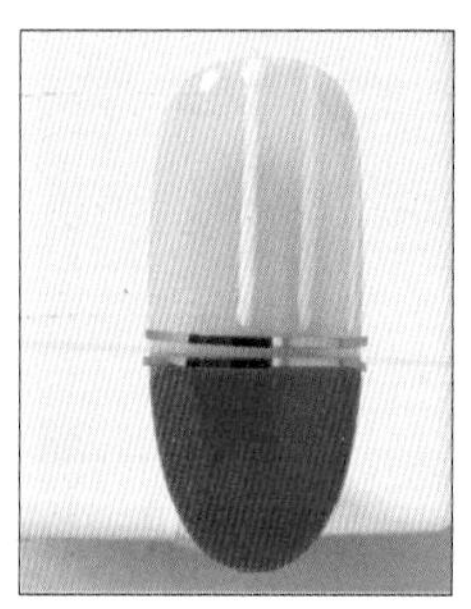

09重复步骤8，完成甲片侧边直线（参考图示02-03）。

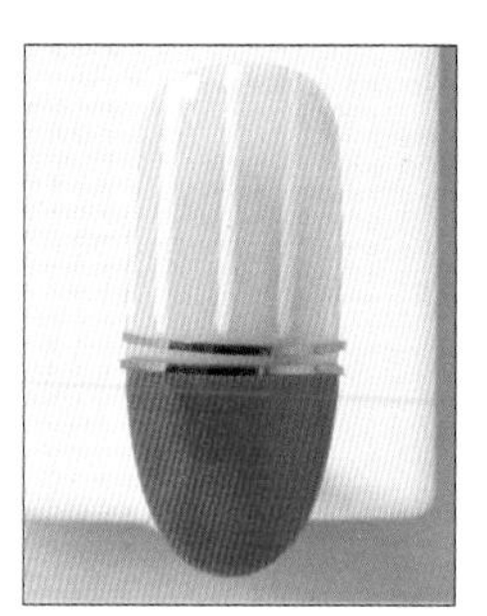

10重复步骤8，完成甲片另一端直线描绘，并放入光疗灯中使凝胶暂时固化（参考图示04-05）。

11先在甲片上涂建构胶后，再以镊子夹取蝴蝶结贴纸，斜贴在金线贴上方。

12在甲片上涂上上层凝胶。

13将涂上上层凝胶的甲片放在光疗灯中，使表面凝胶固化（注：可视甲面造型厚薄来调整上层胶涂刷的次数）。

14最后，再以凝胶清洁绵蘸取凝胶清洁液清除未固化凝胶即可。

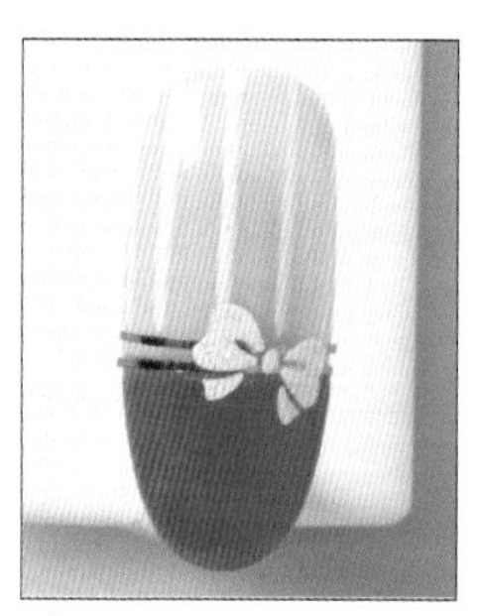

效果如图，凝胶清洁完成。

少女情怀

步骤

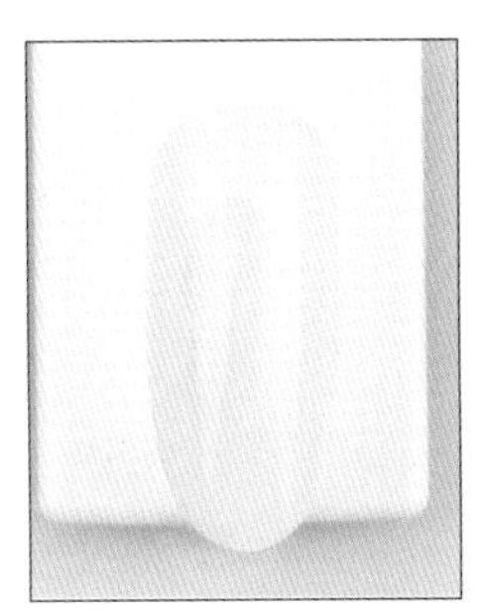

01 先在甲片上涂上底层凝胶。

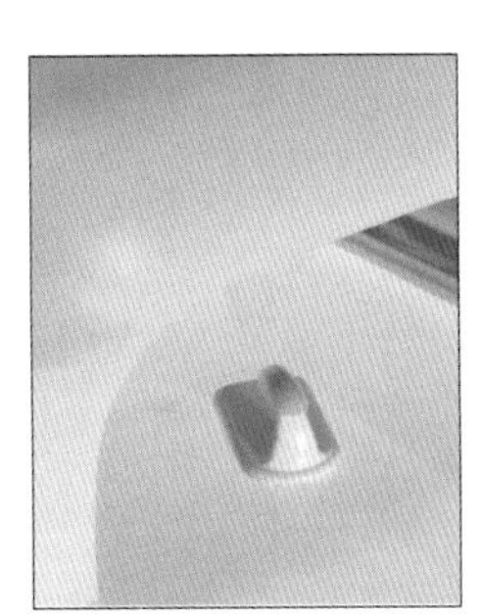

02 承步骤1，将甲片放置在光疗灯中使底层凝胶暂时固化。

03 在甲片1/2处涂上一层粉色凝胶（色卡29），再将甲片放入光疗灯中暂时固化。

04 取黄色凝胶（色卡30）涂刷于甲片上方区块，再将甲片放入光疗灯中暂时固化。

05以点珠笔蘸取白色凝胶在甲片上方侧边点上一白点（注：圆点略大）。

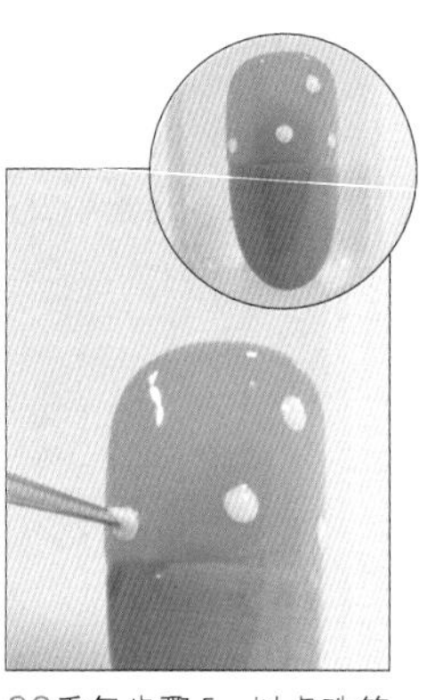

06重复步骤5，以点珠笔蘸取白色凝胶依序点上圆点（注：圆点需平均大）。

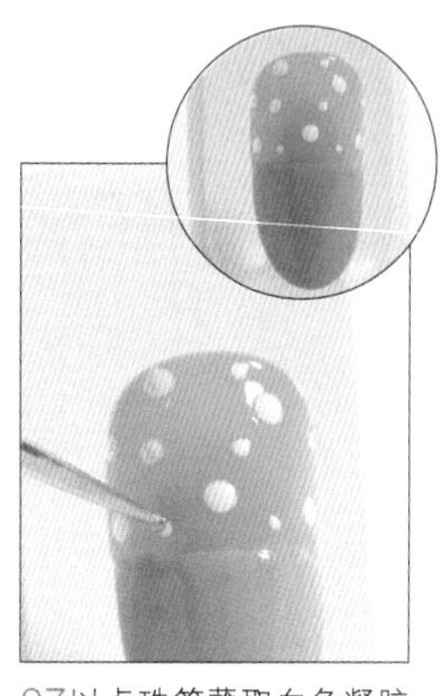

07以点珠笔蘸取白色凝胶在步骤6的白色圆点周围点上小白点，再将甲片放入光疗灯中暂时固化（注：圆点需比步骤5小）。

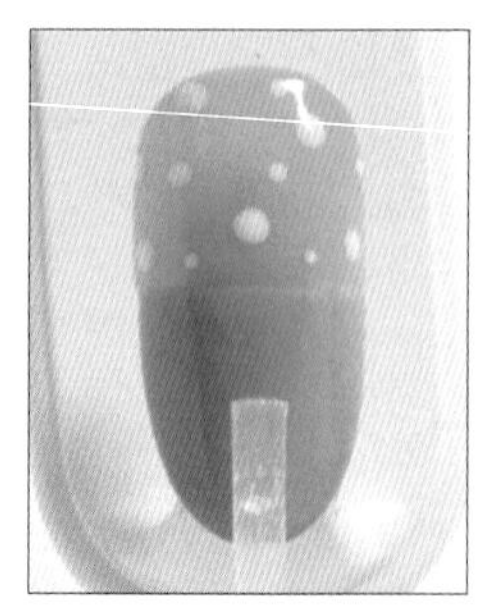

08先涂上上层凝胶，再将甲片放在光疗灯中，使表面凝胶固化。

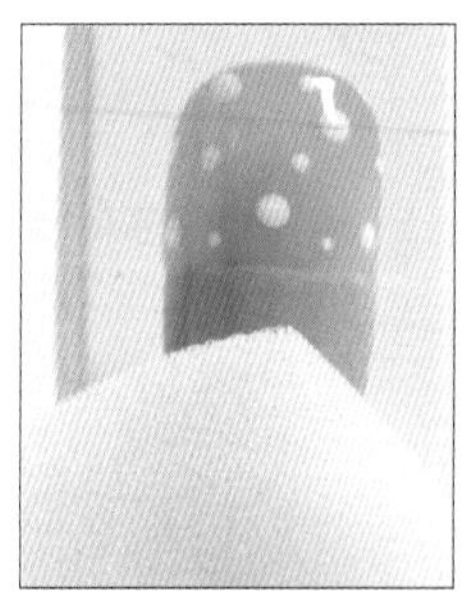

09用凝胶清洁绵蘸取凝胶清洁液清除未固化的凝胶。

10用镊子夹取蕾丝转印贴纸放置在水中，再以纸巾将贴纸水分压干。

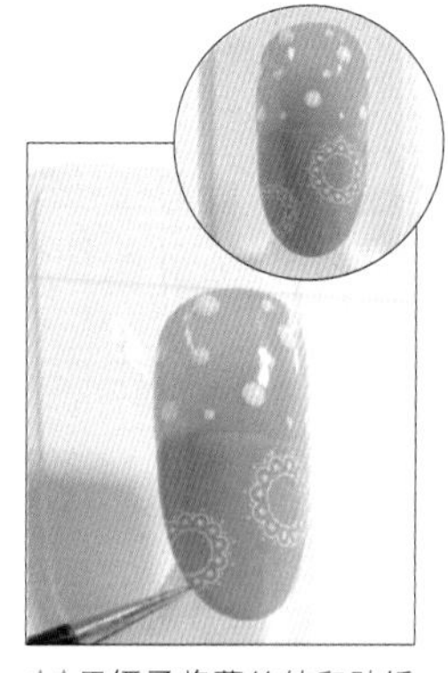

11用镊子将蕾丝转印贴纸取下并贴在粉色凝胶的两侧。

12用镊子夹取蝴蝶结贴纸，贴在粉色与黄色凝胶交接处。

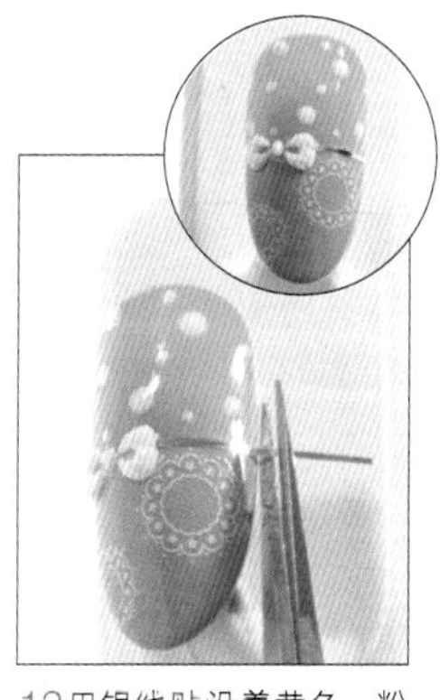

13用银线贴沿着黄色、粉色凝胶的交界线，贴至蝴蝶结贴纸侧边，并以剪刀将银线贴剪下（注：需沿着指甲形状剪裁）。

14在甲片上涂上上层凝胶。

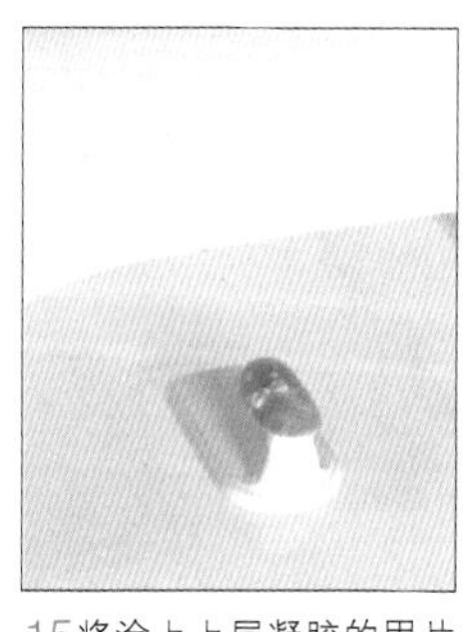

15将涂上上层凝胶的甲片放在光疗灯中，使表面凝胶固化（注：可视甲面造型厚薄来调整上层胶涂刷的次数）。

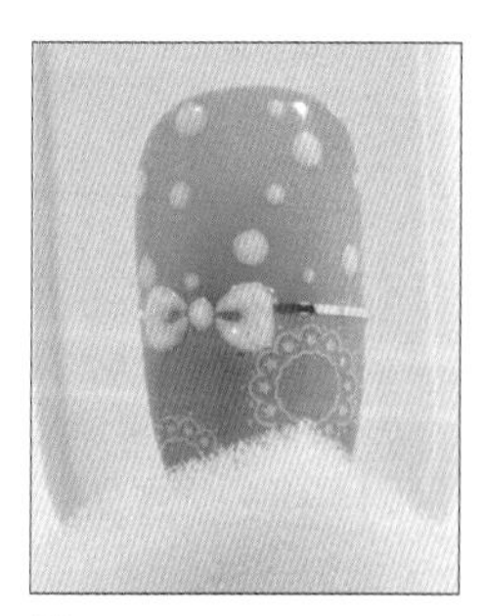

效果如图，凝胶清洁完成。

经典豹纹

图示

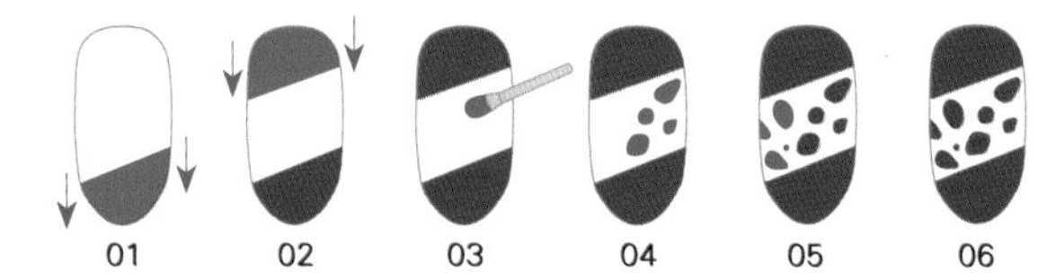

步骤

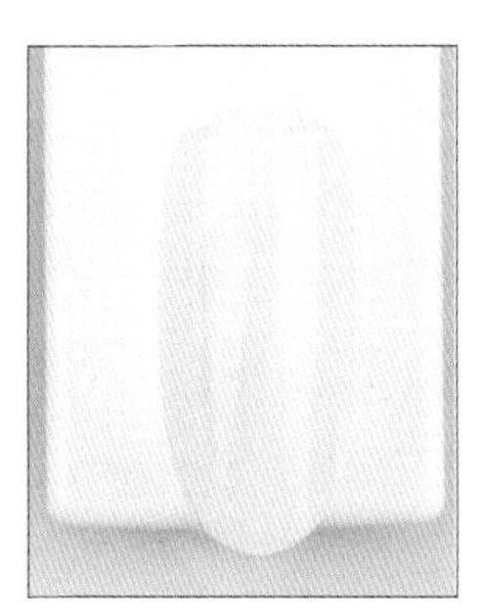

01 先在甲片上涂上底层凝胶。

02 承步骤 1，将甲片放置在光疗灯中使底层凝胶暂时固化。

03 在甲片上涂上一层粉红色凝胶（色卡 4），并放入光疗灯中使凝胶暂时固化（注：可视颜色的饱和度调整彩色凝胶的涂刷次数）。

04 取桃粉色凝胶（色卡 26）从甲片左侧下方 1/4 处涂至右侧 1/2 处，使色胶呈现由下往上斜的构图（参考图示 01）。

05取桃粉色凝胶（色卡26）从指甲左侧上方1/4处涂刷，使甲片中间形成一平行四边形（参考图示02）。

06以圆口笔修饰步骤5不平整的线条，并放入光疗灯中暂时固化（参考图示03）。

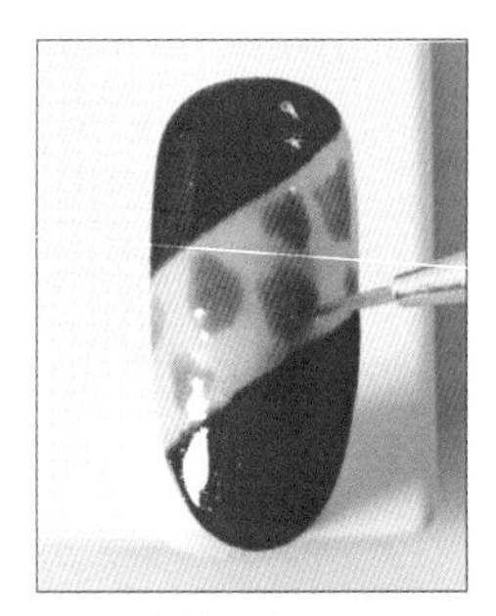

07取淡粉色凝胶（色卡16）以短线笔在平行四边形上画上数个大小色块（参考图示04-05）。

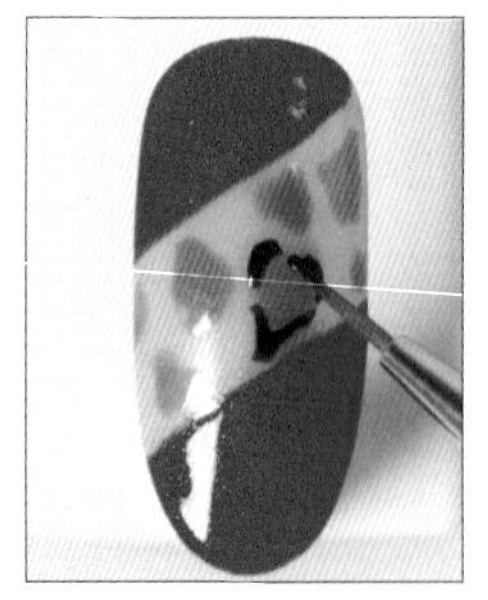

08以短线笔取深紫色凝胶（色卡36）分别在色块边缘描绘粗细边框（注：边缘需预留空隙，参考图示06）。

09重复步骤8，使图形变成豹纹图形，再将甲片放入光疗灯短暂固化。

10取银线贴以平行线方式依序贴上，增加甲片的华丽感。

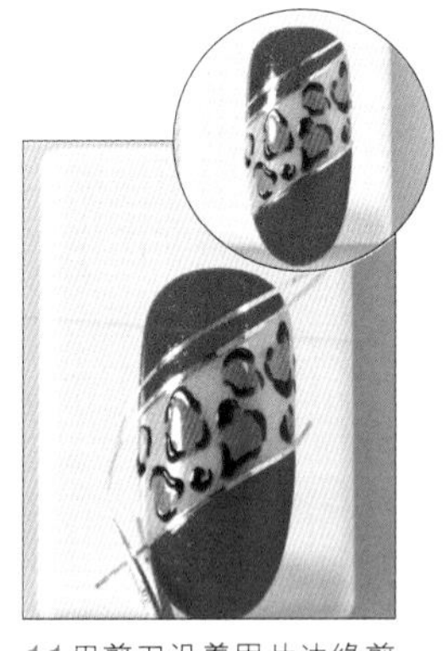

11用剪刀沿着甲片边缘剪去银线贴。

12在下方桃粉红色凝胶处薄刷一层建构胶，再将亮片以梯形构图依序摆放，最后以针笔微调亮片位置后，放入光疗灯短暂固化。

13在甲片上涂上上层凝胶。

14将涂上上层凝胶的甲片放在光疗灯中，使表面凝胶固化（注：可视甲面造型厚薄来调整上层胶涂刷的次数）。

15最后，再以凝胶清洁绵蘸取凝胶清洁液清除未固化凝胶即可。

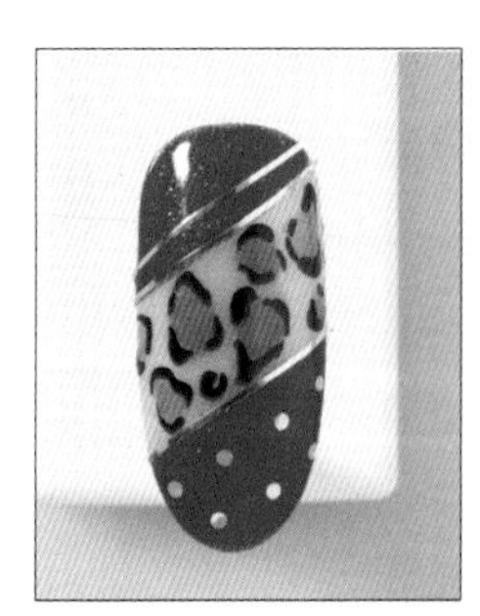

效果如图，凝胶清洁完成。

夏日甜点

图示

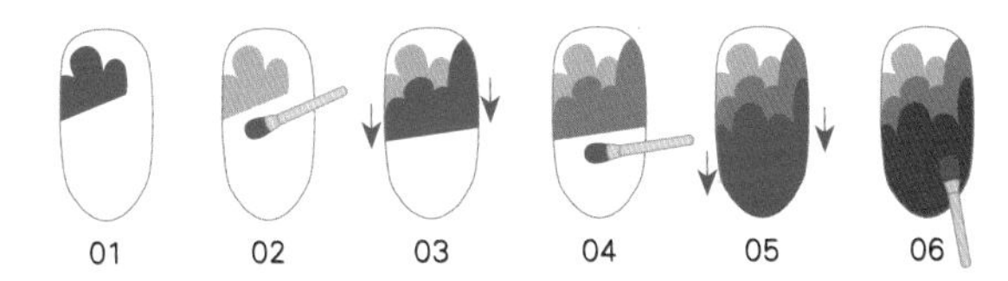

步骤

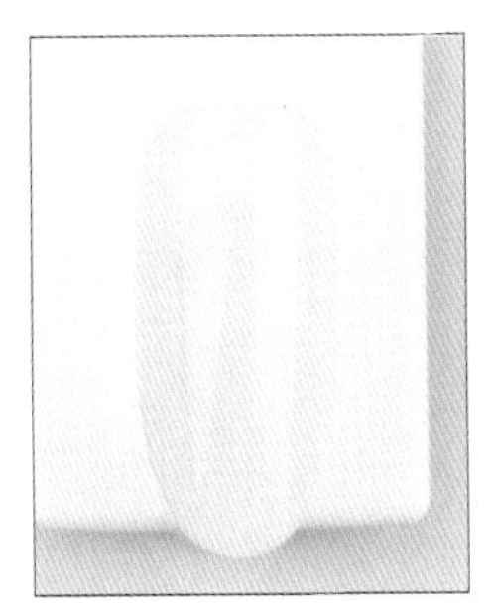

01先在甲片上涂上底层凝胶。

02承步骤1，将甲片放置在光疗灯中使底层凝胶暂时固化。

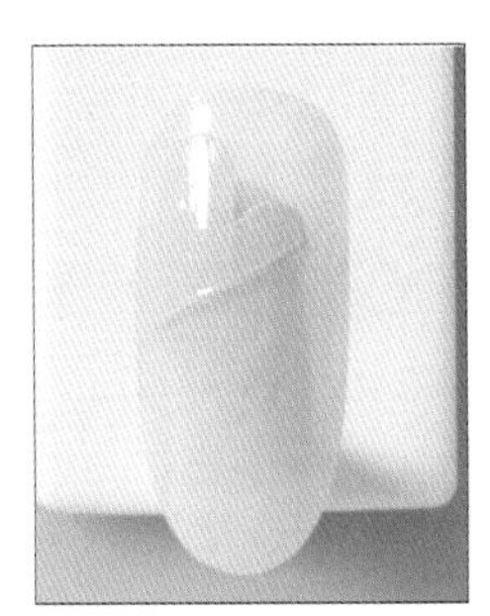

03以浅黄色凝胶（色卡39）在甲片侧上方画上山状图样（参考图示01）。

04以圆口笔修饰步骤3山状造型下缘，使线条更为平整后，再放入光疗灯中暂时固化（参考图示02）。

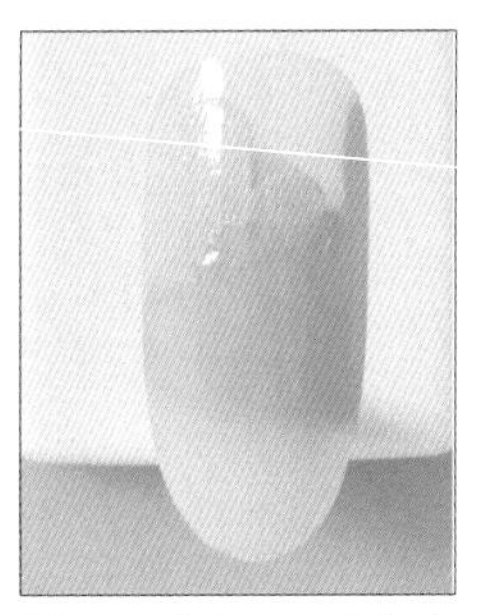

05以浅蓝色凝胶（色卡38）在步骤4山状图样下方画上波浪状图样（注：可部分覆盖住步骤4的山状图样，使图形产生堆叠感，参考图示03）。

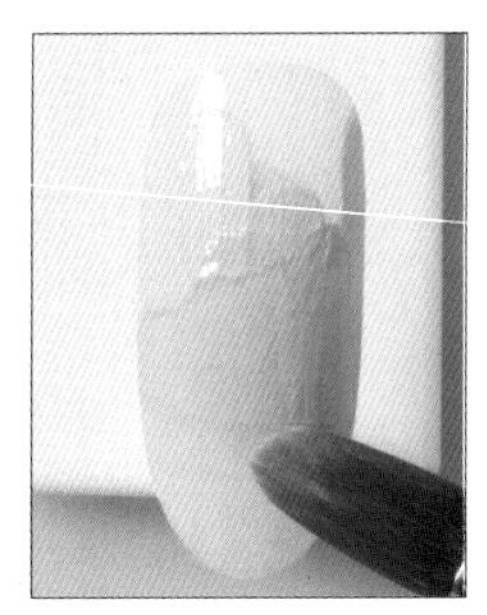

06以圆口笔修饰步骤5波浪状图样下缘，使线条更为平整后，再放入光疗灯中暂时固化（参考图示04）。

07以深紫色凝胶（色卡36）在步骤6波浪状图样下方再画上波浪状图样，形成冰激凌的图样（注：可部分覆盖住步骤6的波浪状图样，使图形产生堆叠感，参考图示05）。

08以圆口笔修饰步骤7甲片边缘溢出的深紫色凝胶（色卡36）后，再放入光疗灯中使凝胶暂时固化（注：将溢胶清除干净，在照灯时凝胶较不易翘起，参考图示06）。

09以长线笔在步骤8的冰激凌图样上方点缀上短线条，形成巧克力米的图样。

10先将甲片放入光疗灯暂时固化后，再涂上上层凝胶。

11将涂上上层凝胶的甲片放在光疗灯中，使表面凝胶固化（注：可视甲面造型厚薄来调整上层胶涂刷的次数）。

12最后，再以凝胶清洁绵蘸取凝胶清洁液清除未固化的凝胶即可。

效果如图，凝胶清洁完成。

缤纷点点

步骤

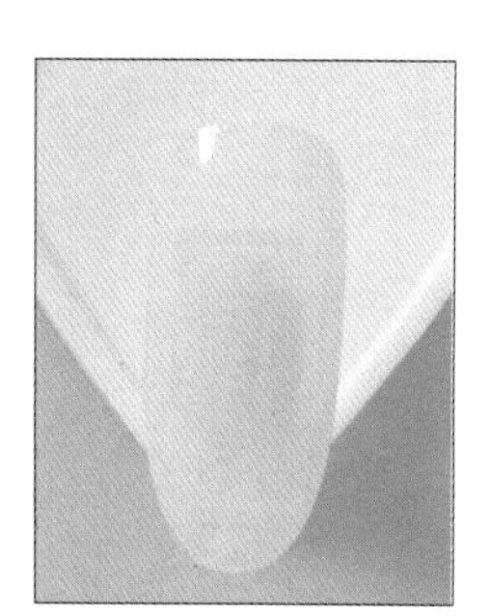

01 先在甲片上涂上底层凝胶。

02 承步骤1，将甲片放置在光疗灯中使底层凝胶暂时固化。

03 在甲片上涂上亮粉白色凝胶（色卡31），再放入光疗灯中使凝胶暂时固化（注：可视颜色的饱和度调整彩色凝胶的涂刷次数）。

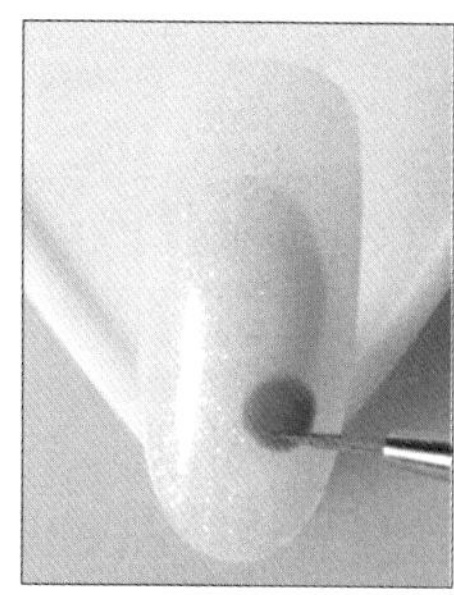

04 以橘色凝胶（色卡18）在甲片左侧画上小圆圈，使色胶呈现均匀平薄状。

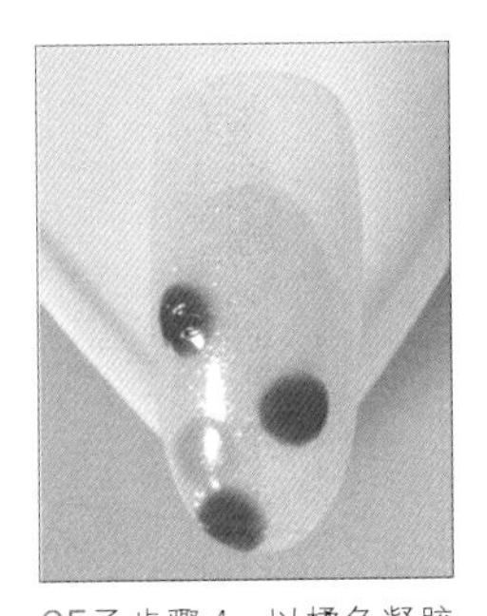

05承步骤4，以橘色凝胶（色卡18）在左侧画上两个小圆圈，与步骤4小圆圈形成三角形构图后，以黄色凝胶（色卡20）在左侧橘色小圆圈上方画上小圆圈。

06以黄色凝胶（色卡20）在步骤5圆圈的对侧再画一小圆圈后，取粉色、白色凝胶（色卡3）在甲片中间以粉色、白色、粉色的顺序往上斜画小圆圈，形成一斜线。

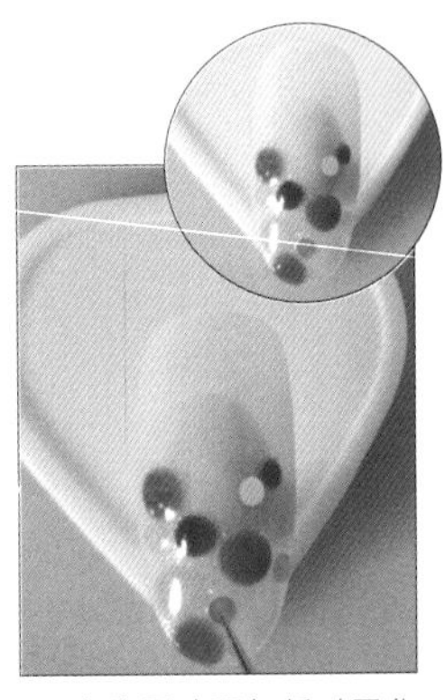

07先将甲片照灯暂时固化后，在甲片上方薄刷建构胶，再将亮片以梯形构图依序摆放，最后以针笔微调亮片位置。

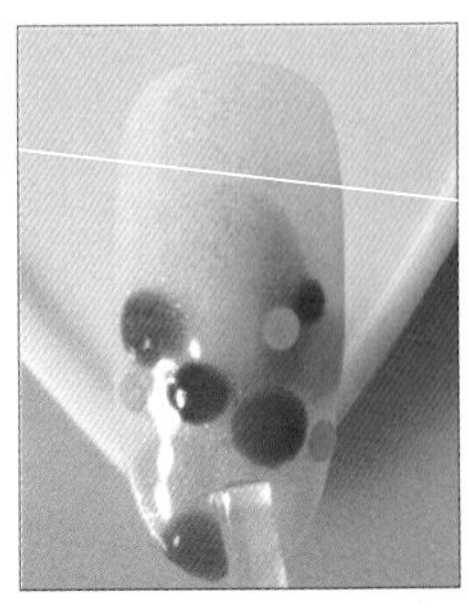

08先将甲片放入光疗灯暂时固化后，再涂上上层凝胶。

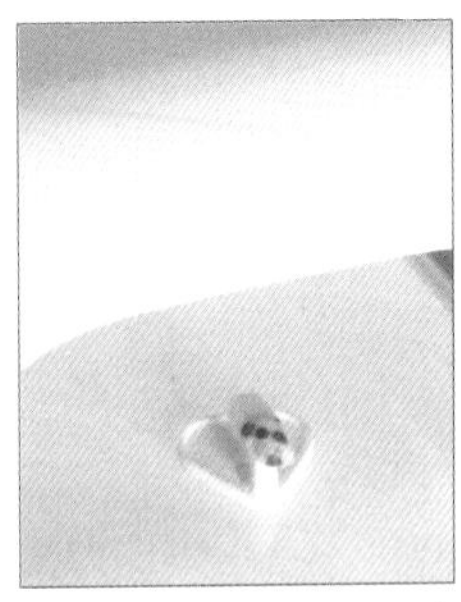

09将涂上上层凝胶的甲片放在光疗灯中，使表面凝胶固化（注：可视甲面造型厚薄来调整上层胶涂刷的次数）。

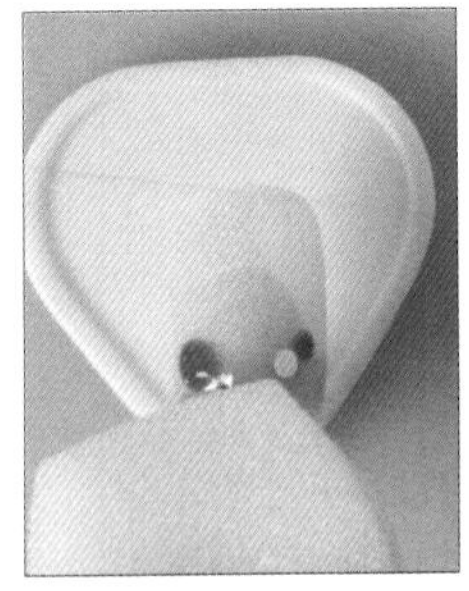

10最后，再以凝胶清洁绵蘸取凝胶清洁液清除未固化凝胶即可。

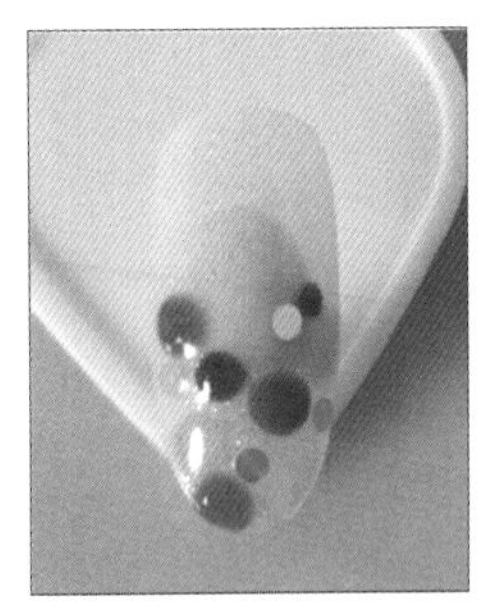

效果如图，凝胶清洁完成。

粉色泡泡

步骤

01先在甲片上涂上底层凝胶。

02承步骤1，将甲片放置在光疗灯中使底层凝胶暂时固化。

03在甲片上涂上一层浅粉色凝胶（色卡11），并放入光疗灯中使凝胶暂时固化（注：可视颜色的饱和度调整彩色凝胶的涂刷次数）。

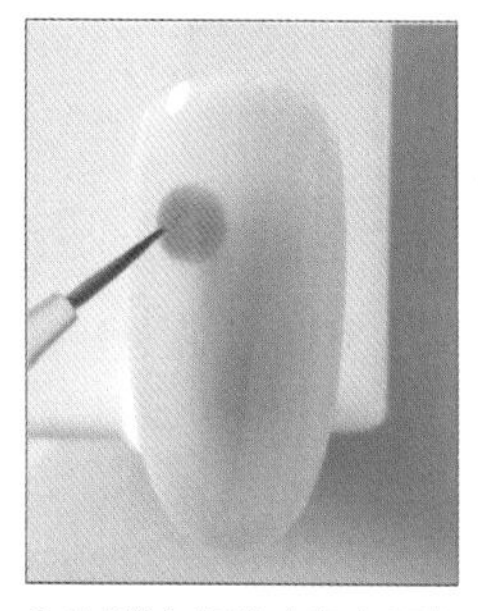

04以粉色凝胶（色卡17）在甲片侧边点上小圆圈，使色胶呈现均匀平薄状。

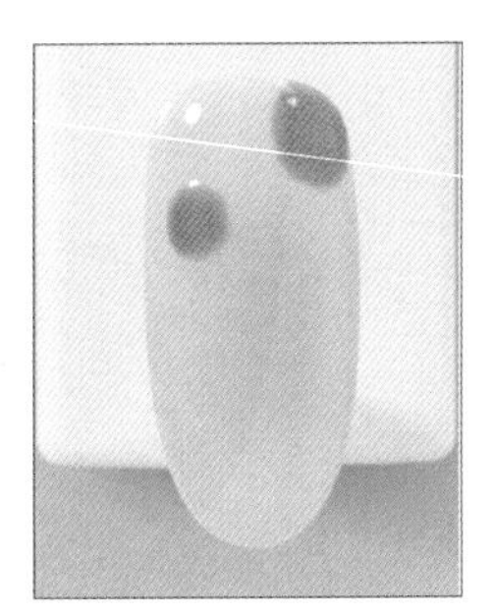

05 重复步骤 4，在甲片左上角再点上小圆圈（注：可用短线笔将凝胶涂刷均匀）。

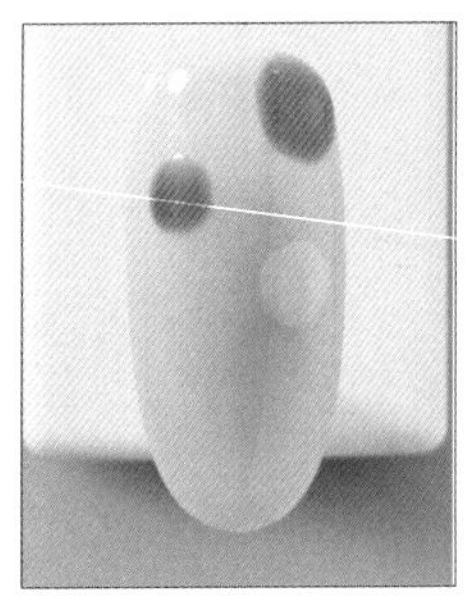

06 以白色凝胶（色卡 3）在甲片左侧点上小圆圈，与步骤 4-5 小圆圈形成三角形构图后，再以短线笔将凝胶涂刷均匀。

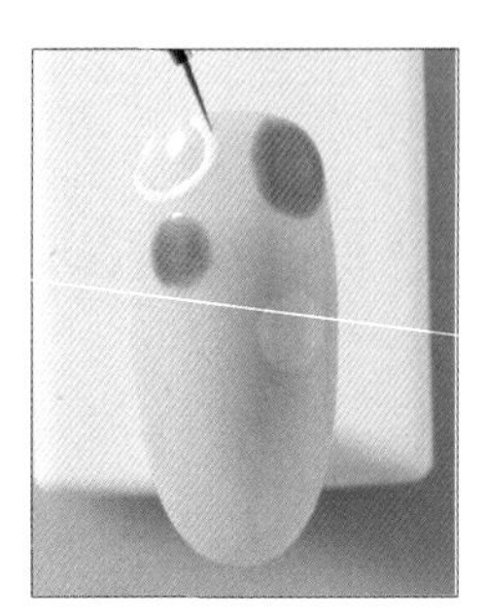

07 取白色凝胶（色卡 3）以极细短线笔在甲片左上角勾画出一半圆形后，再照灯固化。

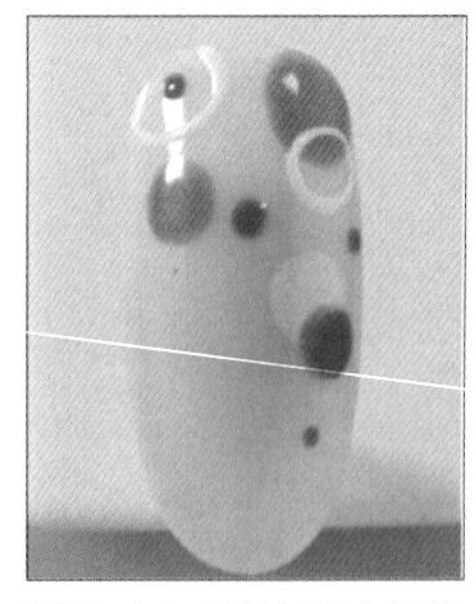

08 取白色凝胶以极细短线笔在步骤 5 的小圆圈下方勾画出圆圈后，取桃粉色凝胶（色卡 16）在步骤 6 的小圆圈下方画出圆形，最后以点珠笔从甲片右上方到左下方以三角形构图点出小圆点。

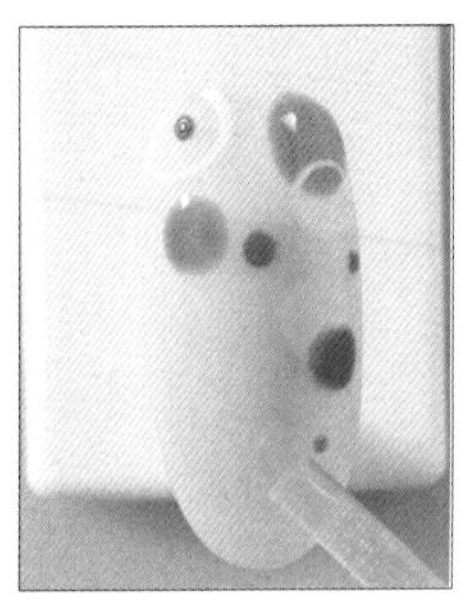

09 先将甲片放入光疗灯暂时固化后，再涂上上层凝胶。

10 将涂上上层凝胶的甲片放在光疗灯中，使表面凝胶固化（注：可视甲面造型厚薄来调整上层胶涂刷的次数）。

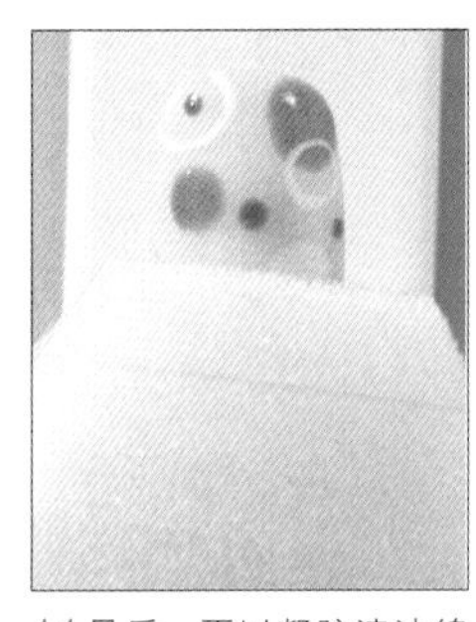

11 最后，再以凝胶清洁绵蘸取凝胶清洁液清除未固化凝胶即可。

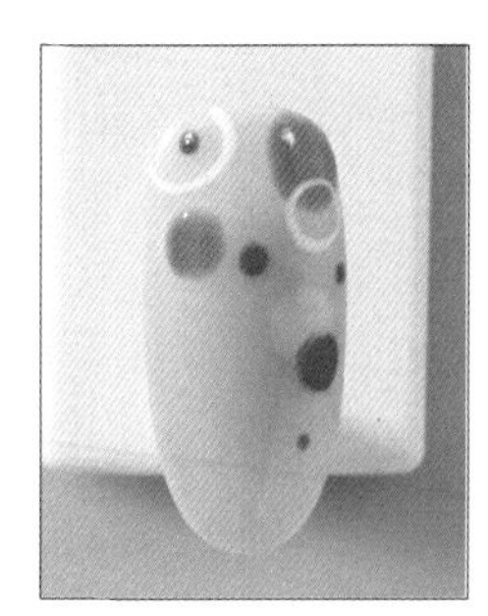

效果如图，凝胶清洁完成。

爱上
Part3
浪漫

轻熟魅力

图示

01

02

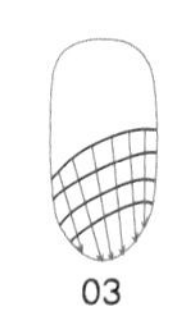

03

04

05

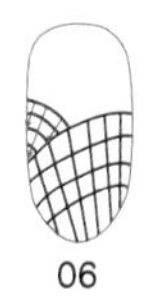

06

步骤

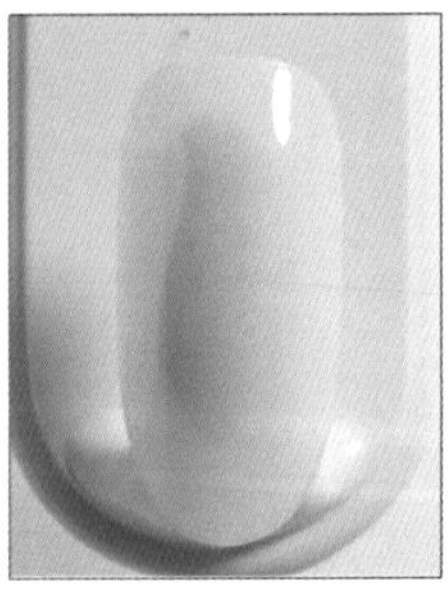

01先在甲片上涂上底层凝胶。

02承步骤1，将甲片放置在光疗灯中使底层凝胶固化。

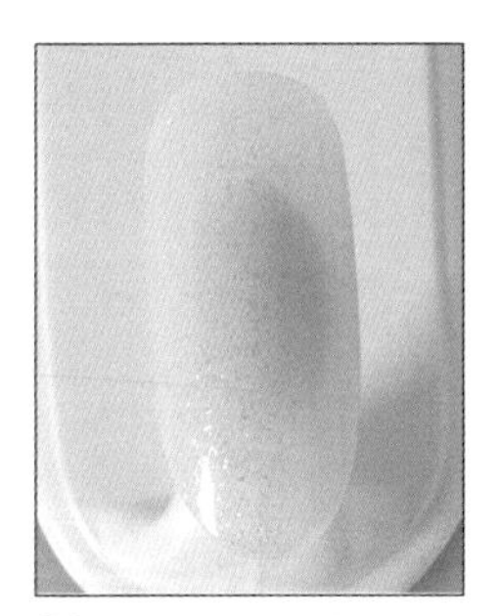

03在甲片上涂上亮粉白色凝胶（色卡31），并放入光疗灯中使凝胶暂时固化（注：可视颜色的饱和度调整彩色凝胶的涂刷次数）。

04先再涂上一层亮粉白色凝胶后，以红线胶（色卡33）从甲片下方往上斜画弧线线条，呈现出两条弧形线条（注：在两条弧形线条中间需预留间隙，参考图示01）。

05以白线胶（色卡32）在步骤4预留的间隙中画上两条弧形线条（参考图示02）。

06以短线笔从上往下依序轻轻勾画拖曳笔刷，完成孔雀纹彩绘（参考图示03）。

07以红线胶（色卡33）从孔雀纹边缘往甲片缘边缘画上两条弧形线条（注：在两条弧形线条中间需预留间隙，参考图示04）。

08以白线胶（色卡32）在步骤7预留的间隙中画上两条弧形线条（参考图示05）。

09以短线笔轻轻由上往下斜勾画，完成孔雀纹彩绘后，再照灯暂时固化（参考图示06）。

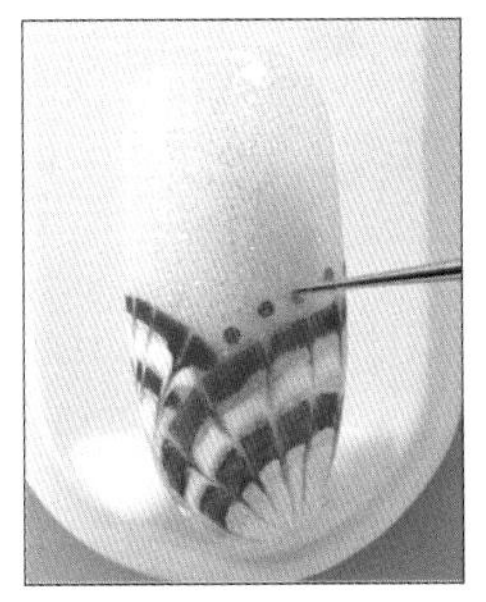

10先在孔雀纹上方点上建构胶，再取粉色小亮片放在建构胶上方，最后再以针笔微调亮片位置。

11重复步骤10，将甲片上孔雀纹边缘依序贴上亮片。

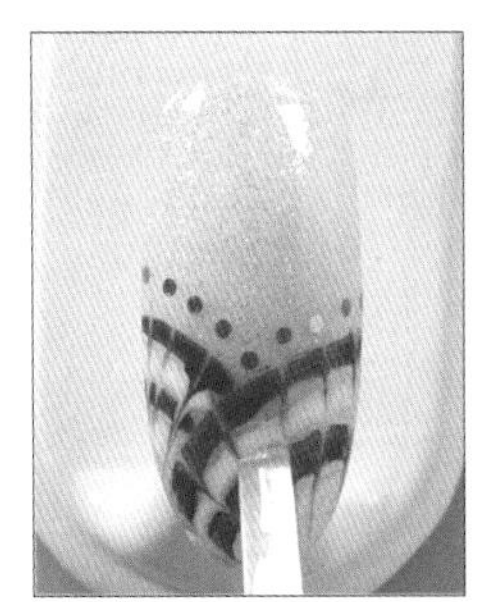

12先将甲片放入光疗灯中暂时固化后，再在甲片上涂上上层凝胶。

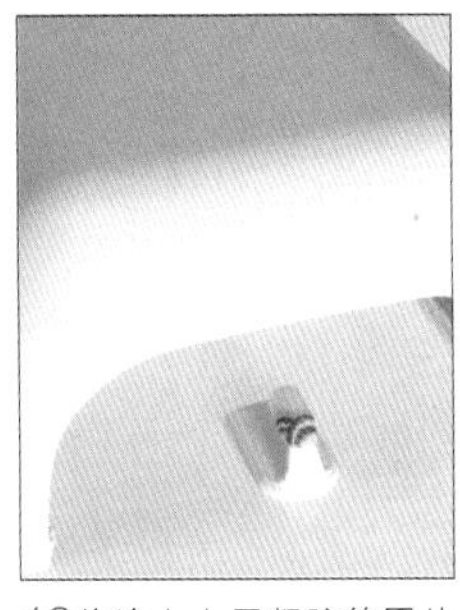

13将涂上上层凝胶的甲片放在光疗灯中，使表面凝胶固化（注：可视甲面造型厚薄来调整上层胶涂刷的次数）。

14最后，再以凝胶清洁绵蘸取凝胶清洁液清除未固化凝胶即可。

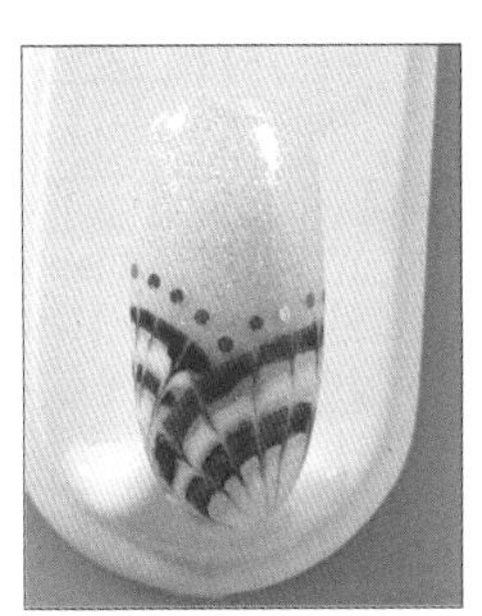

效果如图，凝胶清洁完成。

浪漫恋曲

步骤

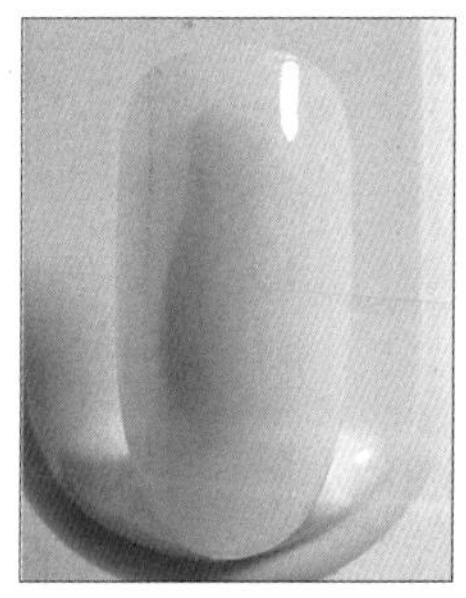

01先在甲片上涂上底层凝胶。

02承步骤1，将甲片放置在光疗灯中使底层凝胶固化。

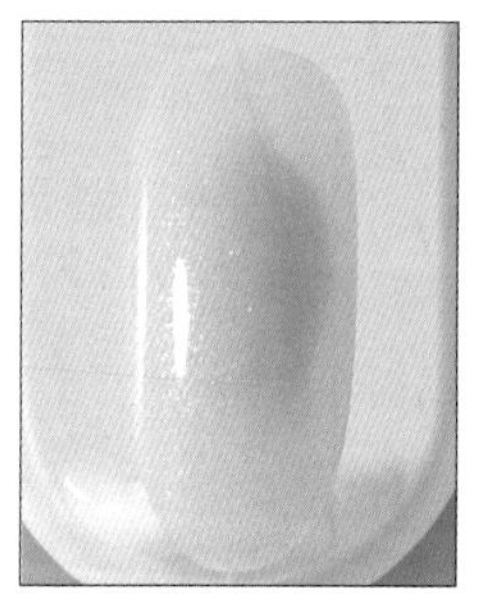

03在甲片上涂上浅粉色凝胶（色卡4），并放入光疗灯中使凝胶暂时固化（注：可视颜色的饱和度调整彩色凝胶的涂刷次数）。

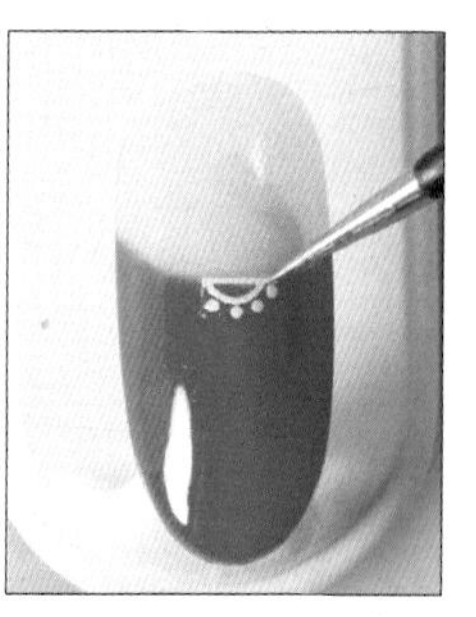

04以深粉色凝胶（色卡16）先在甲片1/4处画上微笑弧形，将色胶涂刷均匀呈现反法式造型后，放入光疗灯中使凝胶固化并上胶除胶后，再以镊子夹取蕾丝造型贴纸，贴在弧形中间并用镊子压平贴纸。

05重复步骤4，在甲片两侧依序贴上蕾丝造型贴纸。

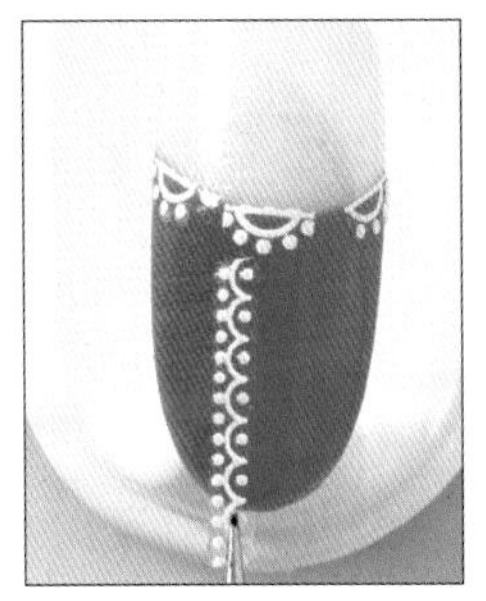

06以镊子夹取长条形蕾丝造型贴纸，并贴在步骤4贴纸下方。

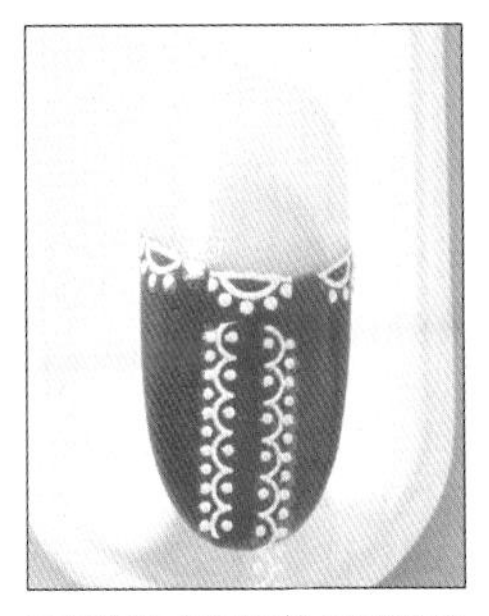

07以镊子夹取长条形蕾丝造型贴纸贴在步骤6贴纸另一侧（注：两条贴纸中间需预留空间）。

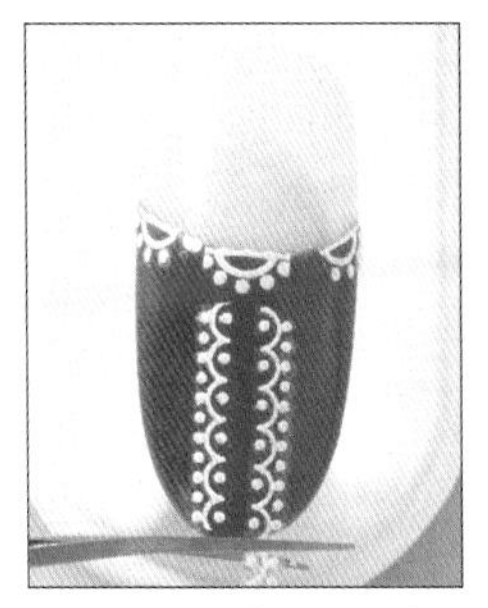

08以剪刀沿着甲片边缘剪下多余贴纸。

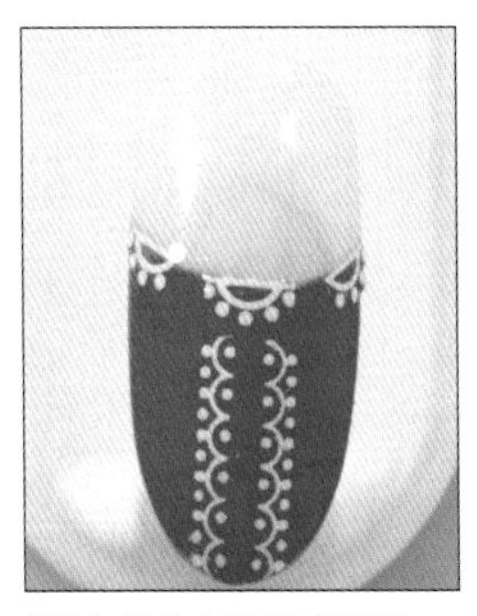

09在甲片上薄刷建构胶。

10取白色小亮片在步骤7预留空间依序摆放，再取白色大亮片摆放在步骤5贴纸中间，使亮片呈现Y字形（注：可用针笔调整亮片位置）。

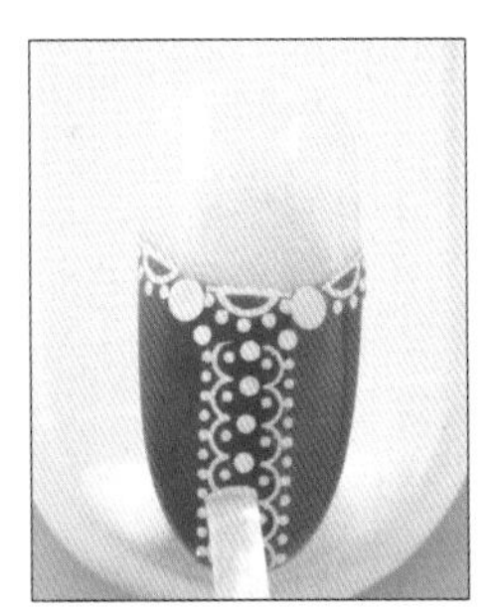

11先将甲片放入光疗灯中暂时固化后，再涂上上层凝胶。

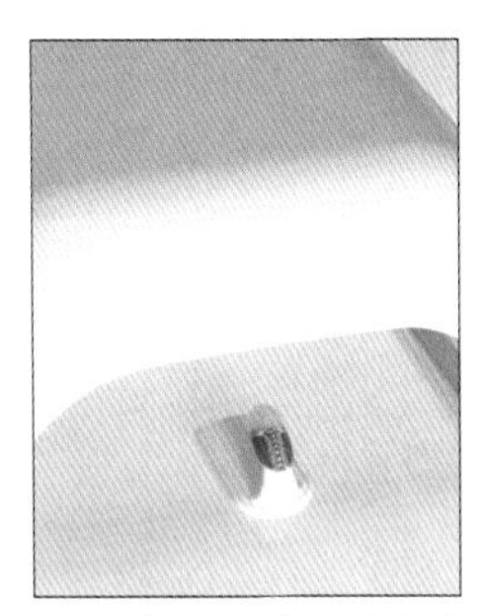

12将涂上上层凝胶的甲片放在光疗灯中，使表面凝胶固化（注：可视甲面造型厚薄来调整上层胶涂刷的次数）。

13最后，再以凝胶清洁绵蘸取凝胶清洁液清除未固化凝胶即可。

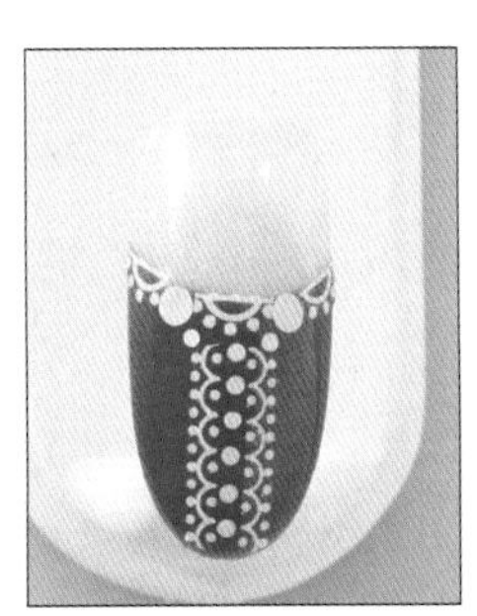

效果如图，凝胶清洁完成。

迷恋花丛

步骤

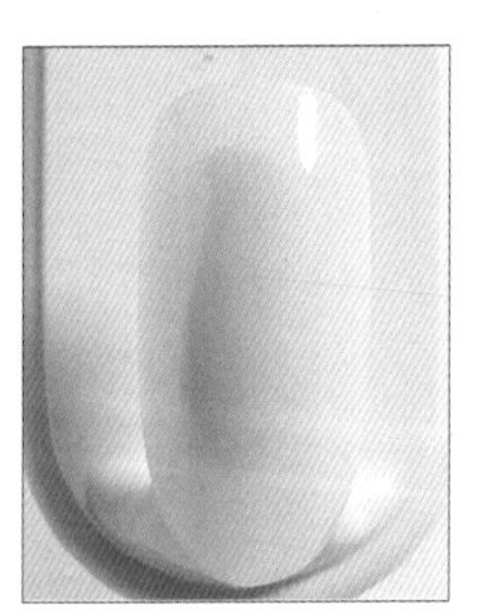

01先在甲片上涂上底层凝胶。

02承步骤1，将甲片放置在光疗灯中使底层凝胶固化。

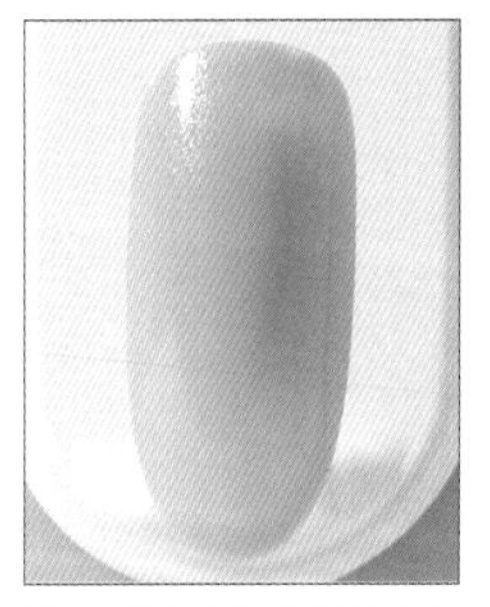

03在甲片上涂上青苹果色凝胶（色卡19），放入光疗灯中使凝胶暂时固化（注：可视颜色的饱和度调整彩色凝胶的涂刷次数）。

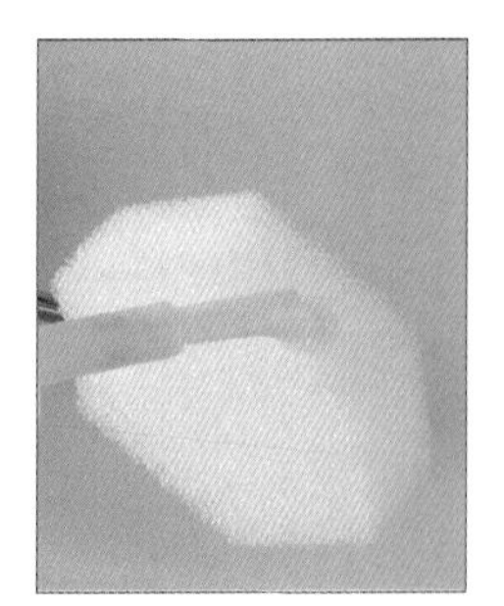

04取白色凝胶涂抹在凝胶清洁棉上。

05承步骤 4，将凝胶清洁棉按压在化妆棉上，减少过多的白色凝胶，使颜色更为均匀。

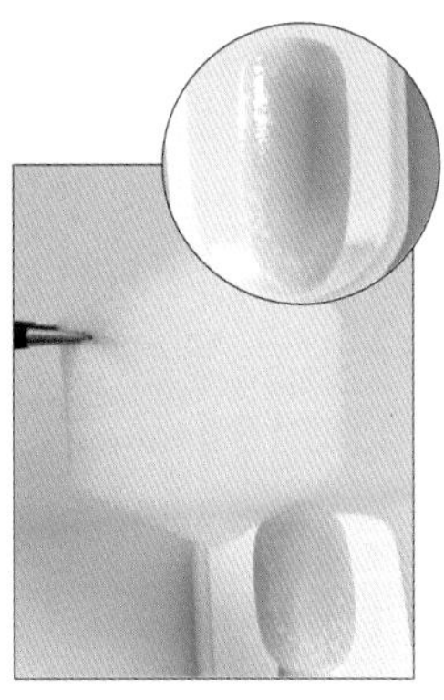

06承步骤 5，将蘸染过白色凝胶的凝胶清洁棉轻轻按压在甲片边缘。

07先将甲片放入光疗灯中暂时固化后，再涂上上层凝胶，并将甲片放在光疗灯中，使表面凝胶固化。

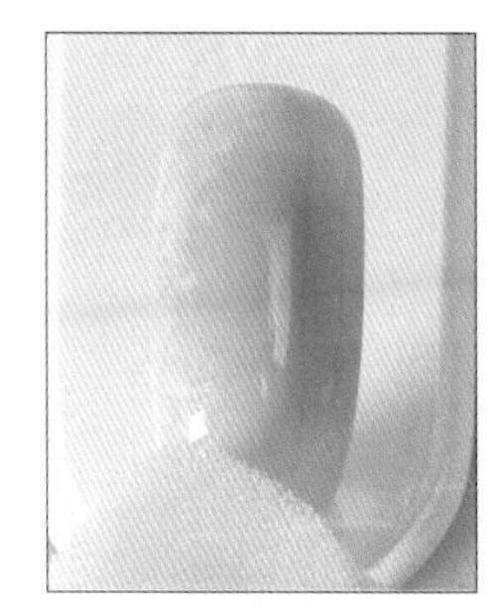

08以凝胶清洁绵蘸取凝胶清洁液清除未固化凝胶。

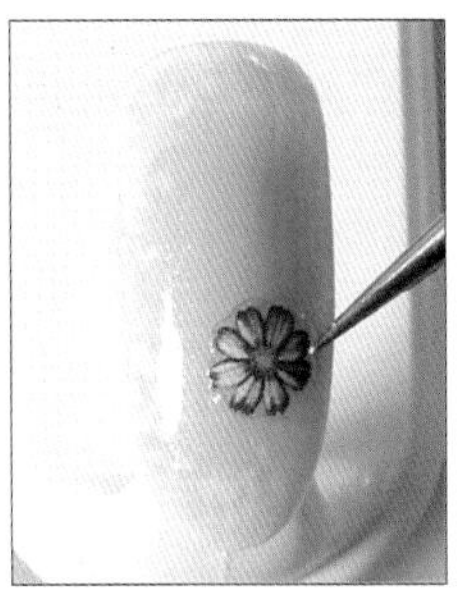

09以镊子夹取紫色花朵贴纸，贴在甲片侧边，再以镊子压平贴纸。

10重复步骤 9，取两朵紫色花朵、蓝色花朵贴纸依序贴上呈现侧边造型。

11先在甲片上薄刷一层建构胶后，将粉色亮片放在贴纸的间隙，最后再以针笔微调亮片位置。

12先将甲片放入光疗灯中暂时固化后，再涂上上层凝胶。

13将涂上上层凝胶的甲片放在光疗灯中，使表面凝胶固化（注：可视甲面造型厚薄来调整上层胶涂刷的次数）。

14最后，再以凝胶清洁绵蘸取凝胶清洁液清除未固化凝胶即可。

效果如图，凝胶清洁完成。

甜蜜蕾丝

图示

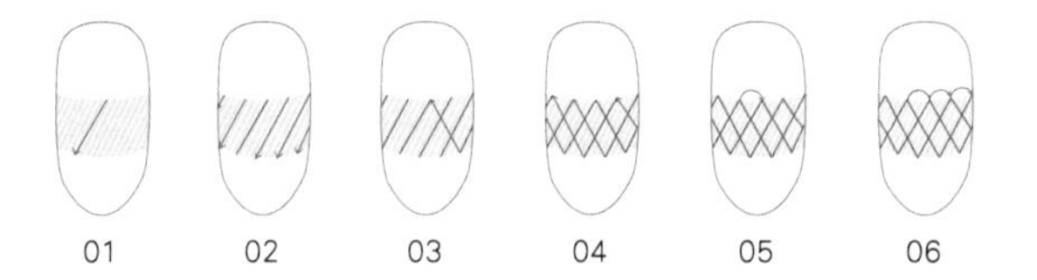

步骤

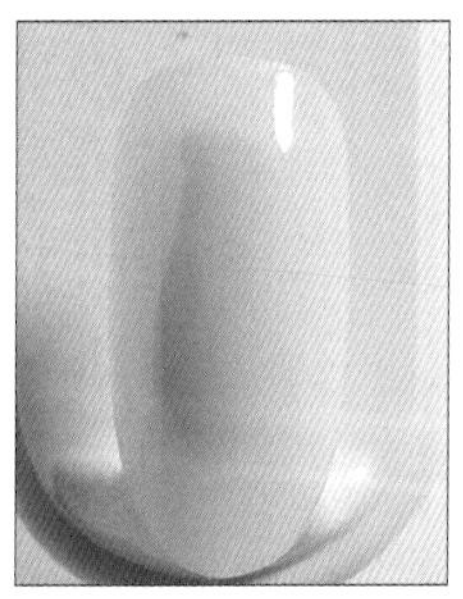

01先在甲片上涂上底层凝胶。

02承步骤1，将甲片放置在光疗灯中使底层凝胶固化。

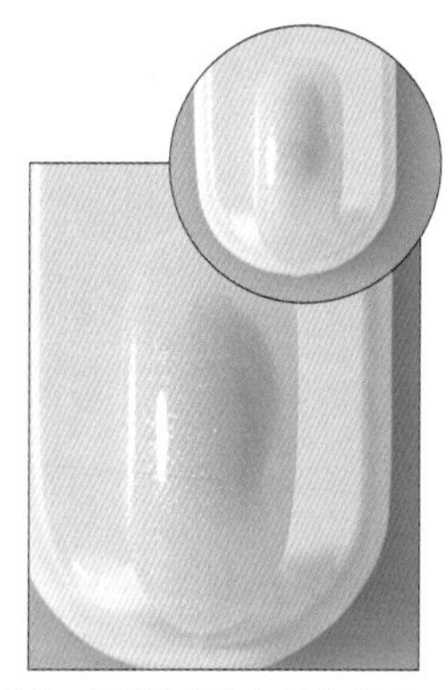

03 在甲片上涂上粉色凝胶（色卡4），以干净圆口笔在甲片1/3处画上一条圆弧，刷去粉色凝胶，并放入光疗灯中暂时固化。

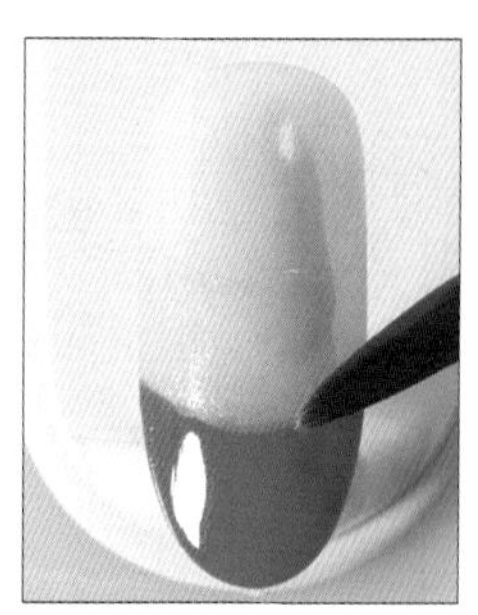

04以深粉色凝胶（色卡16）在甲尖1/3处画上微笑弧线，再以干净圆口笔修饰线条，使甲片形成渐层的构图后，照灯暂时固化。

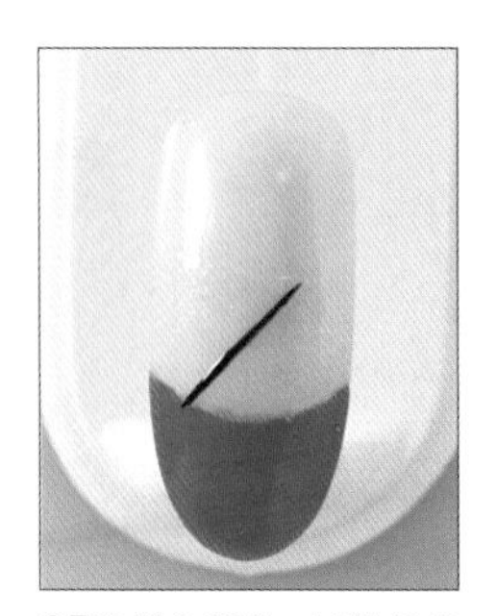

05取黑色凝胶，以极细短线笔在甲片中间向下画斜线（注：不可超过步骤 3-4 的凝胶，参考图示 01）。

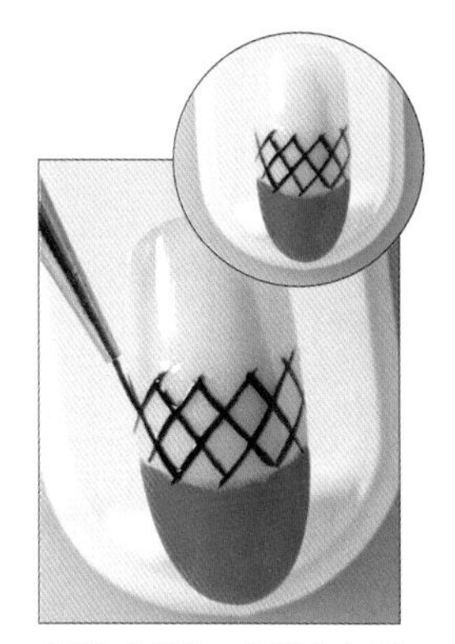

06承步骤 5，在甲片上画满斜线后，再向上画斜线，形成菱格纹的构图（参考图示 02-04）。

07以极细短线笔蘸取黑色凝胶，在格纹顶端画上半圆弧形（参考图示 05）。

08重复步骤 7，完成甲片侧边半圆弧形（参考图示 06）。

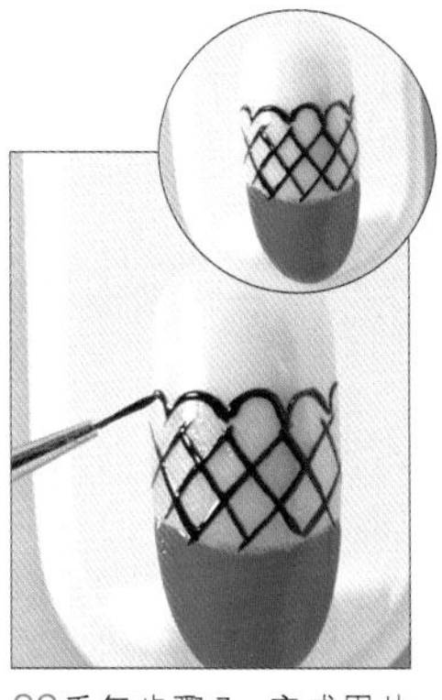

09重复步骤 7，完成甲片另一侧的半圆弧形勾画后，放入光疗灯中暂时固化（参考图示 07）。

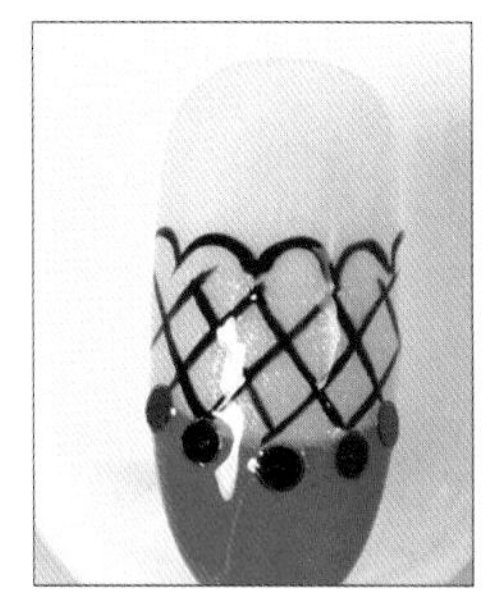

10以建构胶薄刷甲片的表面，再取黑色大亮片贴在步骤 4 的微笑弧形上方，亮片中间需预留间隙。

11重复步骤 10，取黑色小亮片贴在步骤 10 预留的间隙中，呈现大小亮片，弧线设计感。

12取黑色小亮片贴在菱格纹上方。

13重复步骤 12，取黑色小亮片贴在两个半圆弧形的中间（注：可用针笔调整亮片位置）。

14先将甲片放入光疗灯暂时固化后，再涂上上层凝胶，并将甲片放在光疗灯中，使表面凝胶固化。

15最后，再以凝胶清洁绵蘸取凝胶清洁液清除未固化凝胶即可。

效果如图，凝胶清洁完成。

浪漫约定

步骤

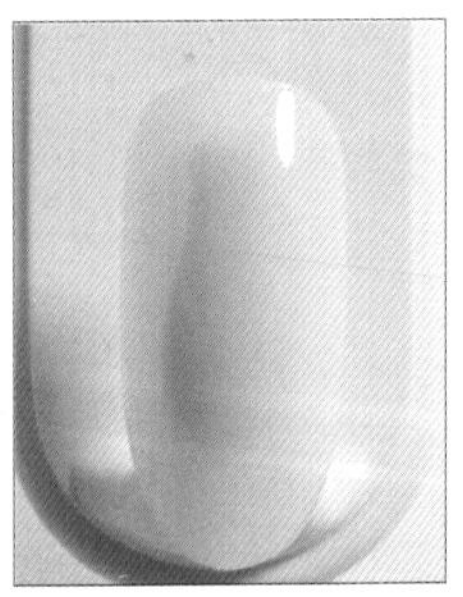

01 先在甲片上涂上底层凝胶。

02 承步骤 1，将甲片放置在光疗灯中使底层凝胶固化。

03 在甲片上涂上深粉色凝胶（色卡 16），再以干净圆口笔在甲片中间画出一椭圆形（注：在勾画椭圆形时，可用清理笔，使勾画出的图形更干净）。

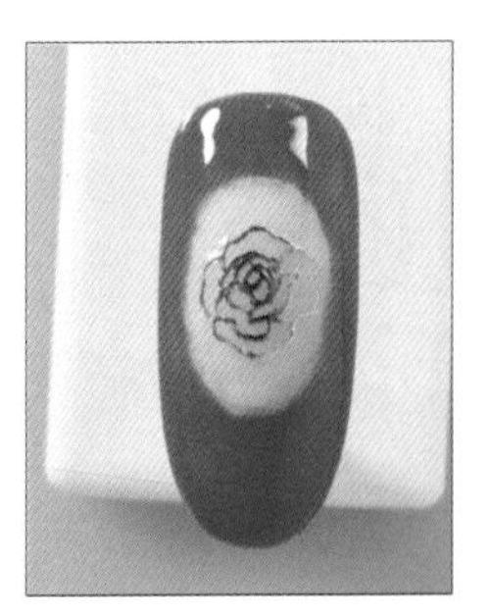

04 先将甲片照灯暂时固化，再涂上上层凝胶并除胶后，取玫瑰贴纸贴至步骤 3 椭圆形中间。

05以镊子将步骤 4 的玫瑰贴纸压平，使贴纸更贴合甲片。

06在甲片上刷薄一层建构胶，再取大、小不同的亮片，以针笔蘸取亮片摆放在椭圆形边缘。

07重复步骤 6，以大小亮片穿插排列摆放，再以针笔微调亮片的位置（注：若摆放至最后有较小的空隙，可放置小亮片使圆框更为完整）。

08取大亮片放置在甲片前端，再以针笔微调位置。

09取小亮片放置在步骤 8 大亮片两侧。

10重复步骤 8-9，以大、小亮片依序摆放成微笑圆弧形。

11先将甲片放入光疗灯暂时固化后，再涂上上层凝胶（注：可视甲面造型厚薄来调整上层胶涂刷的次数）。

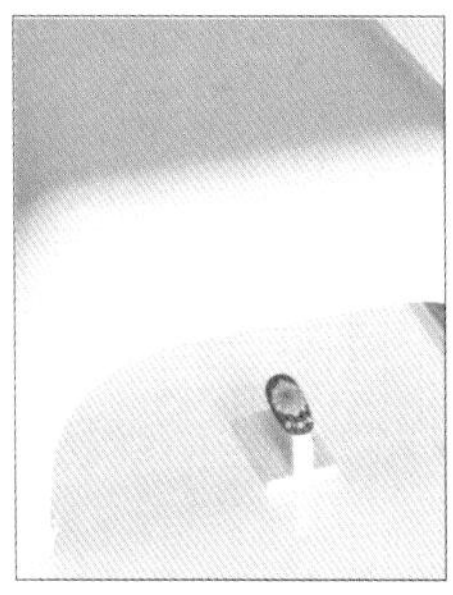

12将涂上上层凝胶的甲片放在光疗灯中，使表面凝胶固化。

13最后，再以凝胶清洁绵蘸取凝胶清洁液清除未固化凝胶即可。

效果如图，凝胶清洁完成。

爱恋情话

图示

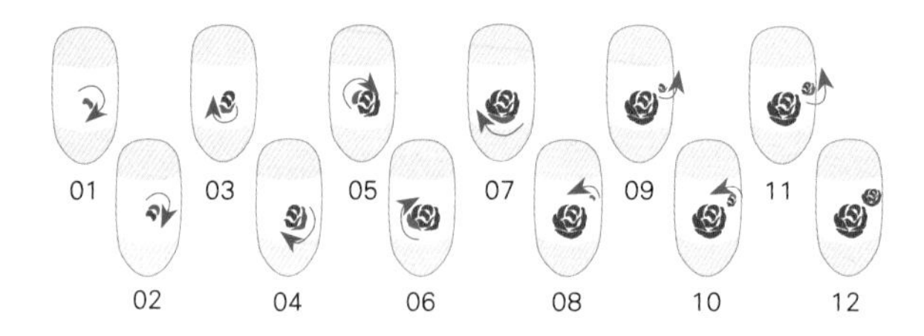

步骤

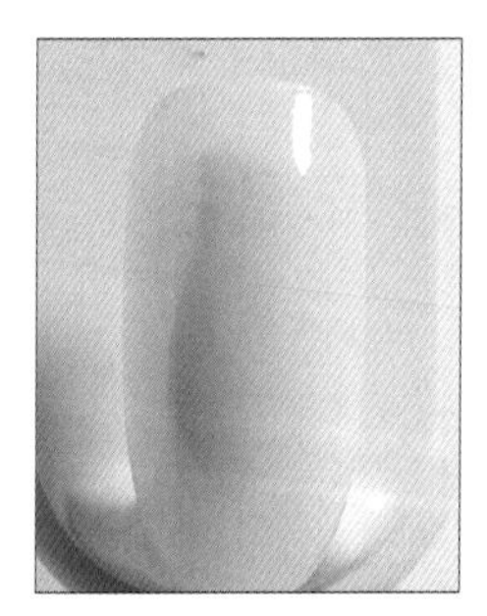

01先在甲片上涂上底层凝胶。

02承步骤1，将甲片放置在光疗灯中使底层凝胶固化。

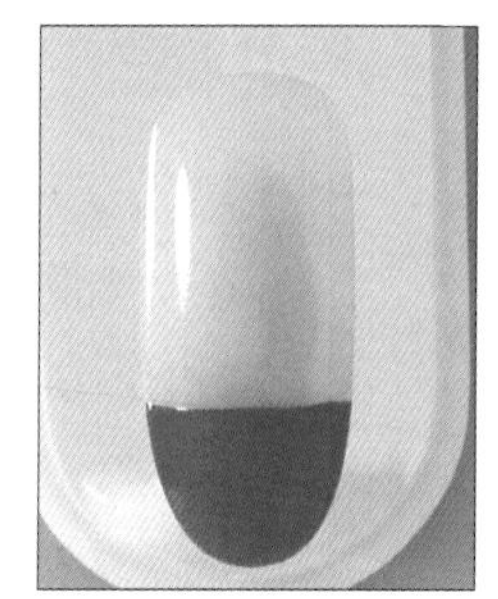

03以粉色凝胶（色卡16）在甲片前端1/3处涂刷均匀。

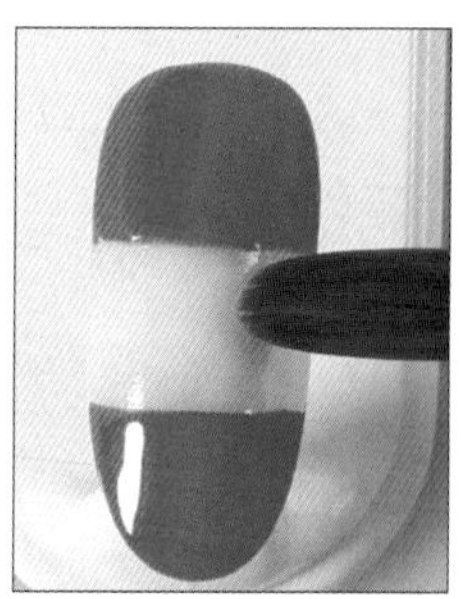

04以粉色凝胶（色卡16）在甲片上方1/3处涂刷均匀，并将甲片放入光疗灯中暂时固化（注：可用圆口笔修饰不平整的凝胶）。

05以镊子夹取长条形蕾丝造型贴纸，贴在步骤4粉色凝胶边缘。

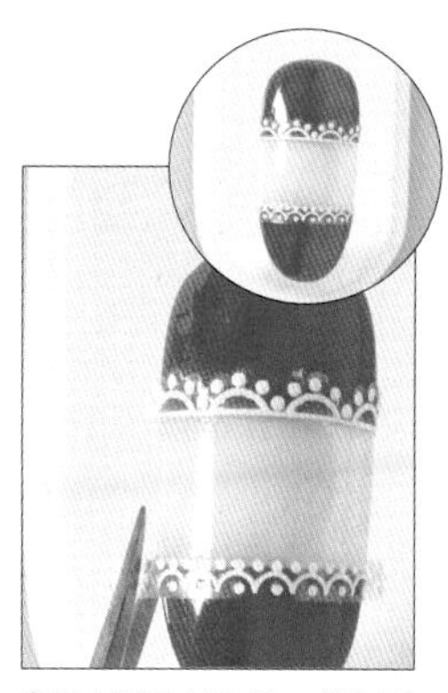

06以镊子夹取另一长条形蕾丝造型贴纸，贴在步骤3粉色凝胶边缘，再以剪刀沿着甲片边缘剪下。

07以极细短线笔蘸取黑色凝胶绘画出玫瑰花心和花瓣（参考图示01-03）。

08以极细短线笔蘸取黑色凝胶，依序绘画花瓣完成一朵玫瑰花（参考图示04-07）。

09以极细短线笔蘸取黑色凝胶，依序绘画花瓣完成一朵玫瑰花（参考图示04-07）。

10重复步骤9，完成甲片另一侧玫瑰花勾画。

11如图，三朵玫瑰花绘画完成。

12以点珠笔蘸取黑色凝胶在三朵玫瑰花间隙点上小圆点。

13先将甲片放入光疗灯暂时固化后，再涂上上层凝胶。

14将涂上上层凝胶的甲片放在光疗灯中，使表面凝胶固化（注：可视甲面造型厚薄来调整上层胶涂刷的次数）。

15最后，再以凝胶清洁绵蘸取凝胶清洁液清除未固化凝胶即可。

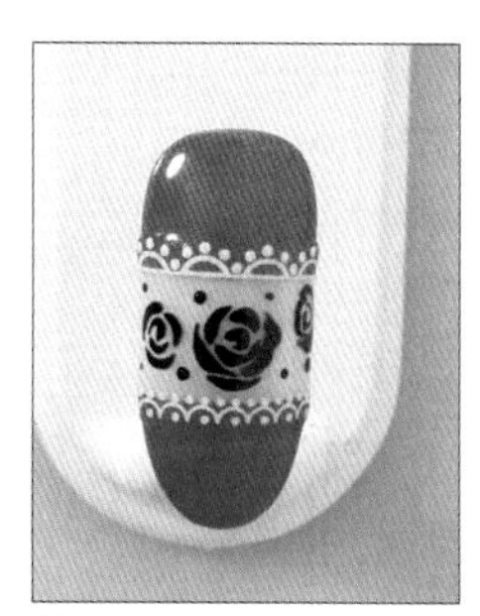

效果如图，凝胶清洁完成。

俏丽大方

图示

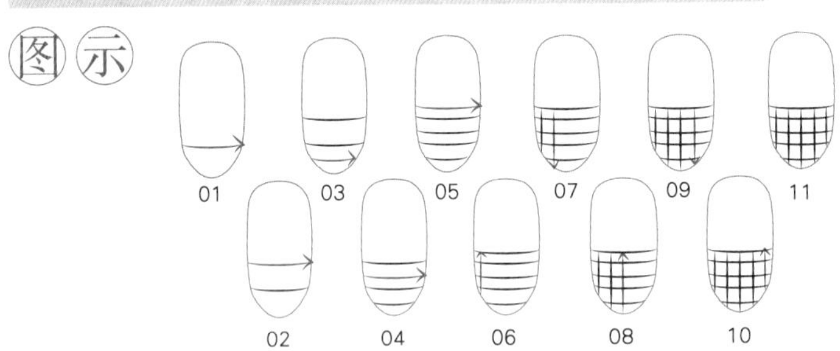

步骤

01先在甲片上涂上底层凝胶。

02承步骤1，将甲片放置在光疗灯中使底层凝胶固化。

03在甲片上涂上一层亮粉白色凝胶（色卡31），并放入光疗灯中使凝胶暂时固化（注：可视颜色的饱和度调整彩色凝胶的涂刷次数）。

04以白线胶（色卡32）在甲片前端约1/3处画上一横线（参考图示01）。

05重复步骤4，取白线胶（色卡32）在上方再画一横线，中间需预留间隔（参考图示02）。

06取红线胶（色卡33）在步骤4-5预留的间隙，依序画上横线（参考图示03-05）。

07取干净短线笔以由上至下勾画，再由下至上勾画，以依序勾画出直线的方式，画出孔雀纹（参考图示06-10）。

08先照灯暂时固化后，再以长线笔蘸取建构胶点刷在甲片中间。

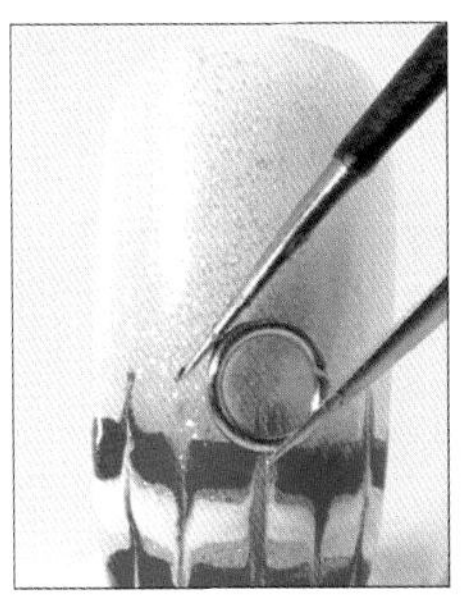

09以镊子夹取金色铁环放置在步骤8建构胶上方。

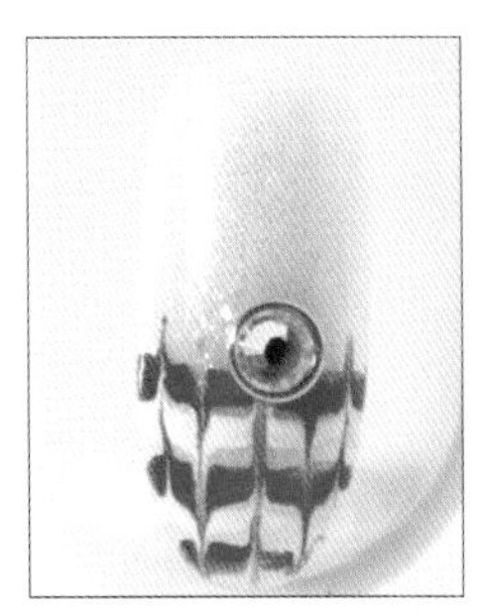

10承步骤9，再取白钻放置在金色铁环内。

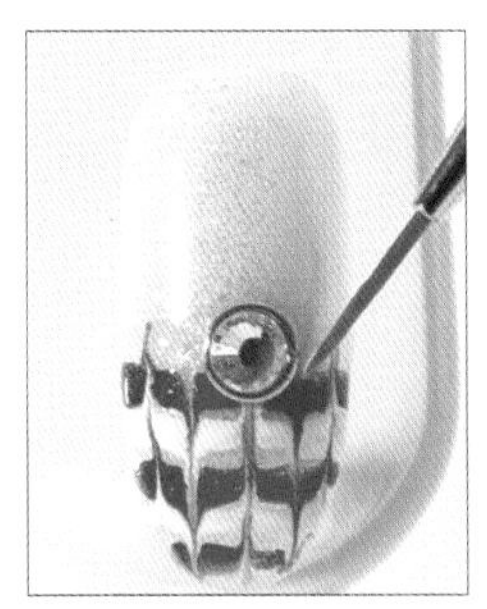

11以长线笔蘸取建构胶涂在孔雀纹上方。

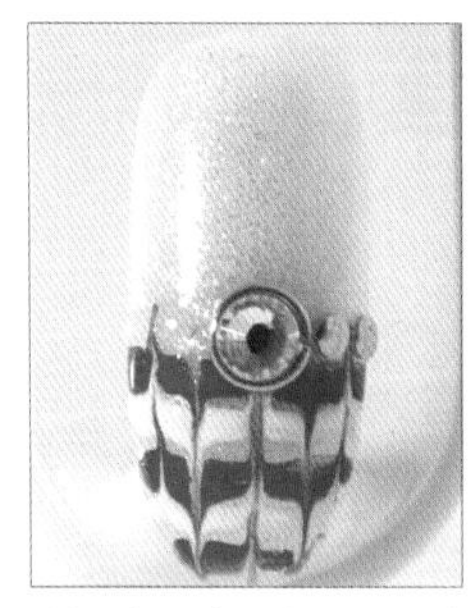

12以镊子夹取金色圆铝片放置在甲片侧边（注：两片铝片中间需预留间隙）。

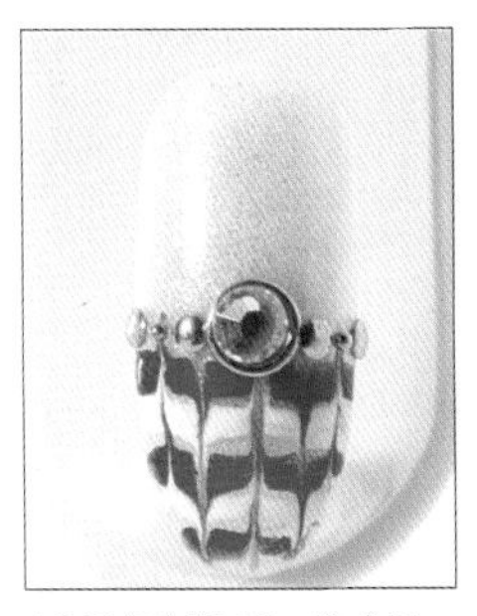

13重复步骤12，完成另一侧金色圆铝片摆放后，再以镊子夹取金色电镀珠，摆放在两侧的铝片中间。

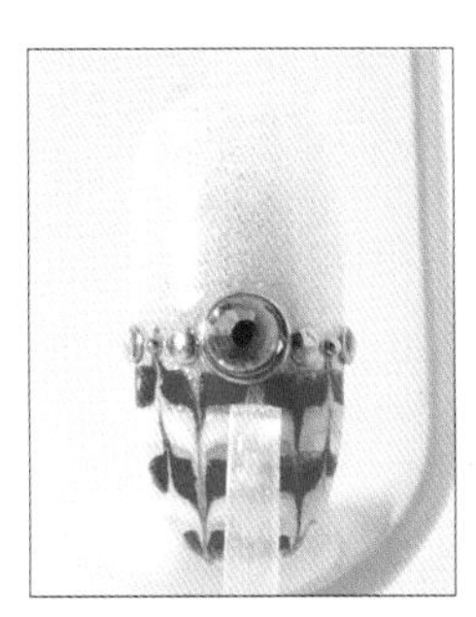

14先将甲片放入光疗灯暂时固化，再涂上上层凝胶后，将甲片放在光疗灯中，使表面凝胶固化。

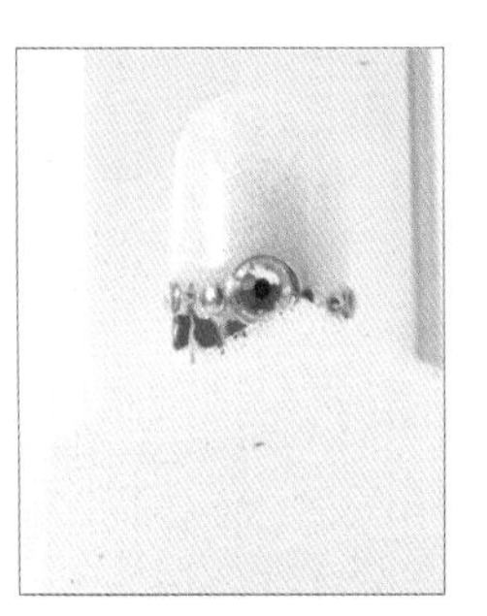

15最后，再以凝胶清洁绵蘸取凝胶清洁液清除未固化凝胶即可。

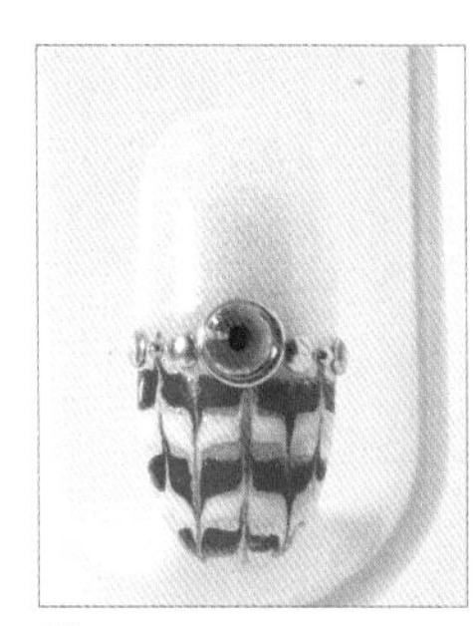

效果如图，凝胶清洁完成。

甜蜜花样

图示

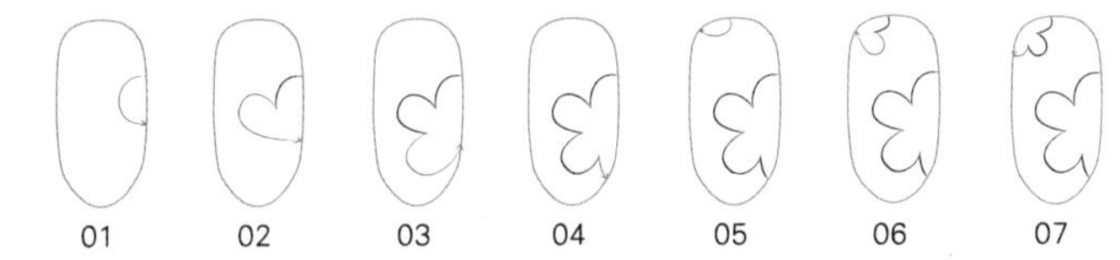

步骤

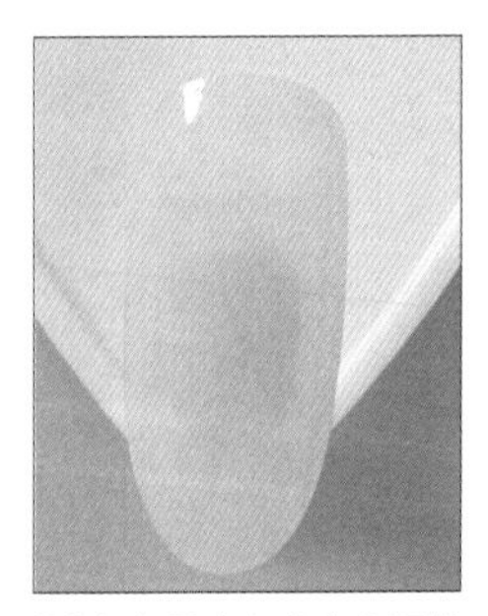

01先在甲片上涂上底层凝胶。

02承步骤 1，将甲片放置在光疗灯中使底层凝胶固化。

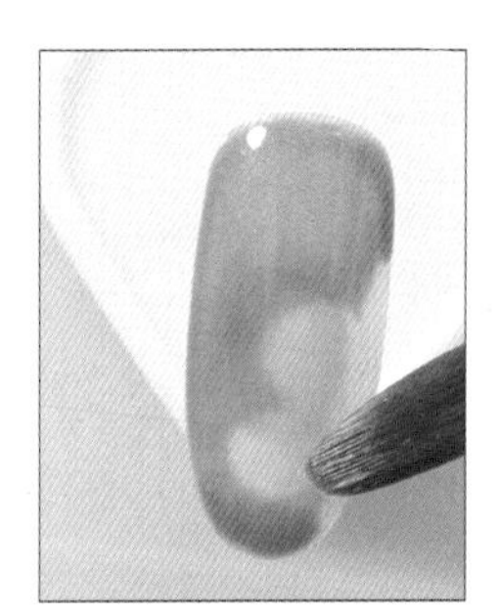

03先在甲片上涂上浅粉色凝胶（色卡 16），再以干净圆口笔在甲片左侧画出花形 1（注：需注意花形的清洁度，参考图示 01-04）。

04重复步骤 3，再以干净圆口笔在甲片右上角画出花形 2，将甲片放入光疗灯中短暂固化（注：需注意花形的清洁度，参考图示 05-07）。

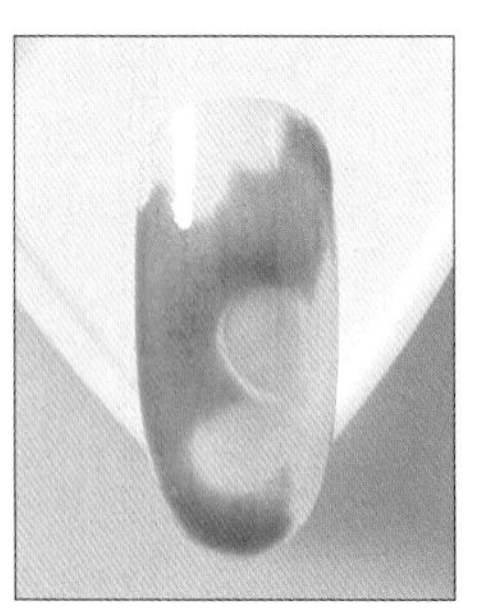

05用极细短线笔蘸白线胶沿着步骤3的花形内侧描绘出弧形线条。

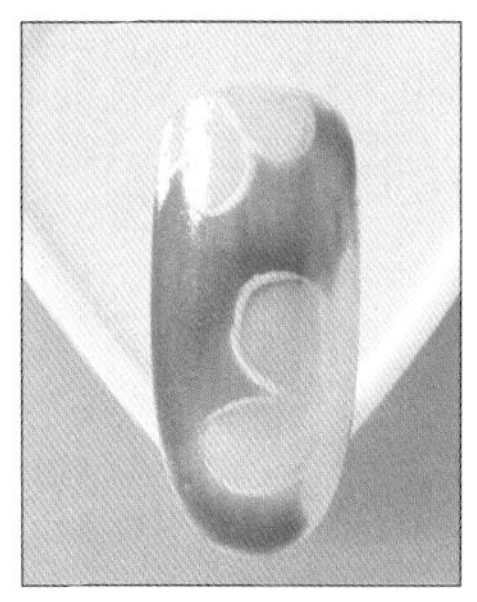

06承步骤5，依序将花形内侧勾画完成，将甲片放入光疗灯短暂固化。

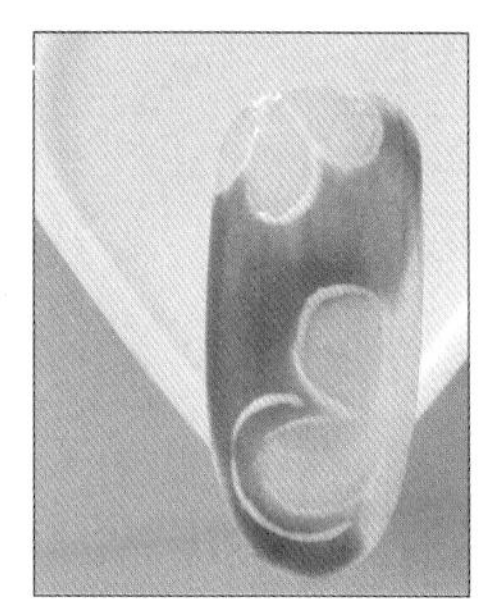

07用极细短线笔蘸白线胶沿着步骤6左侧花形外围描绘出弧形线条。

08承步骤7，完成花形外围描绘。

09以极细短线笔在两朵花形侧边画上弧形线条加以点缀。

10承步骤9，画上一弧形线条，增加甲片构图的整体感后，再放入光疗灯中暂时固化。

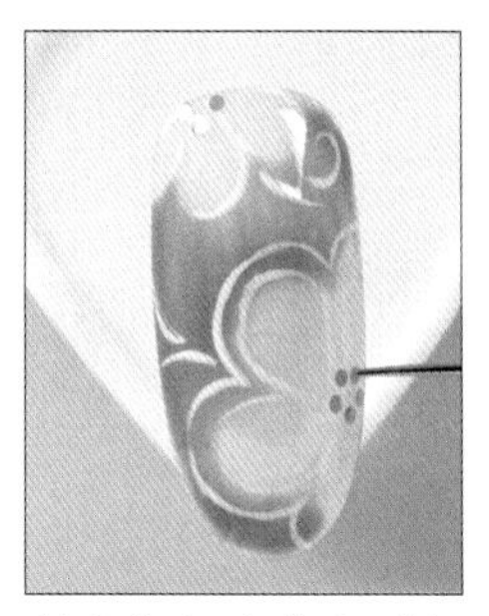

11在花形1和花形2中间点上建构胶，并取亮片摆放在两朵花形中间，形成花蕊（注：可以针笔调整亮片位置）。

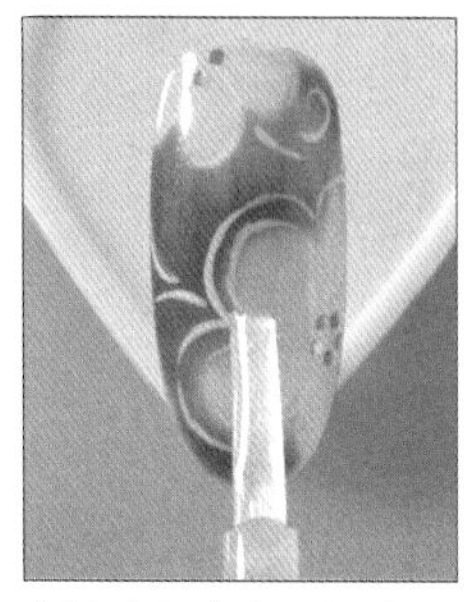

12先将甲片放入光疗灯暂时固化后，再涂上上层凝胶。

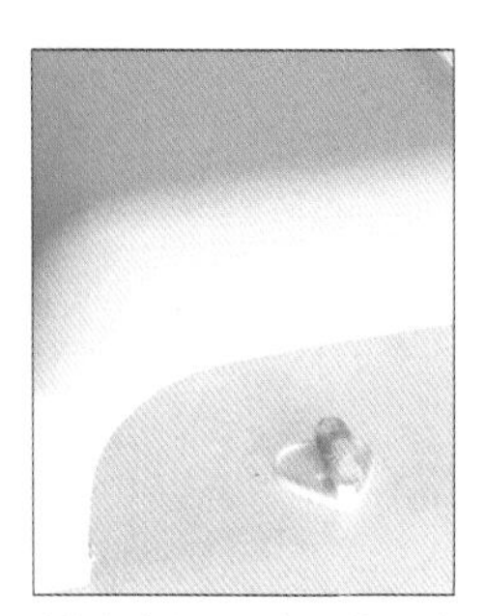

13将涂上上层凝胶的甲片放在光疗灯中，使表面凝胶固化（注：可视甲面造型厚薄来调整上层胶涂刷的次数）。

14最后，再以凝胶清洁绵蘸取凝胶清洁液清除未固化凝胶即可。

效果如图，凝胶清洁完成。

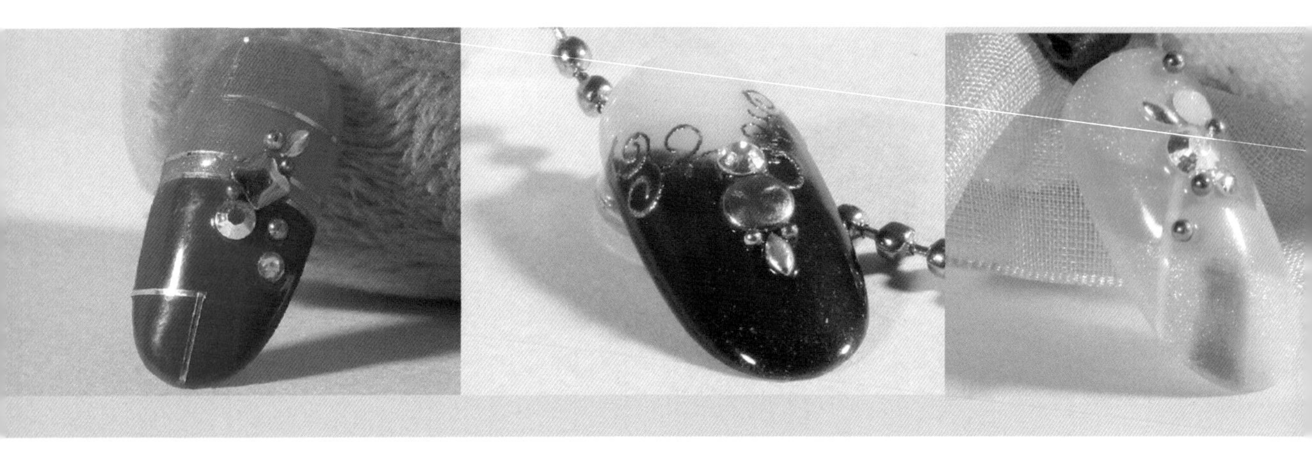

高贵
Part4
时尚

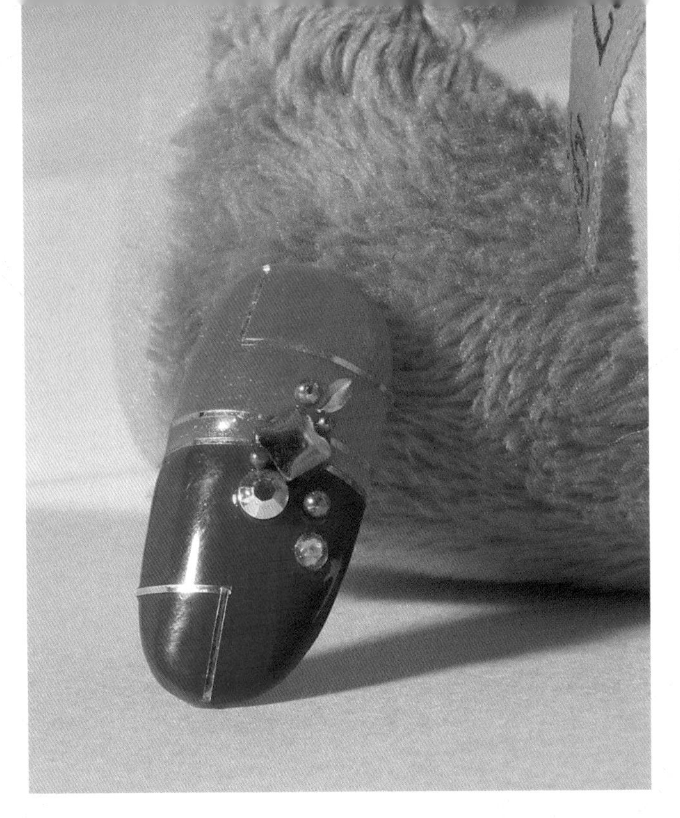

简约风格

步骤

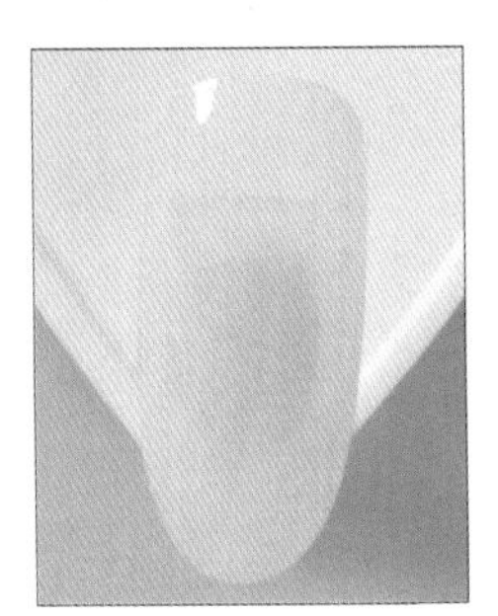

01先在甲片上涂上底层凝胶。

02承步骤1，将甲片放置在光疗灯中使底层凝胶暂时固化。

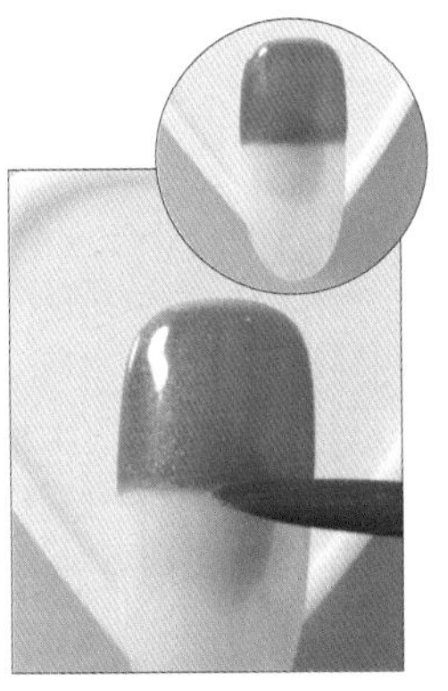

03取橘色凝胶（色卡18），在甲片上方1/2处涂刷均匀，再以干净圆口笔修饰橘色凝胶（色卡18）边缘线。

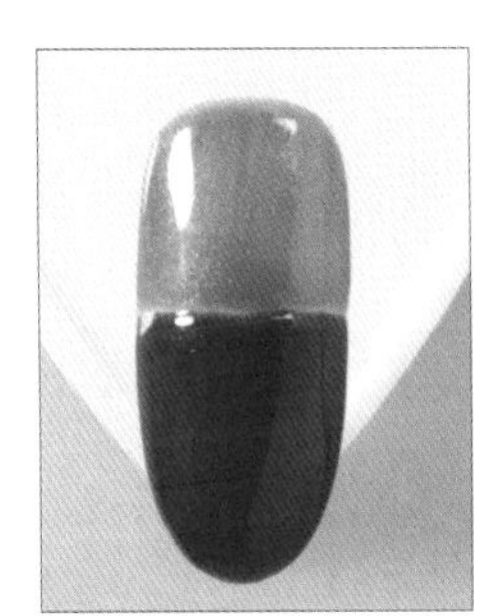

04取蓝色凝胶（色卡6），在甲片下方涂刷均匀，并放入光疗灯中暂时固化。

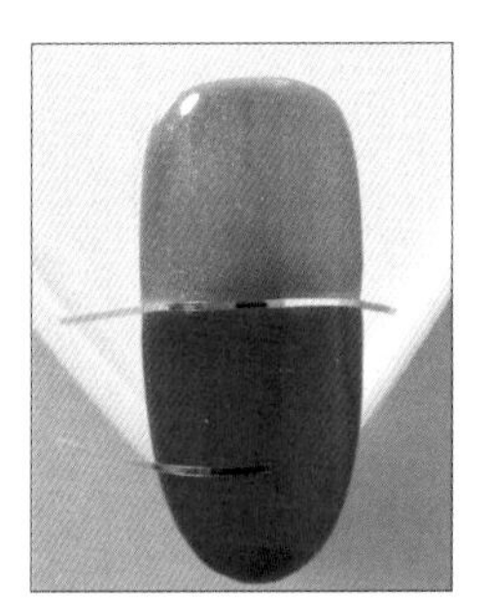

05先在甲片上涂上上层胶，并照灯固化除胶后，再以银线贴贴在蓝色、橘色的交界处。

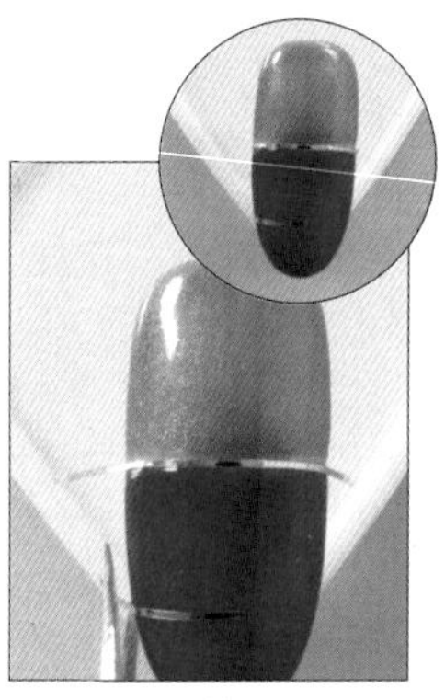

06以剪刀沿着甲片边缘剪下多余银线贴。

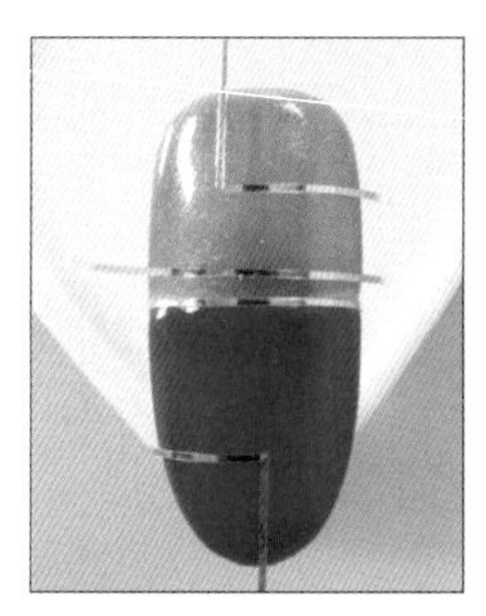

07用银线贴重复贴一平直线后，在甲片左上方、右下方以L形的方式粘贴银线贴。

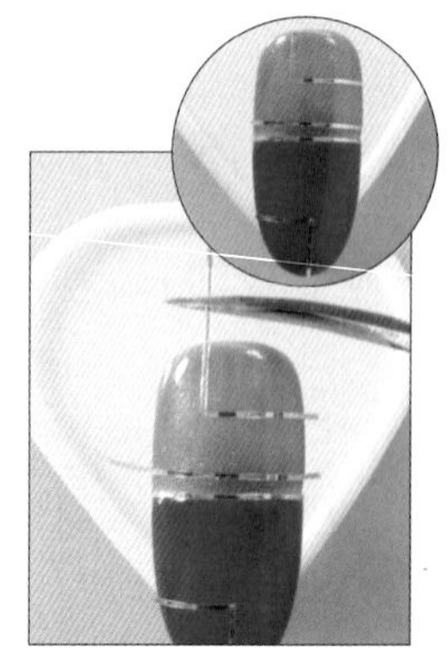

08以剪刀沿着甲片边缘剪下多余银线贴。

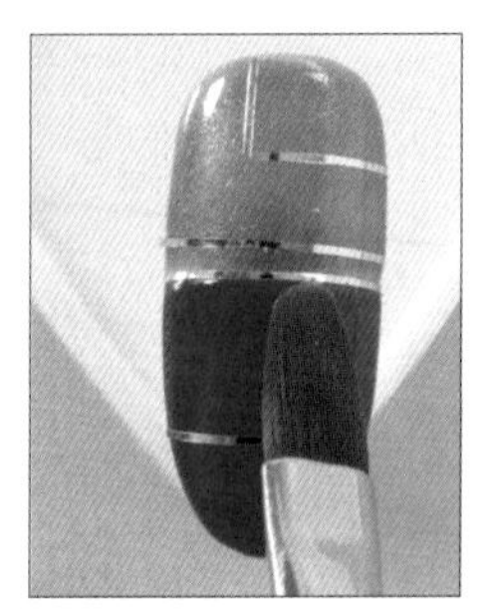

09用圆口笔蘸取建构胶，涂在甲片左侧。

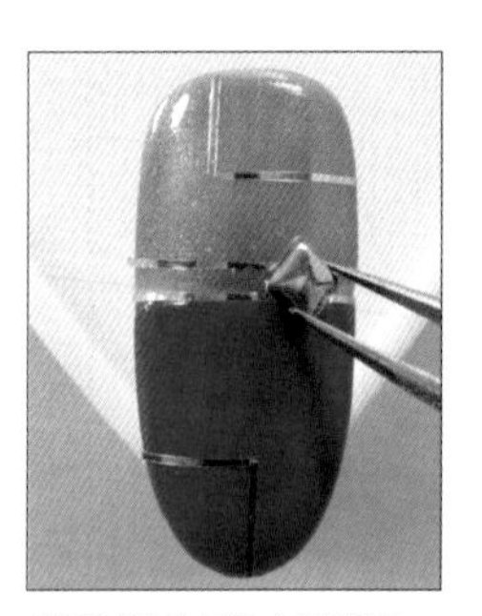

10用镊子夹取方形铆片，粘贴至步骤9建构胶上方。

11依序取金色电镀珠、白钻粘在方形铆片周围排列。

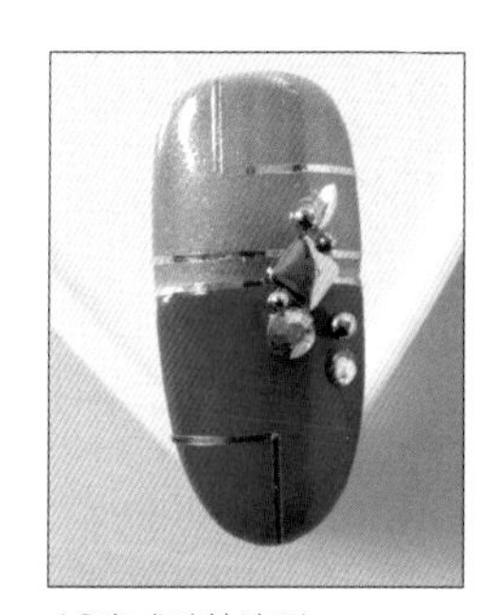

12完成贴钻造型。

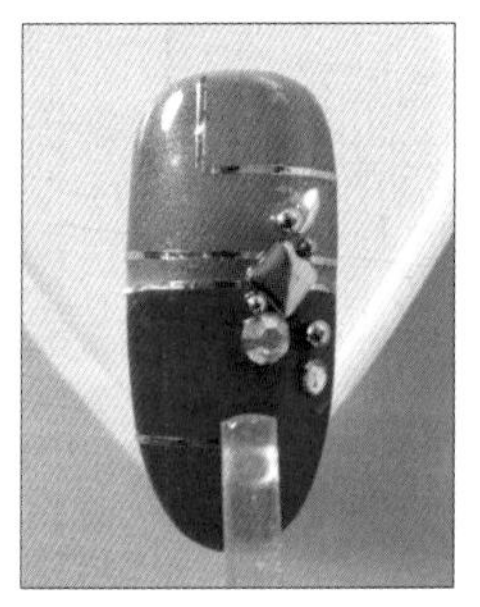

13先将甲片放入光疗灯中暂时固化后，再涂上上层凝胶。

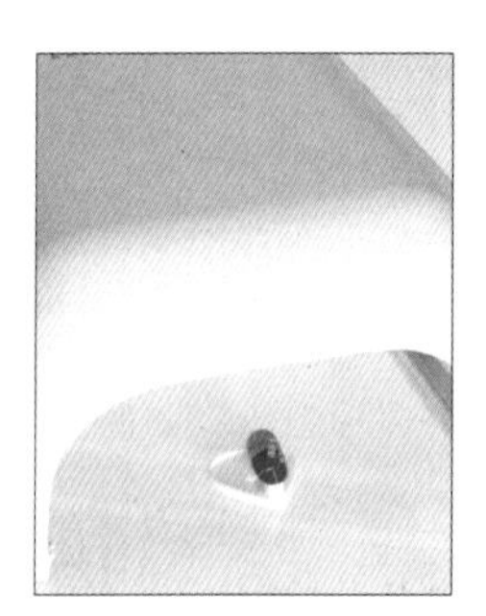

14将涂上上层凝胶的甲片放在光疗灯中，使表面凝胶固化（注：可视甲面造型厚薄来调整上层胶涂刷的次数）。

15最后，再以凝胶清洁绵蘸取凝胶清洁液清除未固化凝胶即可。

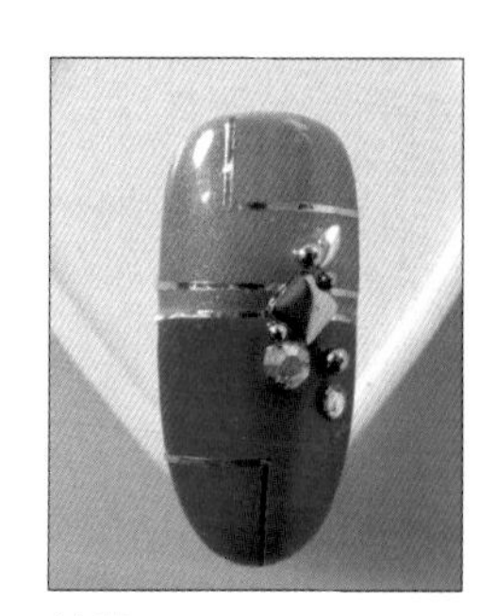

效果如图，凝胶清洁完成。

紫色奢华

步骤

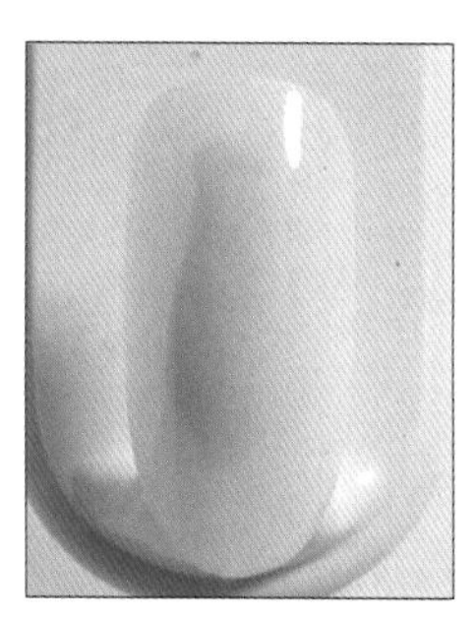

01先在甲片上涂上底层凝胶。

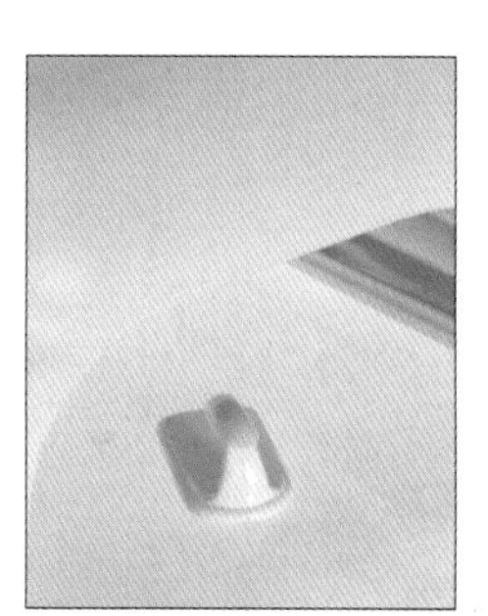

02承步骤1，将甲片放置在光疗灯中使底层凝胶暂时固化。

03以紫红色凝胶（色卡14）在甲片1/5处向下绘制V形将色胶涂刷均匀，并放入光疗灯中使凝胶固化并除胶。

04以镊子夹取金色卷藤贴纸，贴在步骤3的V形侧边，再以镊子压平贴纸。

05承步骤 4，以镊子夹取金色卷藤贴纸，贴在 V 形的下方，再以镊子压平贴纸。

06承步骤 5，以镊子再夹取金色卷藤贴纸，贴在 V 形的另一侧，并以镊子压平贴纸。

07以圆口笔蘸取建构胶，涂在 V 形的下方。

08以镊子夹取圆形铝片粘贴在 V 形下方，再取菱形铝片粘贴在圆形铝片下方，最后取两颗金色电镀珠放置在菱形铝片两侧。

09以镊子夹取白钻放置在圆形铝片上方，增加甲片华丽感。

10先将甲片放入光疗灯暂时固化后，再涂上上层凝胶（注：可视甲面造型厚薄来调整上层胶涂刷的次数）。

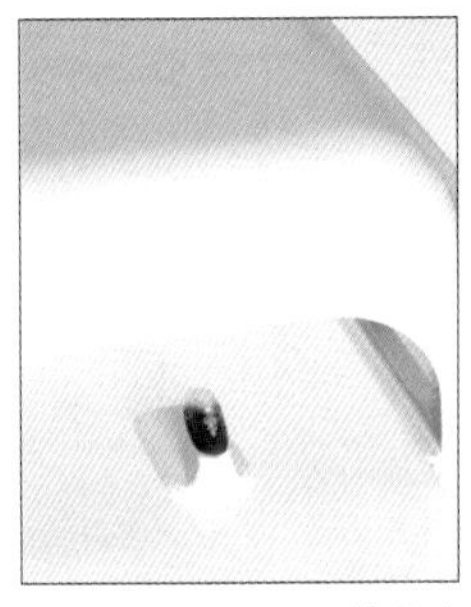

11将涂上上层凝胶的甲片放在光疗灯中，使表面凝胶固化。

12最后，再以凝胶清洁绵蘸取凝胶清洁液清除未固化凝胶即可。

效果如图，凝胶清洁完成。

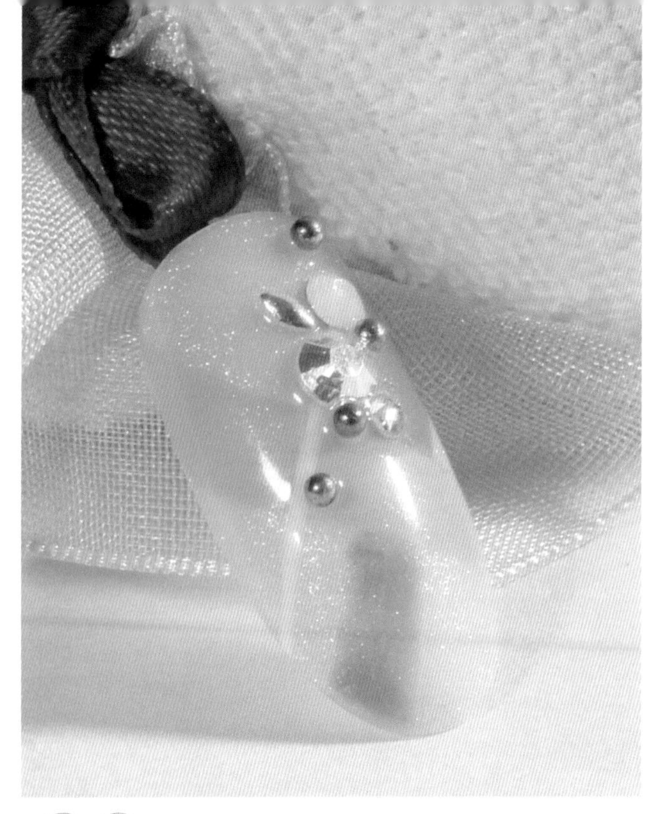

亮丽风采

图示

01

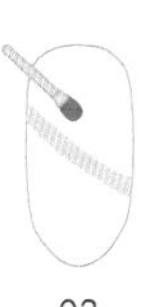
02

03

04

05

06

步骤

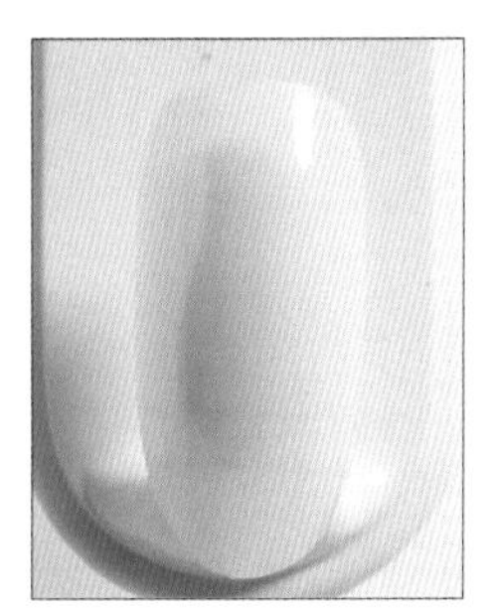

01先在甲片上涂上底层凝胶。

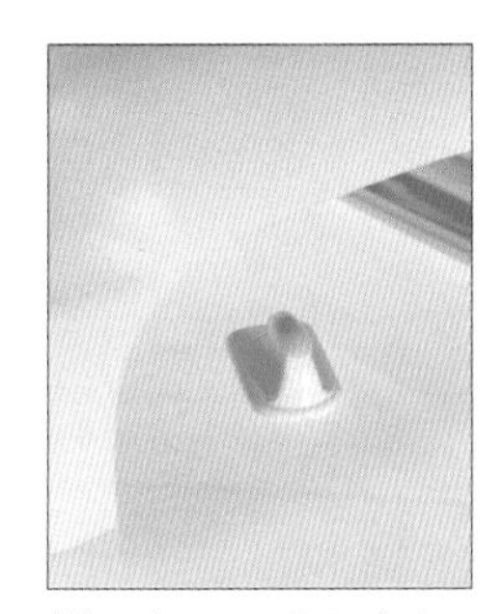

02承步骤1，将甲片放置在光疗灯中使底层凝胶暂时固化。

03在甲片上涂上亮粉色凝胶（色卡4），并放入光疗灯中使凝胶暂时固化（注：可视颜色的饱和度调整彩色凝胶的涂刷次数）。

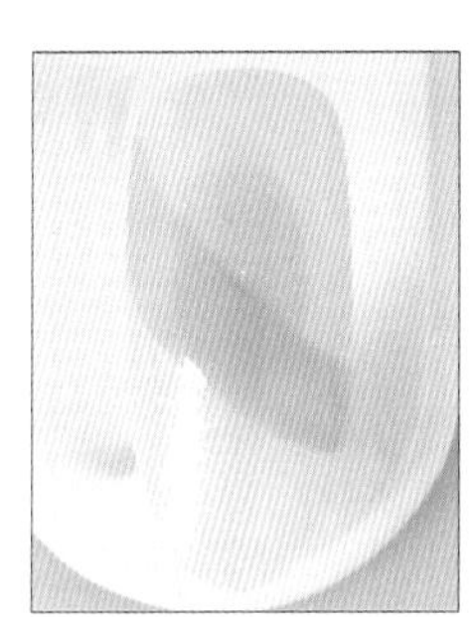

04以青苹果色凝胶（色卡19）从甲片上方往下斜画至甲尖上方1/3处（参考图示01）。

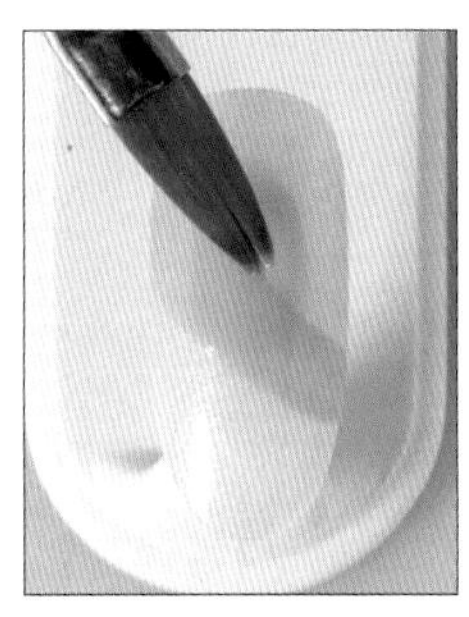

05用干净圆口笔修饰步骤4的斜线边缘，使线条更为平整（参考图示02）。

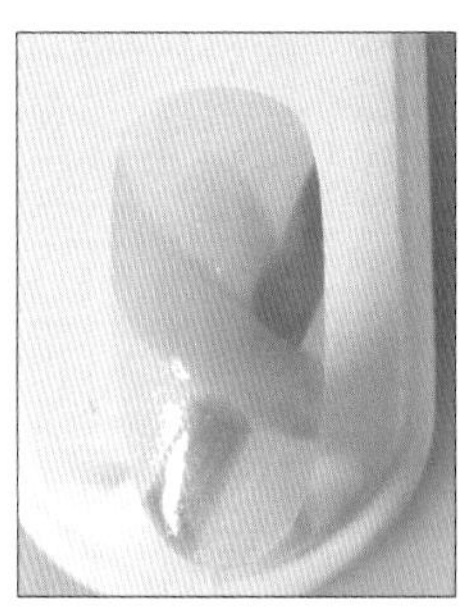

06以橘色凝胶（色卡18）分别在青苹果色凝胶两侧斜画线条（注：需避开步骤5的斜线，参考图示03-04）。

07以圆口笔修饰步骤6的斜线边缘，使线条更为平整（参考图示05）。

08以白线胶（色卡32）沿着步骤7橘色斜线往下斜画后，照灯短暂固化（参考图示06）。

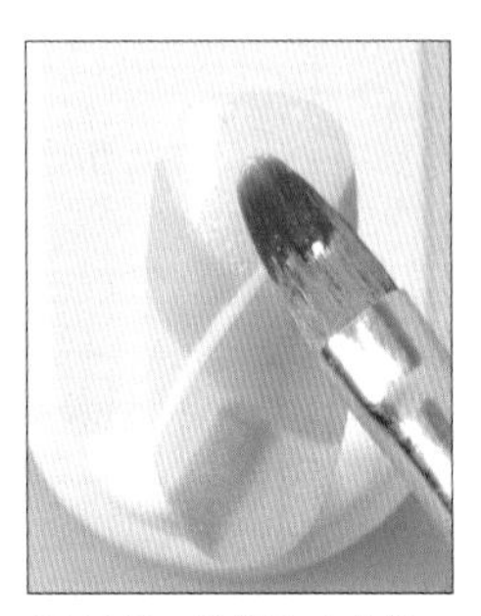

09用圆口笔蘸取建构胶，涂在白线胶上方。

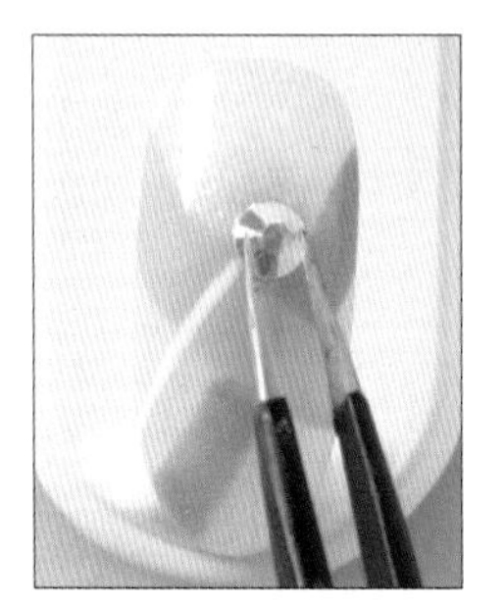

10以镊子夹取白钻粘贴在步骤9的建构胶上，再以镊子调整白钻位置。

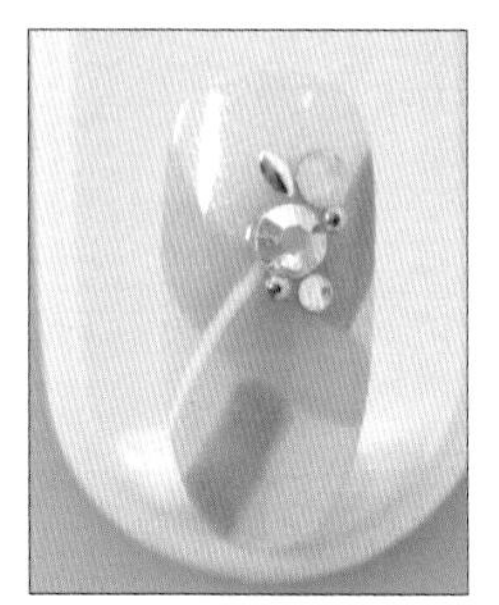

11以镊子夹取蛋白石、小白钻、金色电镀珠、菱形铝片依序粘贴在步骤10白钻的侧边。

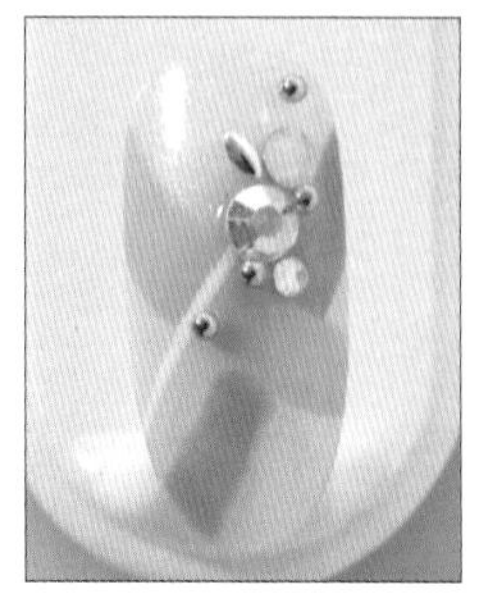

12以镊子夹取金色电镀珠依序粘贴在步骤10白钻两侧点缀后，贴钻造型完成。

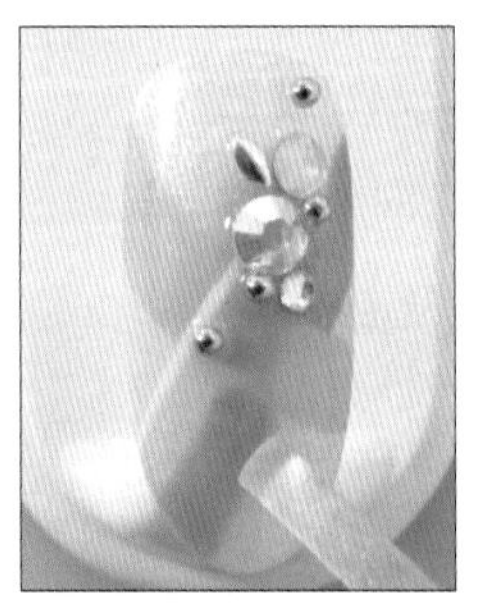

13先将甲片放入光疗灯暂时固化后，再涂上上层凝胶，并将甲片放在光疗灯中，使表面凝胶固化。

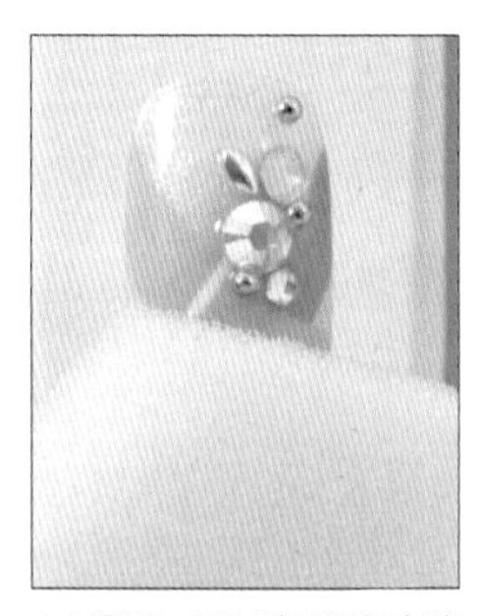

14最后，再以凝胶清洁绵蘸取凝胶清洁液清除未固化凝胶即可。

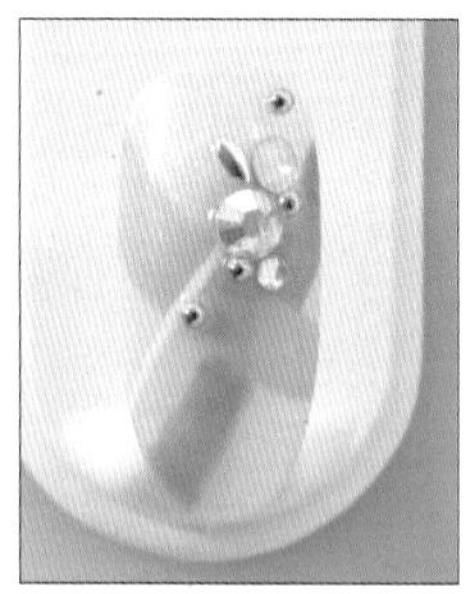

效果如图，凝胶清洁完成。

紫光魅影

步骤

01先在甲片上涂上底层凝胶。

02承步骤1，将甲片放置在光疗灯中使底层凝胶暂时固化。

03在甲片上涂上紫红色凝胶（色卡14），并将甲片放入光疗灯中暂时固化（注：可视颜色的饱和度调整彩色凝胶的涂刷次数）。

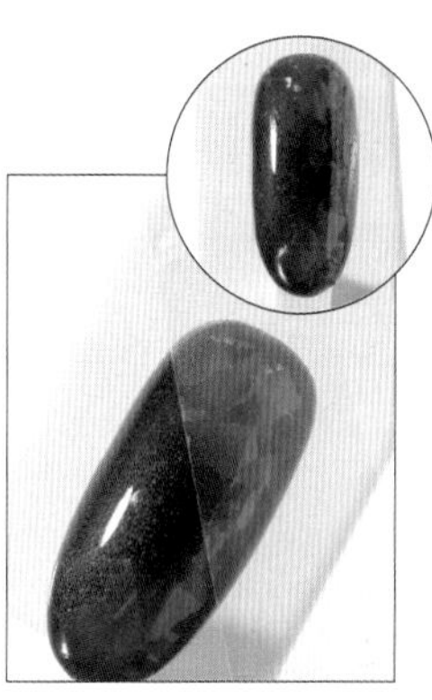

04以炫彩星空纸在甲片边缘轻轻按压，呈现不规则亮彩，使造型增加闪亮的华丽感。

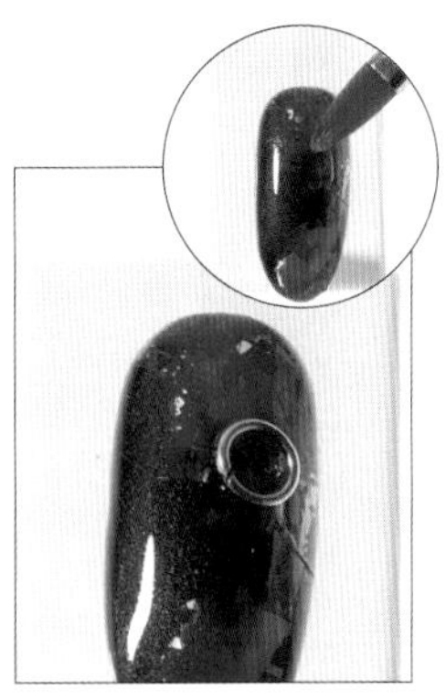

05用圆口笔蘸取建构胶涂在甲片上方1/3处，并以镊子夹取金色铁环放置在建构胶上方。

06以镊子夹取蛋白石放置在金色铁环内。

07先以圆口笔蘸取建构胶，涂在金色铁环侧边，再以镊子夹取方形铆片放置在金色铁环上方。

08以短线笔蘸取建构胶，点在金色铁环及方形铆片周围。

09以镊子取白钻放置在方形铆片下方。

10以镊子夹取白钻、金色电镀珠依序摆放在金色铁环四周。

11先以镊子微调步骤8-10装饰品的位置，再以镊子夹取白钻放置在金色铁环侧边。

12承步骤11，再以镊子夹取金色电镀珠、菱形铝片放置在金色铁环两侧点缀，增加甲片设计的华丽感。

13先将甲片放入光疗灯暂时固化后，再涂上上层凝胶。

14将涂上上层凝胶的甲片放在光疗灯中，使表面凝胶固化。

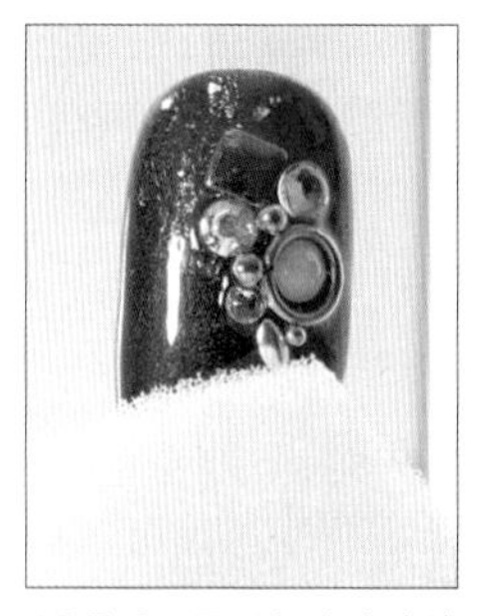

15最后，再以凝胶清洁绵蘸取凝胶清洁液清除未固化凝胶即可。

效果如图，凝胶清洁完成。

纯粹质感

图示

01

02

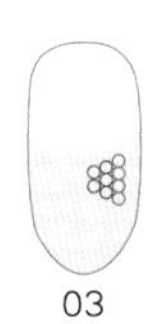
03

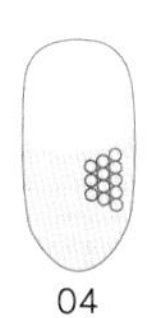
04

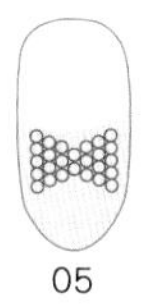
05

步骤

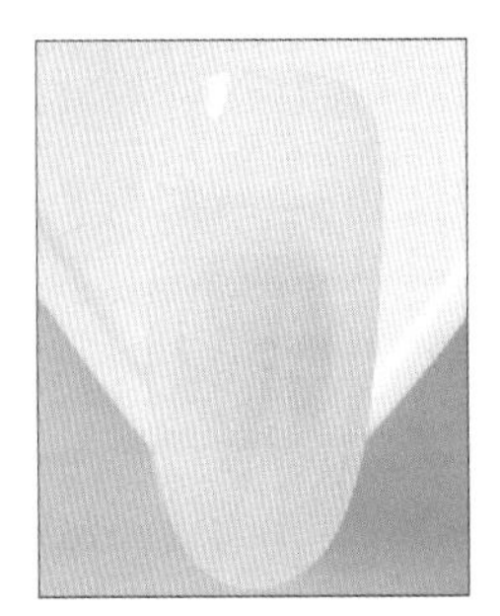
01先在甲片上涂上底层凝胶。

02承步骤1，将甲片放置在光疗灯中使底层凝胶暂时固化。

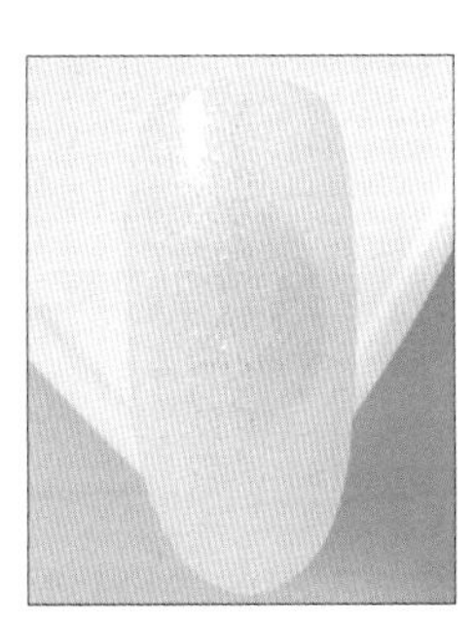
03在甲片上涂上一层亮粉白色凝胶（色卡31）后，照灯暂时固化（注：可视颜色的饱和度调整彩色凝胶的涂刷次数）。

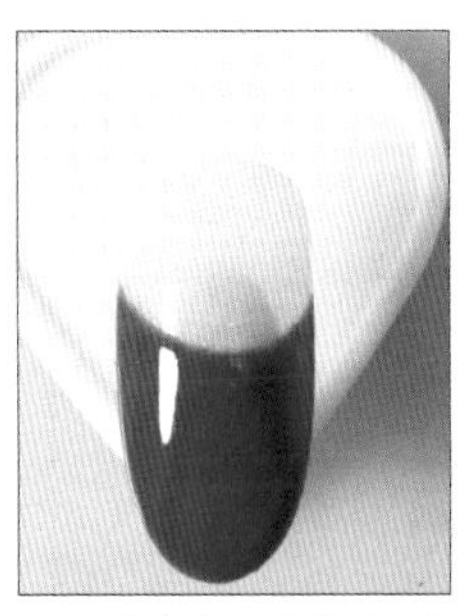
04以蓝色凝胶（色卡6）从甲片上方1/3处，画圆弧线呈现反法式造型，再以干净圆口笔修饰圆弧边线，先照灯暂时固化，再涂上层胶后，放入光疗灯中固化后除胶。

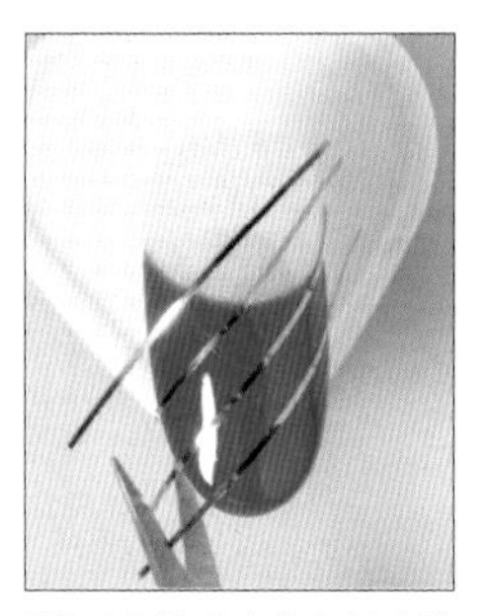

05以金线贴在蓝色凝胶处依序贴上斜线，并以剪刀沿着甲片边缘剪下多余金线贴。

06如图，金线贴沿边剪制完成。

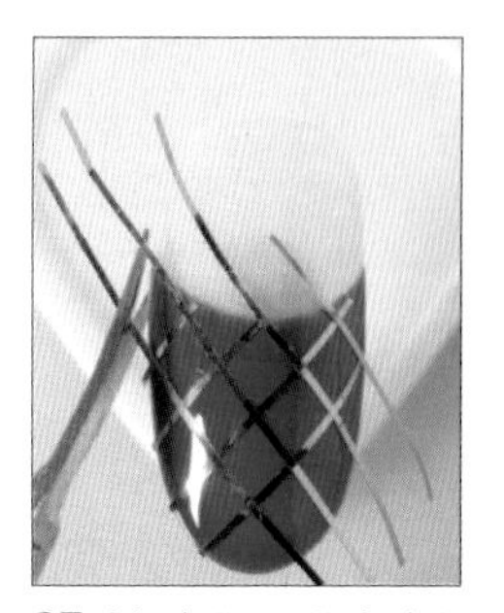

07重复步骤5，依序贴上斜线呈现交叉菱格纹，再以剪刀剪去多余金线贴。

08如图，金线贴剪制完成，呈现金色交叉菱格纹。

09以圆口笔在圆弧线处涂刷建构胶。

10以镊子夹取金色电镀珠，在步骤4的圆弧中间摆放成蝴蝶结状后，再以针笔微调金色电镀珠位置（参考图示01-05）。

11以镊子夹取白钻，放置在蝴蝶结侧边。

12重复步骤11，在蝴蝶结另一侧摆放上白钻。

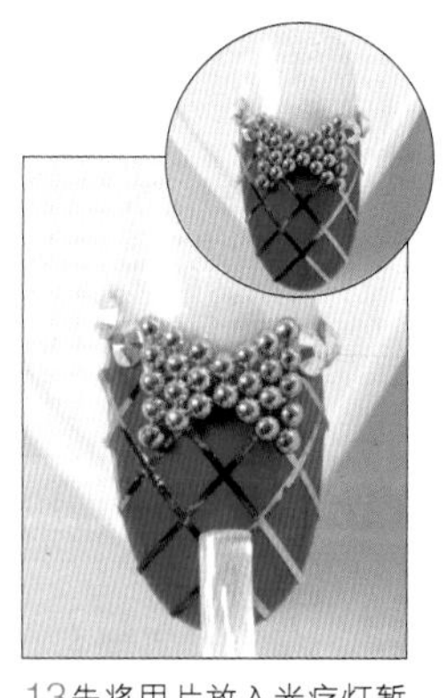

13先将甲片放入光疗灯暂时固化后，再涂上上层凝胶（注：可视甲面造型厚薄来调整上层胶涂刷的次数）。

14将涂上上层凝胶的甲片放在光疗灯中，使表面凝胶固化。

15最后，再以凝胶清洁绵蘸取凝胶清洁液清除未固化凝胶即可。

效果如图，凝胶清洁完成。

璀钻迷情

步骤

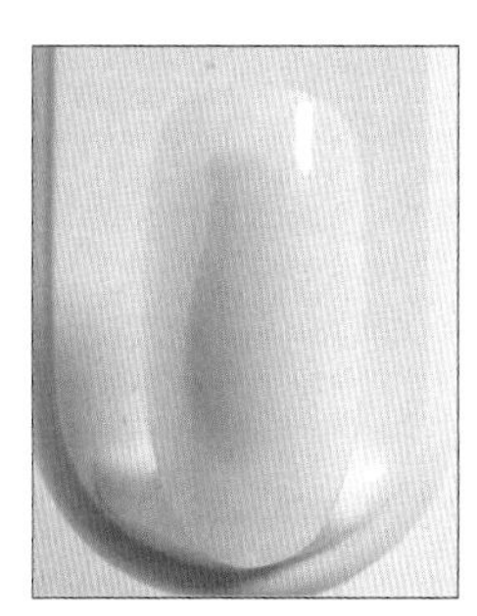

01先在甲片上涂上底层凝胶。

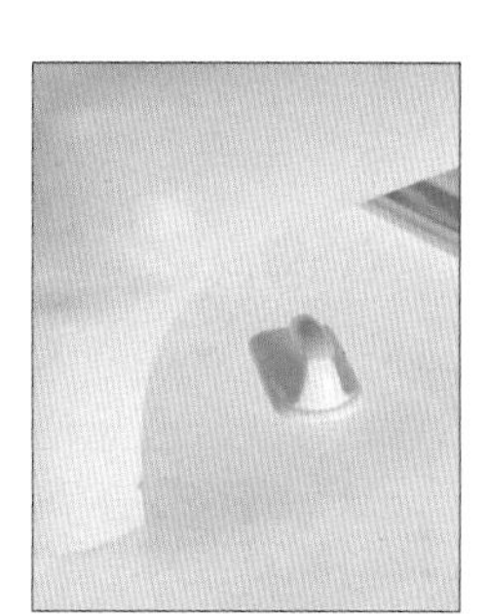

02承步骤1，将甲片放置在光疗灯中使底层凝胶暂时固化。

03以蓝绿色凝胶（色卡23）从甲片上方1/3处画圆弧线，呈现反法式造型，再以干净圆口笔修饰圆弧边线，并放入光疗灯中使凝胶暂时固化。

04以圆口笔在步骤3的圆弧中间点上建构胶。

05以镊子夹取大理石纹宝石并放在建构胶上方。

06用短线笔蘸取建构胶点在大理石纹宝石四周。

07以镊子夹取金色珠链，围绕周围宝石。

08用剪刀剪去多余金色珠链，使珠链包覆住宝石。

09以短线笔蘸取建构胶点在金色珠链上、下侧。

10以镊子夹取两颗白钻放在步骤9建构胶上方、下方。

11以短线笔蘸取建构胶点在金色珠链左右两侧。

12以镊子夹取白钻放置在金色珠链侧边。

13以镊子夹取白钻放置在金色珠链另一侧（注：可选用大小不同的白钻，以增加白钻的层次感）。

14如图，贴钻造型完成。

15以短线笔蘸取建构胶点在步骤10白钻上方。

16承步骤15，以镊子夹取白钻放置在建构胶上方。

17以短线笔蘸取建构胶点在金色珠链上方的左右两侧。

18以镊子夹取两颗金色电镀珠和白钻，依序摆放在金色珠链侧边。

19重 复 步 骤 17-18， 完成另一侧摆放，使甲片贴钻设计呈现华丽立体感。

20先将甲片放入光疗灯暂时固化后，再涂上上层凝胶（注：可视甲面造型厚薄来调整上层胶涂刷的次数）。

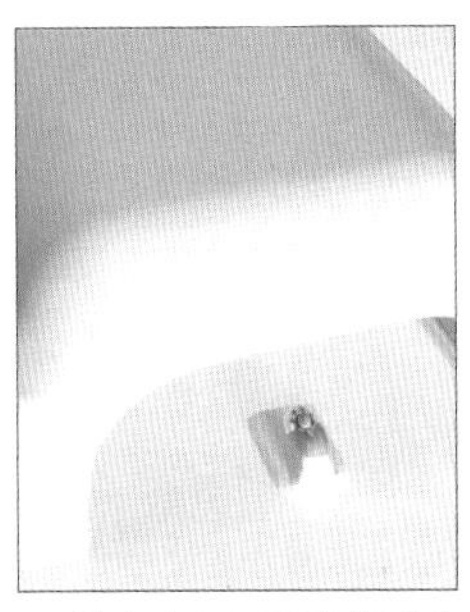

21将涂上上层凝胶的甲片放在光疗灯中，使表面凝胶固化。

22最后，再以凝胶清洁绵蘸取凝胶清洁液清除未固化凝胶即可。

效果如图，凝胶清洁完成。

时尚甜心

图示

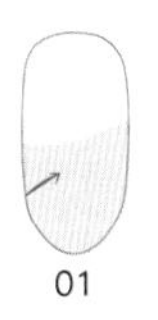
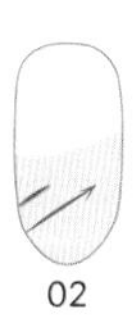
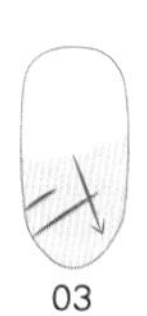

01 02 03 04

步骤

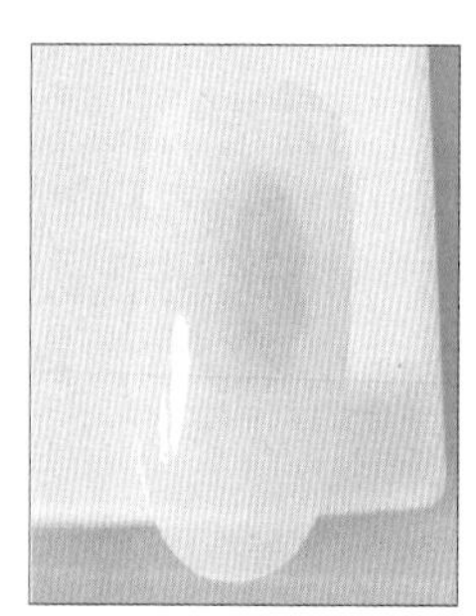

01先在甲片上涂上底层凝胶。

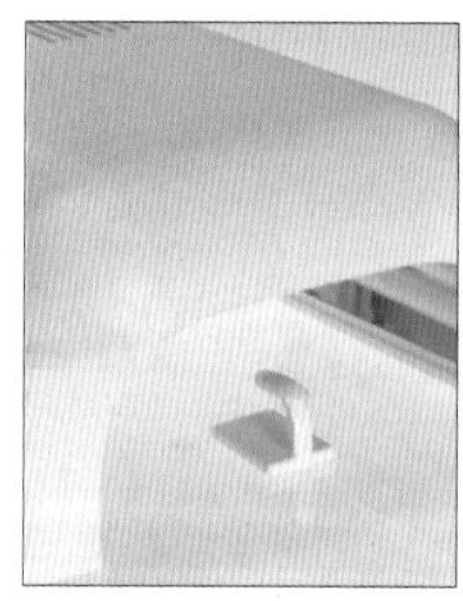

02承步骤 1，将甲片放置在光疗灯中使底层凝胶暂时固化。

03用橘色凝胶（色卡 18）在甲片 1/3 处向下斜涂刷均匀，再以干净圆口笔修饰边缘线。

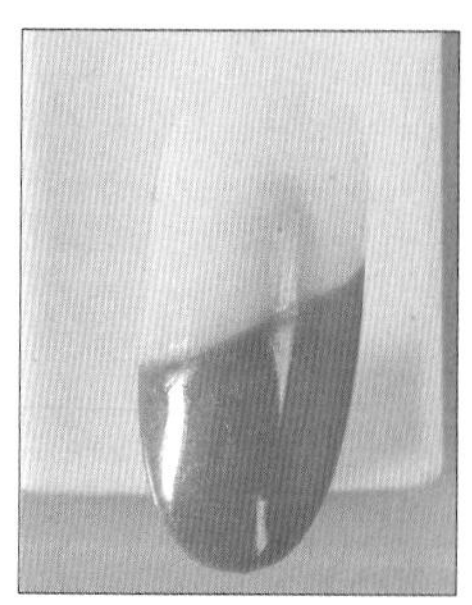

04承步骤 3，边缘线修饰完成后，再放入光疗灯中使凝胶暂时固化。

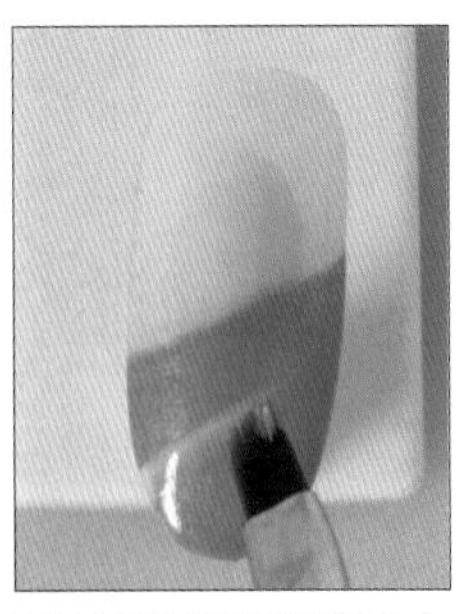

05以短斜凝胶笔蘸取白色凝胶从甲片1/4处往上斜画一斜线至甲片中间（参考图示01）。

06重复步骤5，画一斜线后，以短斜笔从色胶斜边边线向下斜画两条斜线，并放入光疗灯中使凝胶暂时固化（参考图示02-04）。

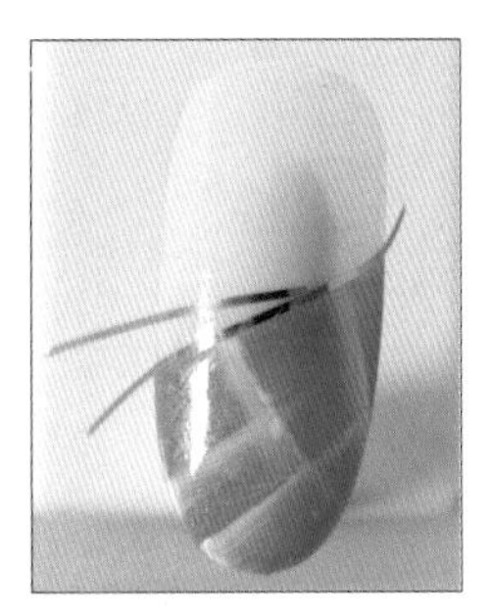

07以金线贴贴至步骤3的平斜边线，再以金线贴贴至平斜线的上方，两条金线贴呈现不对称平直状 。

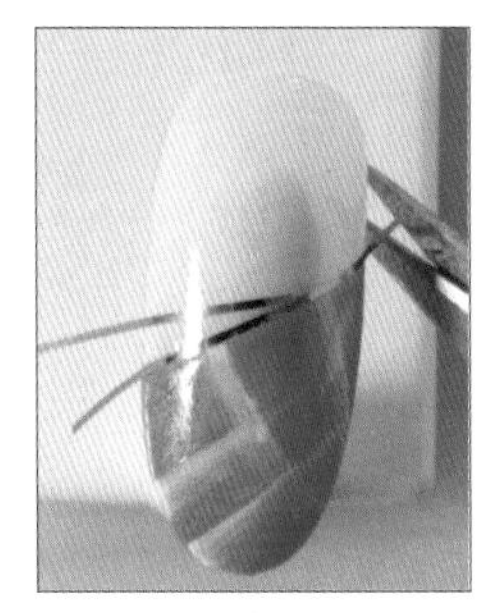

08以剪刀沿着甲片边缘剪去多余的金线贴。

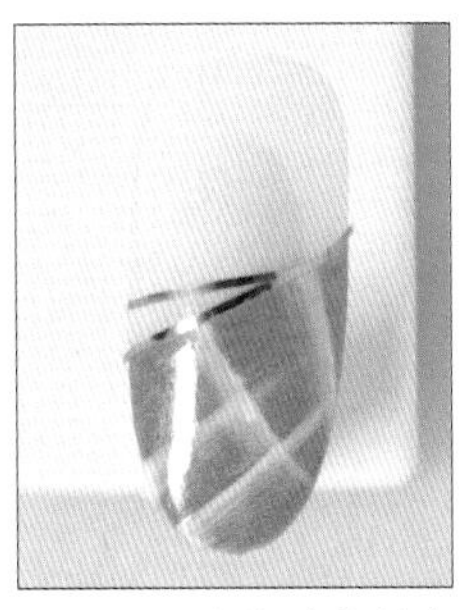

09如图，金线贴剪制完成。

10先以圆口笔蘸取建构胶涂在甲片侧边，再以镊子夹取蛋白石、白钻，在甲片侧边摆放。

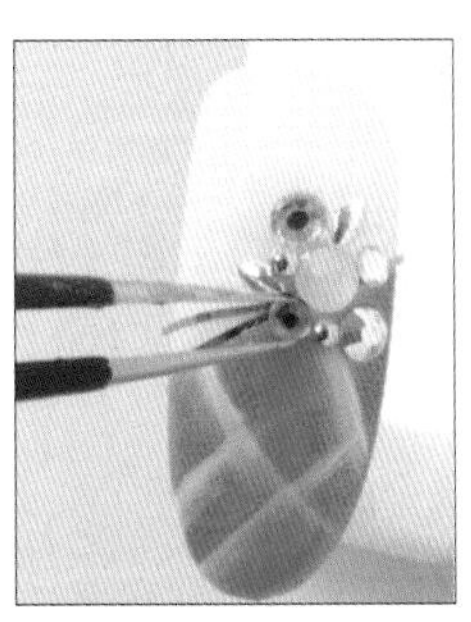

11承步骤10，再取金色电镀珠、白钻、菱形铝片依序摆放在蛋白石四周，再以镊子微调装饰品位置。

12先将甲片放入光疗灯暂时固化后，再涂上上层凝胶（注：可视甲面造型厚薄来调整上层胶涂刷的次数）。

13将涂上上层凝胶的甲片放在光疗灯中，使表面凝胶固化。

14最后，再以凝胶清洁绵蘸取凝胶清洁液清除未固化凝胶即可。

效果如图，凝胶清洁完成。

梦幻 Part5 童话

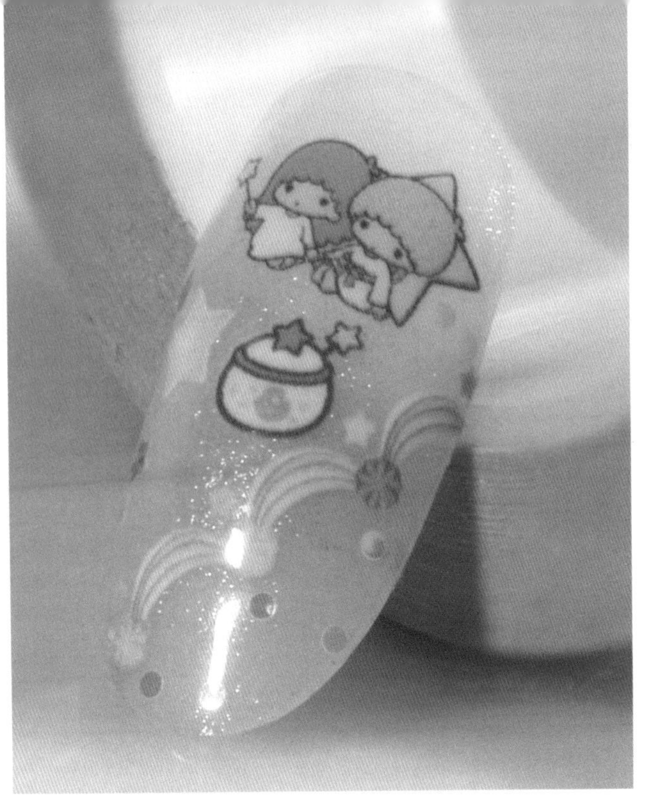

梦幻
时光

图示

01
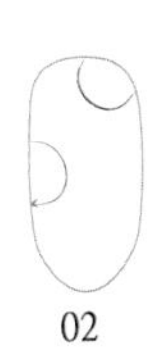
02
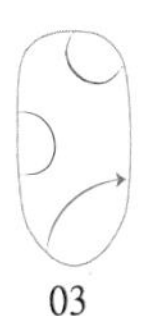
03

步骤

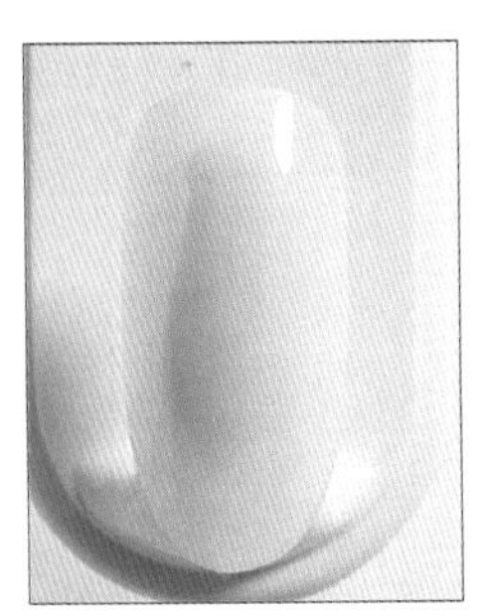
01先在甲片上涂上底层凝胶。

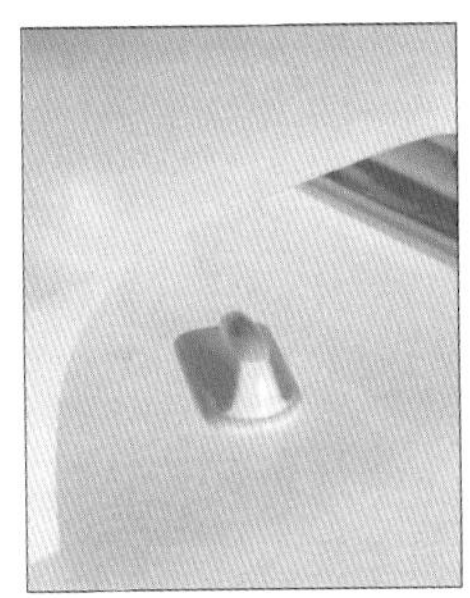
02承步骤1，将甲片放置在光疗灯中使底层凝胶暂时固化。

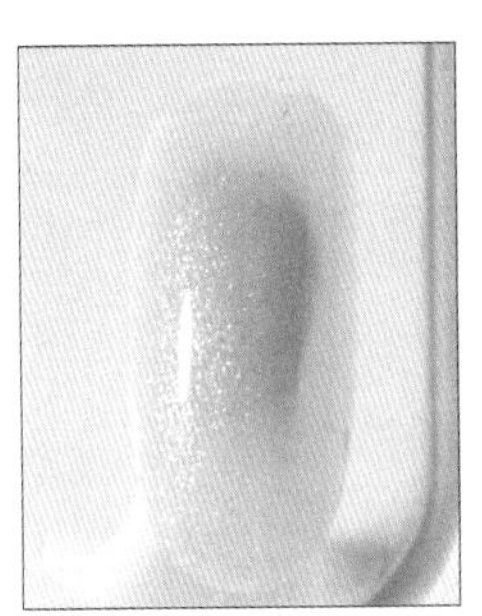
03在甲片上涂上亮粉色凝胶（色卡4，注：可视颜色的饱和度调整彩色凝胶的涂刷次数）。

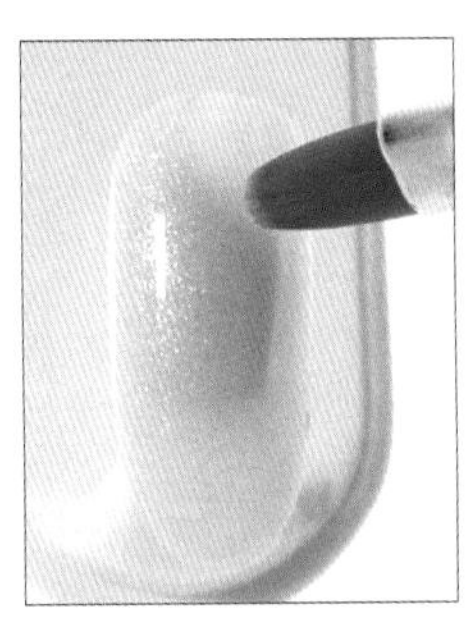
04以干净圆口笔在甲片上侧画出一扇形（参考图示01）。

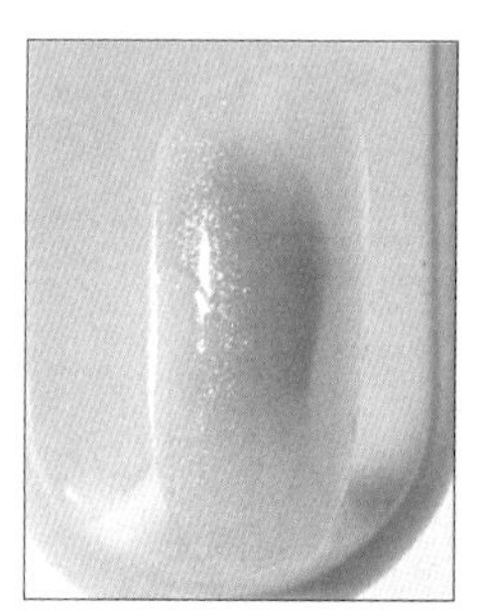

05以干净圆口笔在甲片侧边画出一半圆形（参考图示 02）。

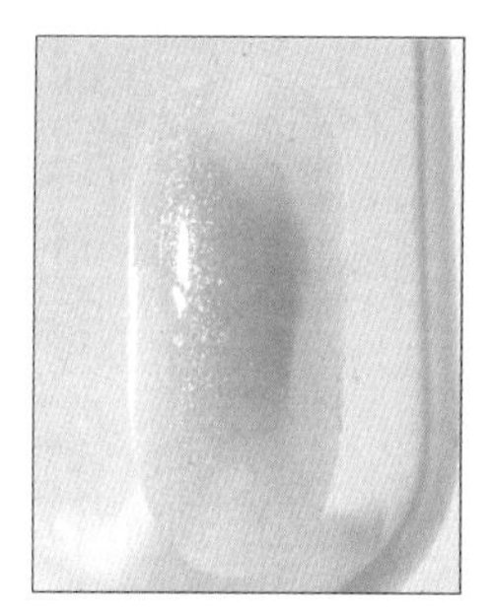

06以干净圆口笔在甲尖画出斜弧扇形，将甲片放入光疗灯暂时固化，在甲片涂上上层凝胶，并将甲片放置在光疗灯中使凝胶固化后除胶（参考图示 03）。

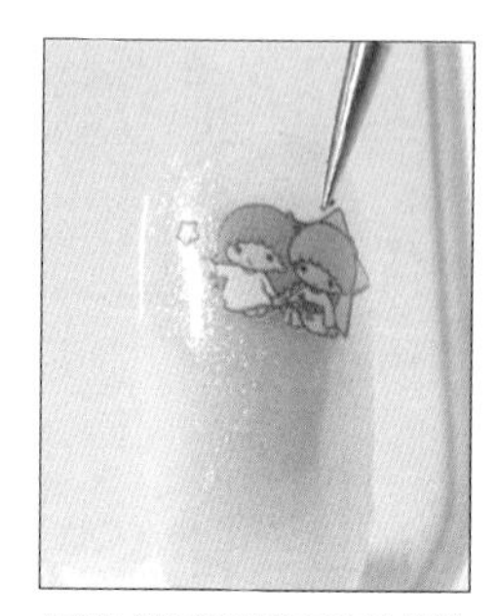

07以镊子取双子星贴纸贴在步骤 5 扇形下方，再以镊子抚平贴纸。

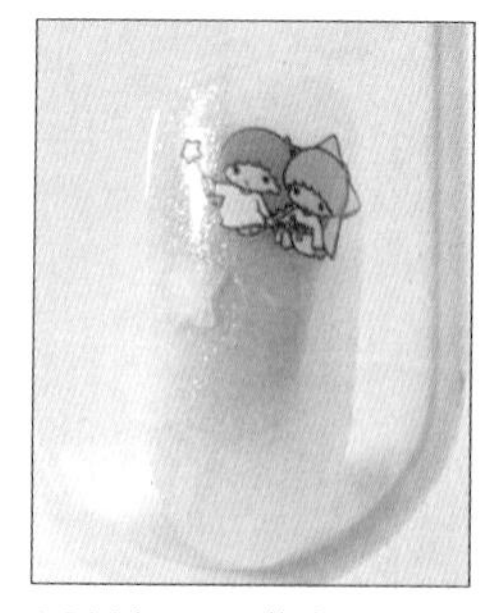

08以镊子取蓝色星形贴纸，贴在步骤 7 双子星贴纸下方。

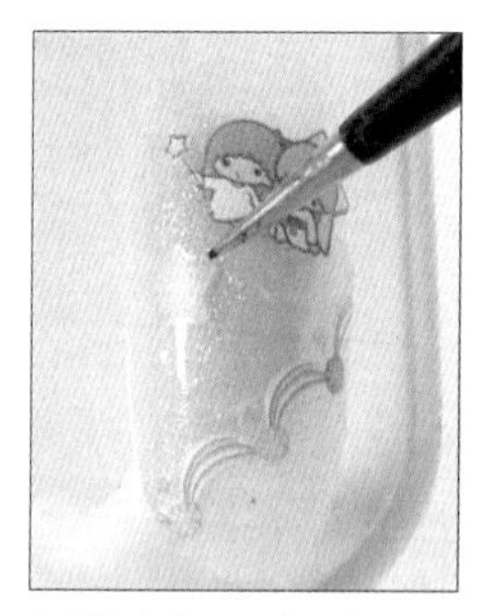

09承步骤 8，先以镊子抚平蓝色星形贴纸，再以镊子夹取圆弧彩球贴纸，贴在步骤 6 的斜弧扇形上方并以镊子抚平。

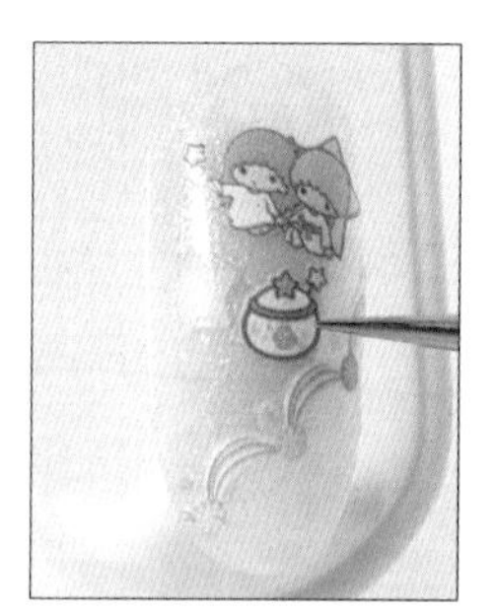

10以镊子取星瓶贴纸，贴在步骤 8 星形贴纸旁。

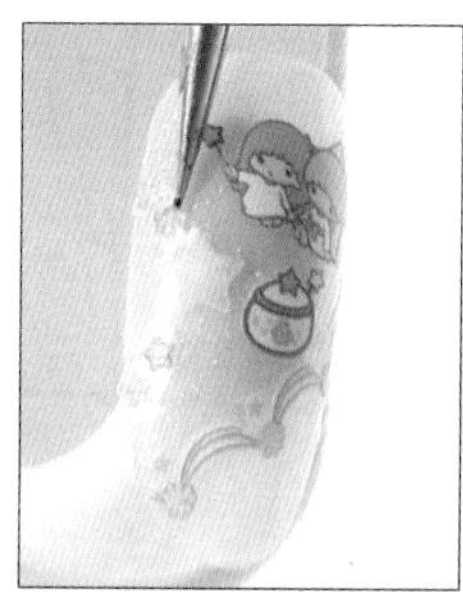

11以镊子夹取小星星贴纸，贴在蓝色星形贴纸两侧，并以镊子抚平贴纸。

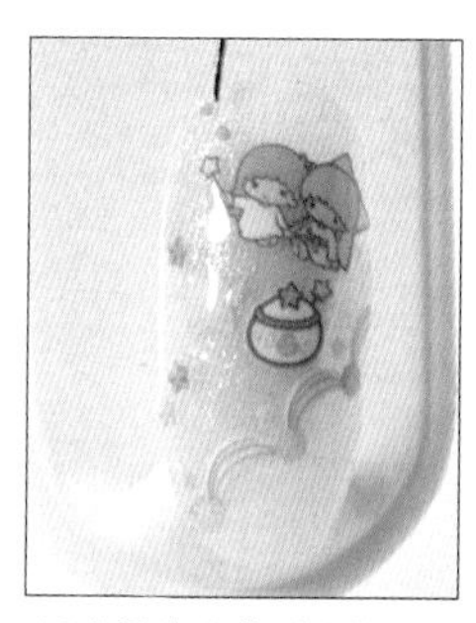

12在甲片上薄刷建构胶并取亮片围绕步骤 4 扇形，再以针笔微调亮片位置（注：需避开双子星贴纸）。

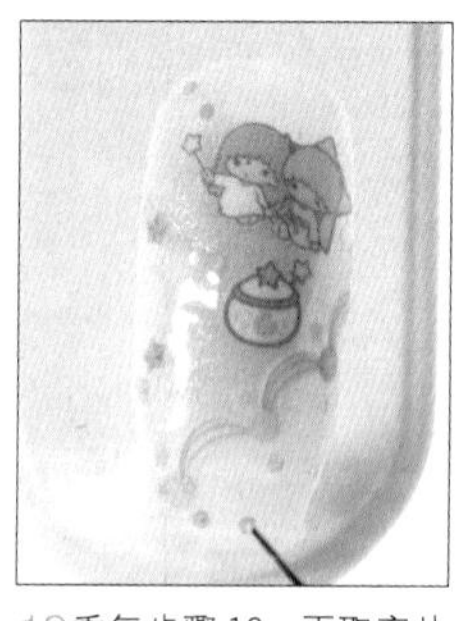

13重复步骤 12，再取亮片摆放在步骤 6 斜弧扇形内侧，并以针笔微调亮片位置。

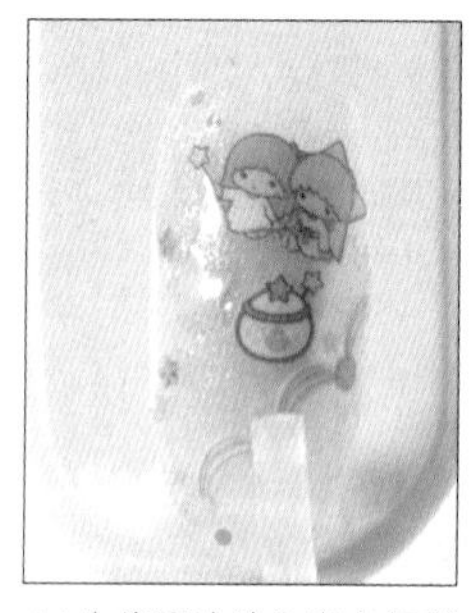

14先将甲片放入光疗灯暂时固化后，再涂上上层凝胶，并将甲片放在光疗灯中，使表面凝胶固化。

15最后，再以凝胶清洁绵蘸取凝胶清洁液清除未固化凝胶即可。

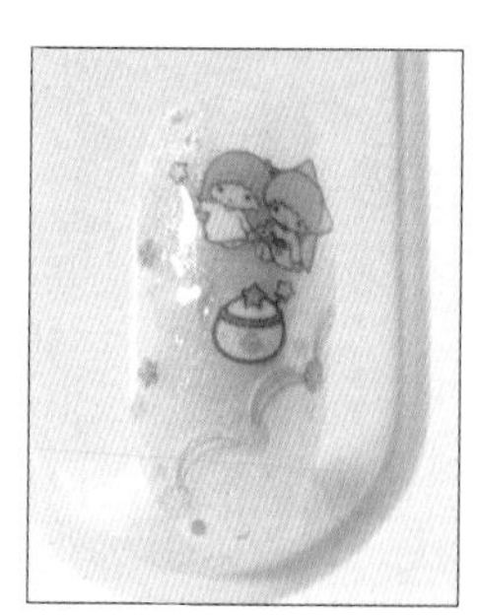

效果如图，凝胶清洁完成。

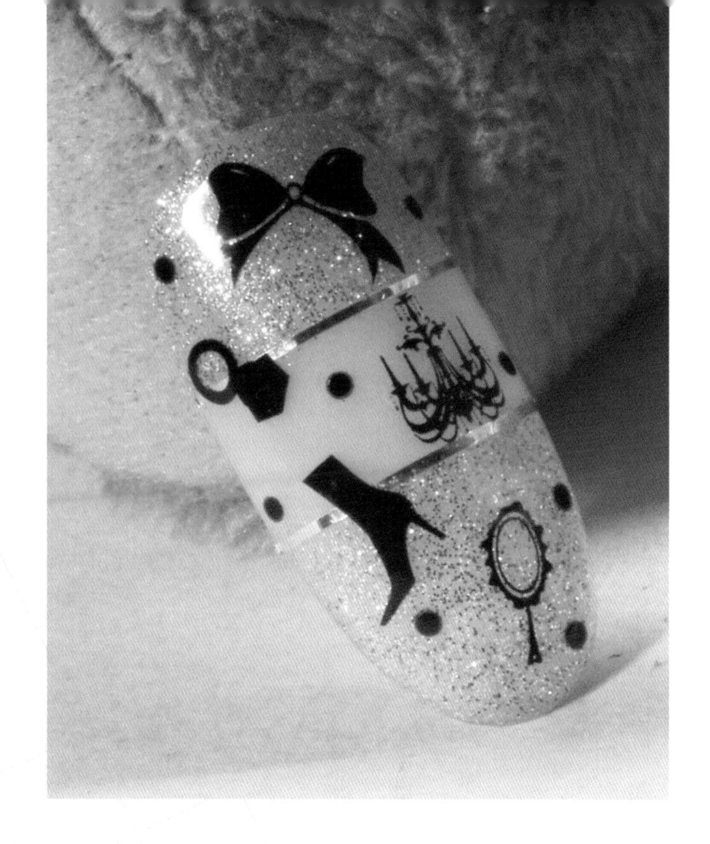

独特品味

步骤

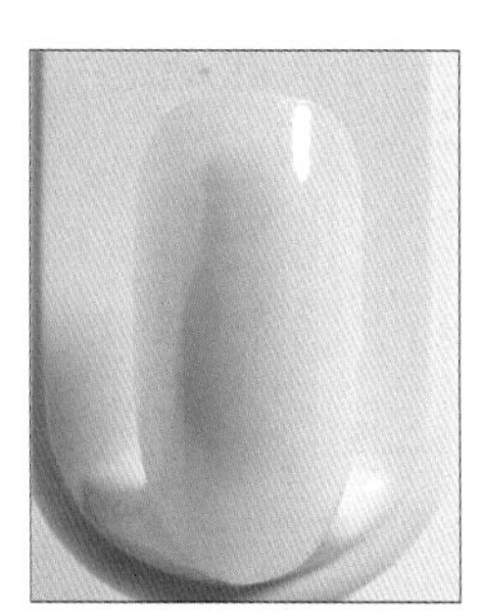

01 先在甲片上涂上底层凝胶。

02 承步骤1，将甲片放置在光疗灯中使底层凝胶暂时固化（注：可视颜色的饱和度调整彩色凝胶的涂刷次数）。

03 在甲片下方1/3处往下涂上亮金色凝胶（色卡9）。

04 从甲片上方1/3处涂亮金色凝胶（色卡9），并放入光疗灯中使凝胶暂时固化（注：可用圆头笔修饰凝胶边缘线，使线条更为平直）。

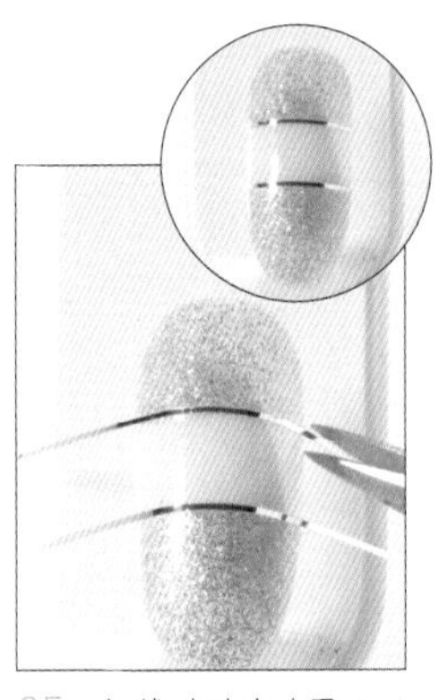

05取银线贴贴在步骤 3-4 的凝胶边缘线上，并以剪刀沿着甲片边缘线剪下多余银线贴。

06在甲片上涂上上层凝胶，再将甲片放置在光疗灯中使上层凝胶固化后除胶。

07以镊子夹取马靴贴纸，贴在甲片左下侧。

08以镊子夹取蝴蝶结贴纸，贴在甲片右上角后，再以镊子抚平贴纸。

09以镊子夹取镜子贴纸，贴在马靴下侧，再以镊子抚平贴纸。

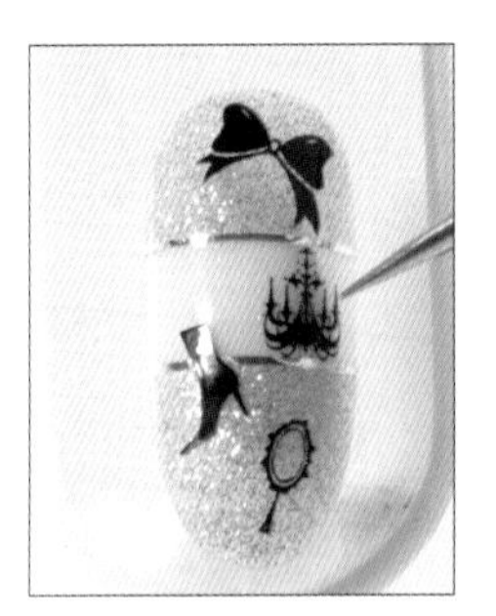

10以镊子夹取吊灯贴纸，贴在蝴蝶结贴纸下方，再以镊子抚平贴纸。

11以镊子夹取戒指贴纸，贴在甲片左上侧，再以镊子抚平贴纸。

12在甲片上薄刷建构胶。

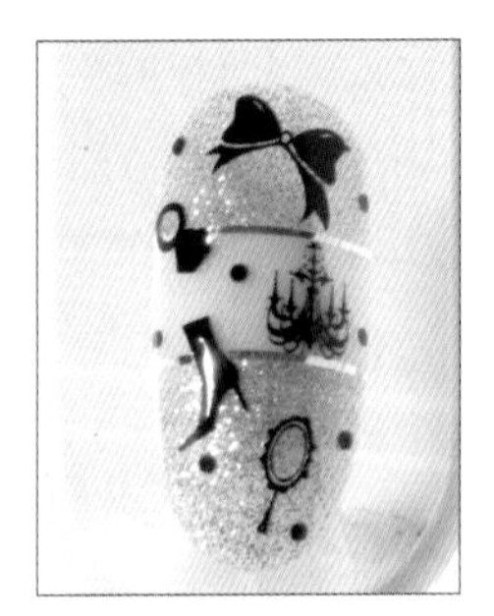

13承步骤 12，依序放置上黑色小亮片。

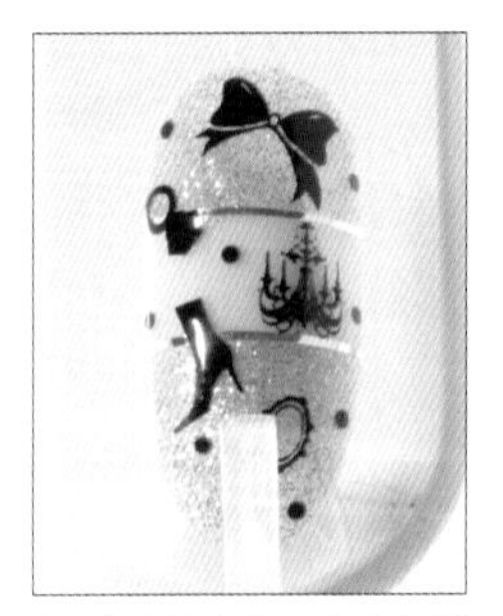

14先将甲片放入光疗灯暂时固化后，再涂上上层凝胶，并将甲片放在光疗灯中，使表面凝胶固化。

15最后，再以凝胶清洁绵蘸取凝胶清洁液清除未固化凝胶即可。

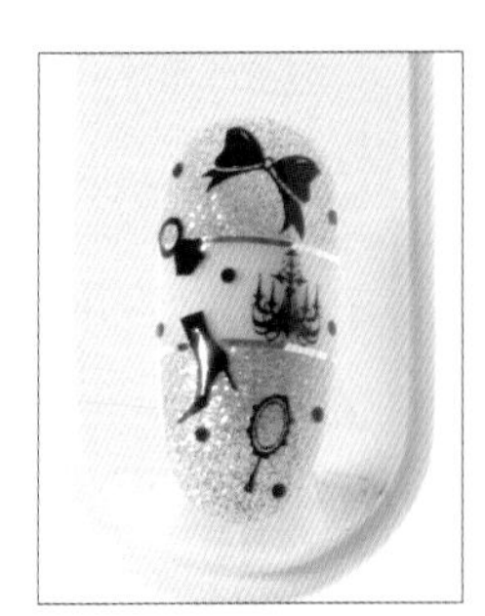

效果如图，凝胶清洁完成。

梦中情缘

图示

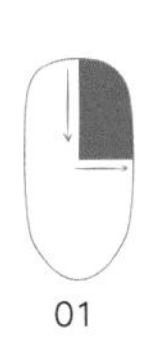
01

02

步骤

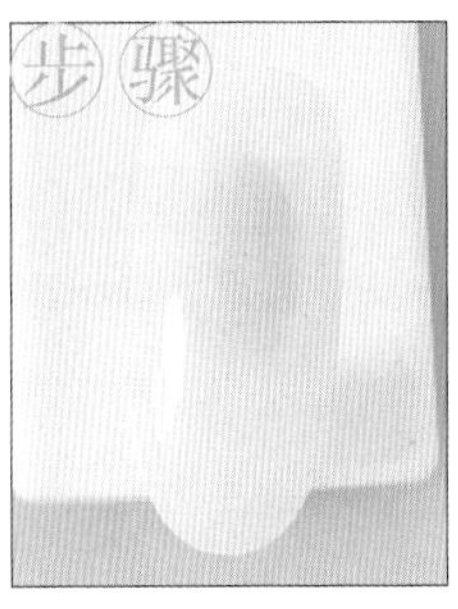

01先在甲片上涂上底层凝胶。

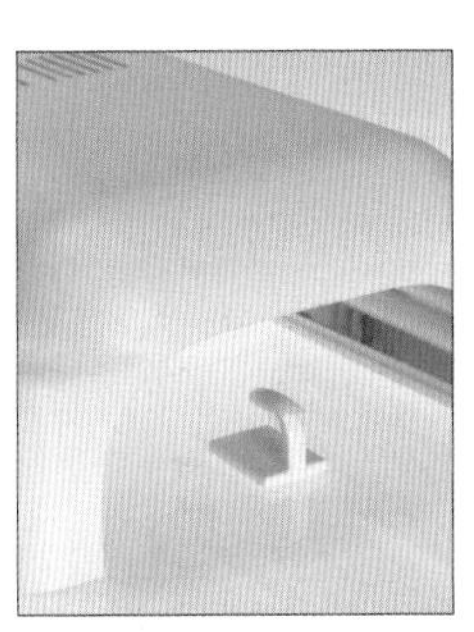

02承步骤1，将甲片放置在光疗灯中使底层凝胶暂时固化。

03在甲片上涂上一层黄芥末色凝胶（色卡20，注：可视颜色的饱和度调整彩色凝胶的涂刷次数）。

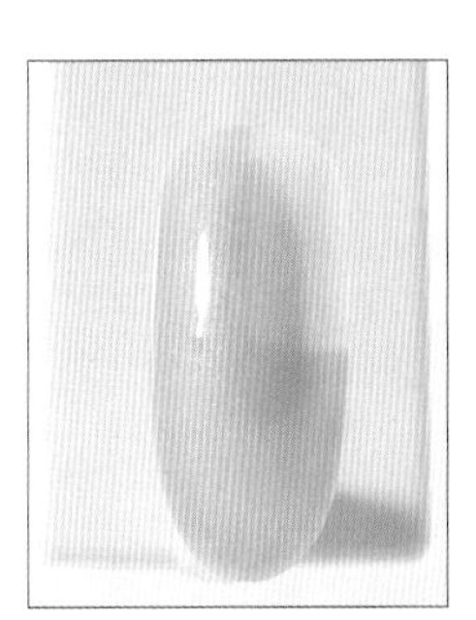

04以干净圆口笔从甲片上方往下画至甲片1/2处，呈90度（参考图示01）。

05以干净圆口笔在甲尖前端画出一横线后，将甲片放入光疗灯暂时固化（参考图示 02）。

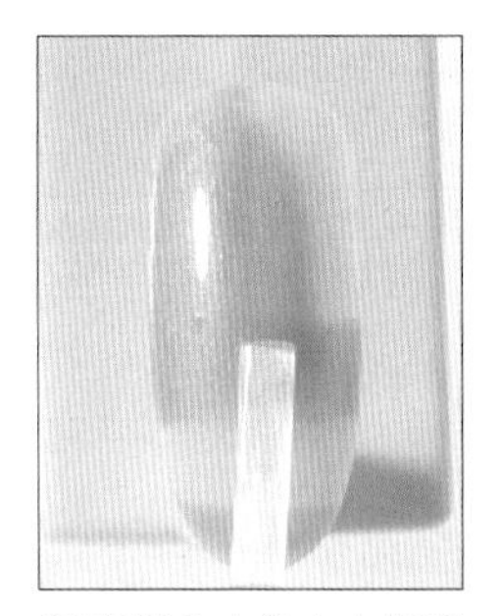

06在甲片上涂上上层凝胶，再将甲片放置在光疗灯中使上层凝胶固化后除胶。

07以镊子夹取马赛克转印贴纸放置在水杯中。

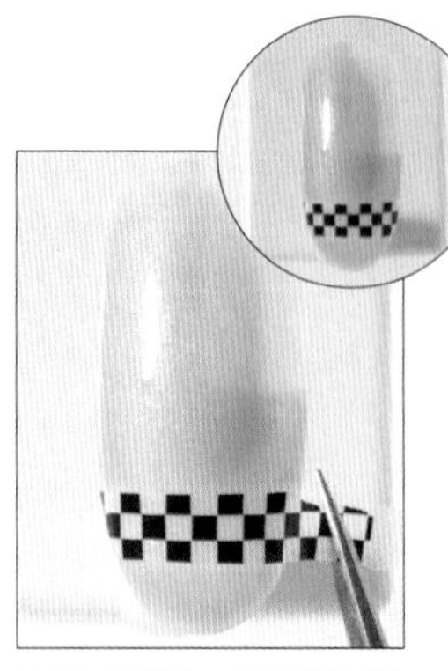

08承步骤 7，将马赛克转印贴纸的胶膜取下后，将贴纸贴至步骤 5 的横线上，再以剪刀沿着甲片边缘剪下多余贴纸。

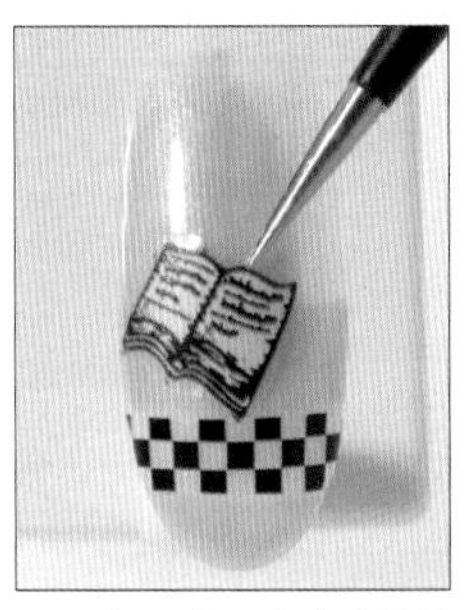

09以镊子夹取书本贴纸放置在步骤 8 马赛克转印贴纸上方。

10以镊子夹取少女贴纸放置在步骤 9 书本贴纸侧边。

11以镊子夹取花纹贴纸放置在步骤 10 书本贴纸上方。

12以镊子夹取扑克牌贴纸放置在步骤 4 长方形上方，并以剪刀沿着甲片边缘剪下多余贴纸。

13以镊子夹取梅花形贴纸放置在步骤 12 扑克牌贴纸左下角。

14在甲片上涂上上层凝胶，并将甲片放在光疗灯中，使表面凝胶固化。

15最后，再以凝胶清洁绵蘸取凝胶清洁液清除未固化凝胶即可。

效果如图，凝胶清洁完成。

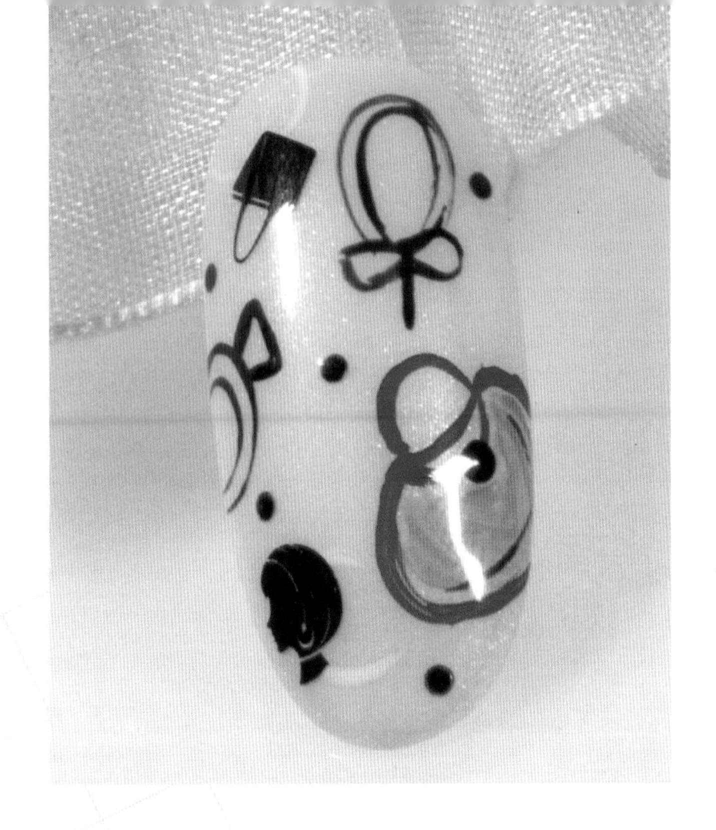

女孩心机

步骤

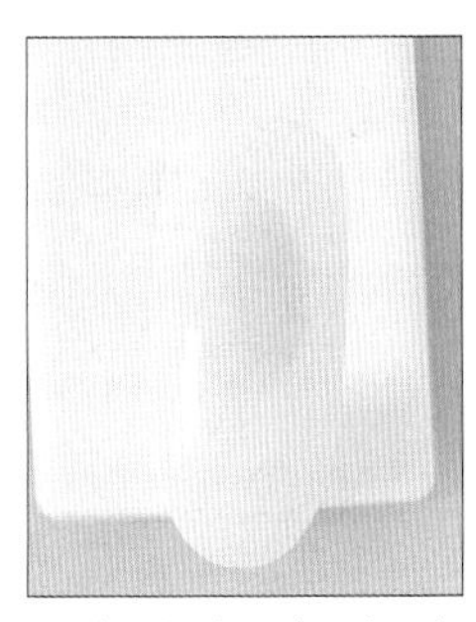

01先在甲片上涂上底层凝胶。

02承步骤1，将甲片放置在光疗灯中使底层凝胶暂时固化。

03在甲片上涂上一层粉色凝胶（色卡15），并放入光疗灯中使凝胶暂时固化（注：可视颜色的饱和度调整彩色凝胶的涂刷次数）。

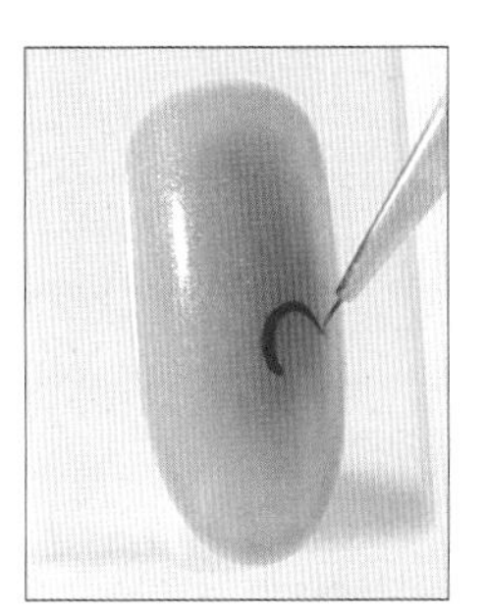

04以极细短线笔蘸取红色凝胶（色卡34）在甲片侧边画上一半圆形。

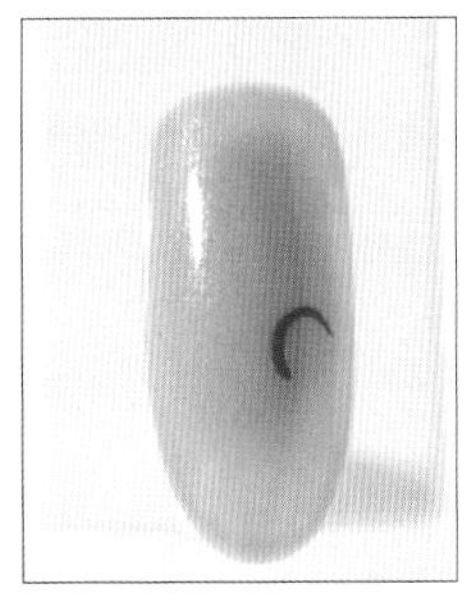

05 如图，半圆形绘制完成。

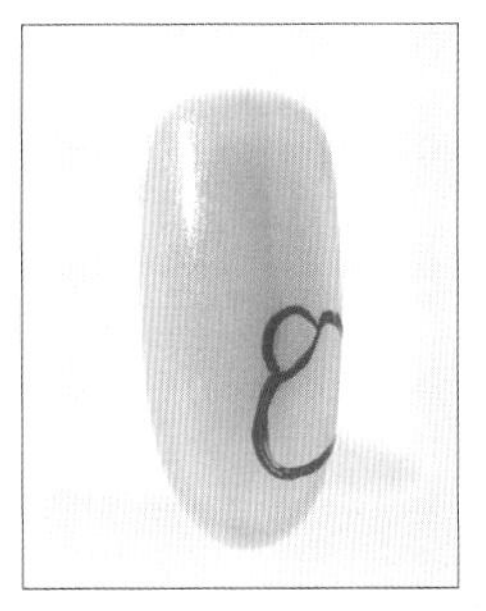

06 承步骤5，以极细短线笔在半圆形下方画一椭圆形，形成包包的图样。

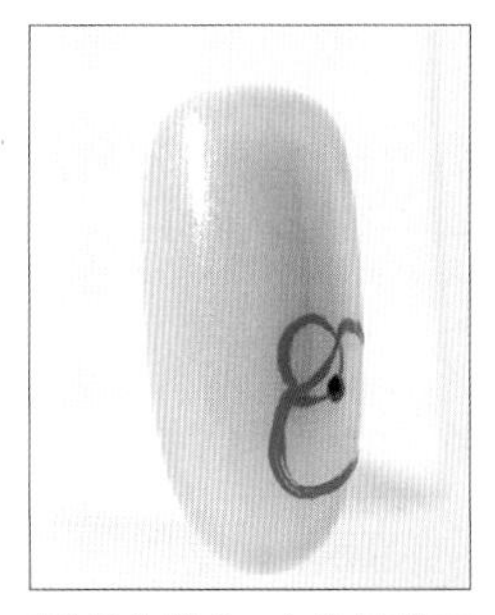

07 承步骤6，在半圆形下方画上两道弧形线条后，以极细短线笔蘸取黑色凝胶在弧形线条中间画上一小圆形。

08 以极细短线笔蘸取粉色凝胶将椭圆形填满粉红色，增加包包外观的美感。

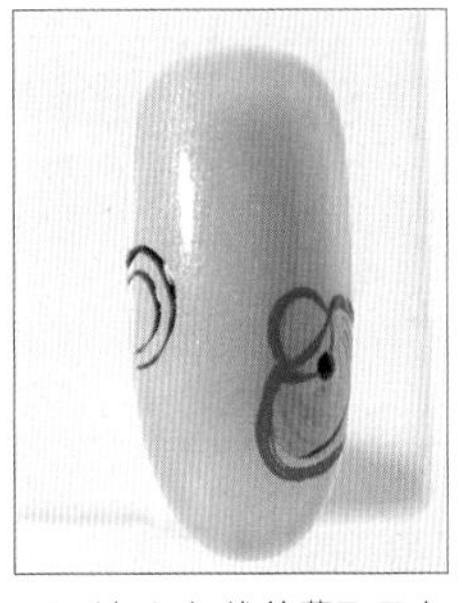

09 以极细短线笔蘸取黑色凝胶在椭圆形下方画上弧形线条形成包包的光泽感后，在甲片侧边画上两个半圆形。

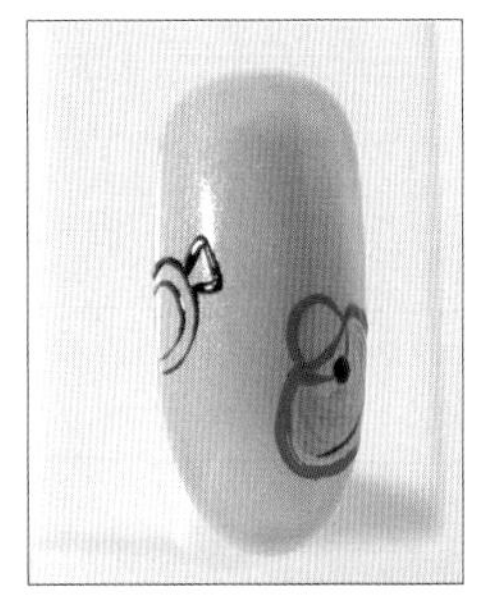

10 承步骤9，在半圆形上方在画上一梯形，形成戒指的宝石。

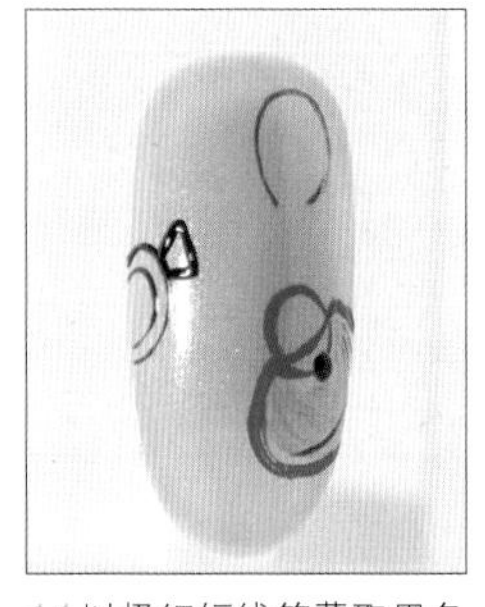

11 以极细短线笔蘸取黑色凝胶在甲片上侧画上一椭圆形，但尾端不要连接。

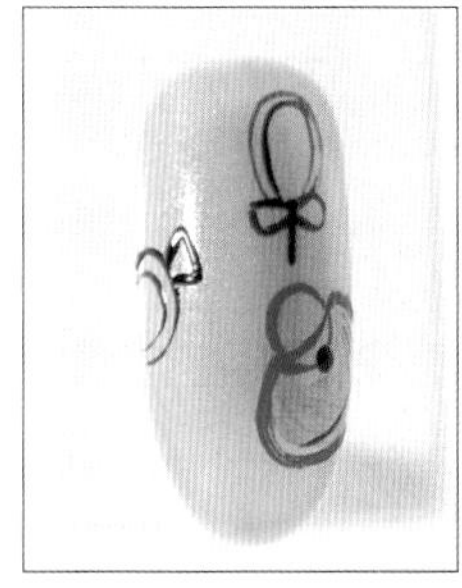

12 承步骤11，在椭圆形内侧再画上一椭圆形后，在下方画上一蝴蝶结，最后在蝴蝶结下方画上一直线，形成镜子的图样。

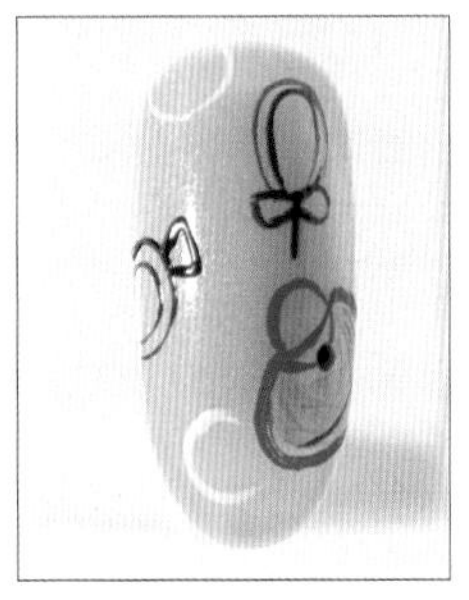

13 以极细短线笔蘸取白色凝胶在包包和镜子图样的侧边画上一半圆形点缀。

14 先将甲片放入光疗灯暂时固化，并涂上上层凝胶，再将甲片放置在光疗灯中使上层凝胶固化后除胶。

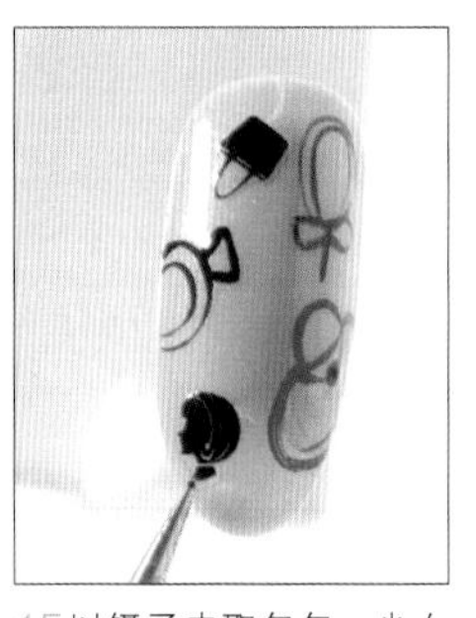

15 以镊子夹取包包、少女头像贴纸分别贴在步骤13半圆形的上方，并以镊子抚平贴纸，使贴纸更贴合甲片。

16 如图，贴纸贴制完成。

17 在甲片上薄刷建构胶。

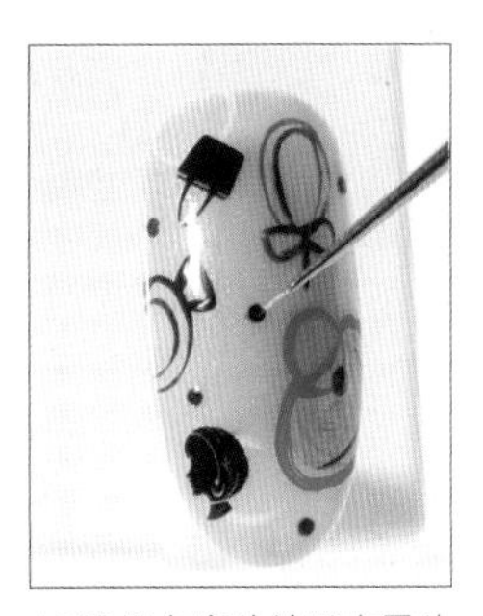

18 取黑色亮片放置在甲片的空白处，增加甲片的梦幻感并以针笔微调亮片位置。

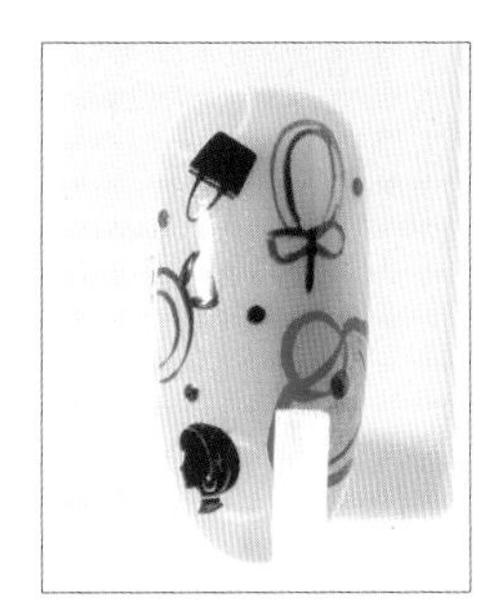

19 先将甲片放入光疗灯暂时固化后，再涂上上层凝胶。

20 将涂上上层凝胶的甲片放在光疗灯中，使表面凝胶固化。

21 最后，再以凝胶清洁绵蘸取凝胶清洁液清除未固化凝胶即可。

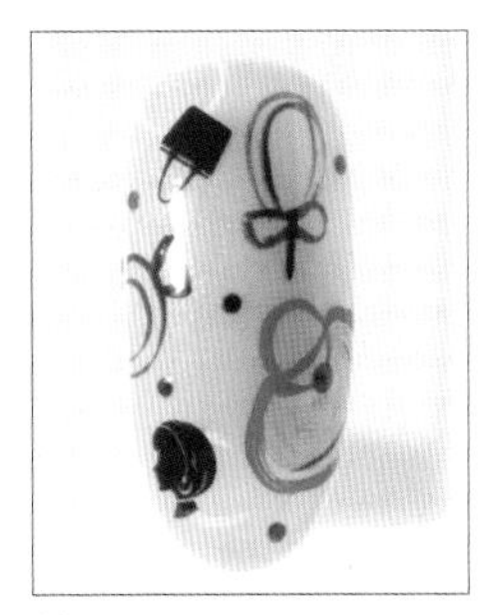

效果 如图，凝胶去除完成。

清新自然

步骤

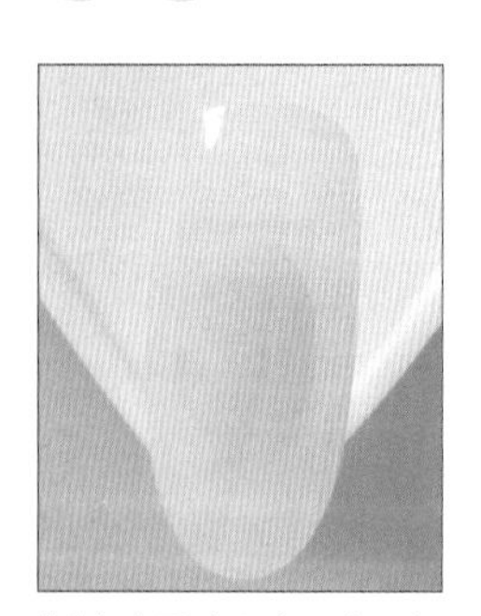

01 先在甲片上涂上底层凝胶。

02 承步骤1，将甲片放置在光疗灯中使底层凝胶暂时固化。

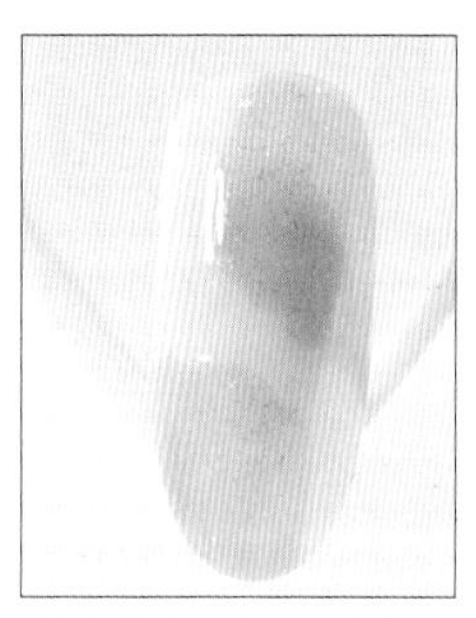

03 在甲片左上、下侧涂上一层亮橘色凝胶（色卡25），形成两个平行四边形。

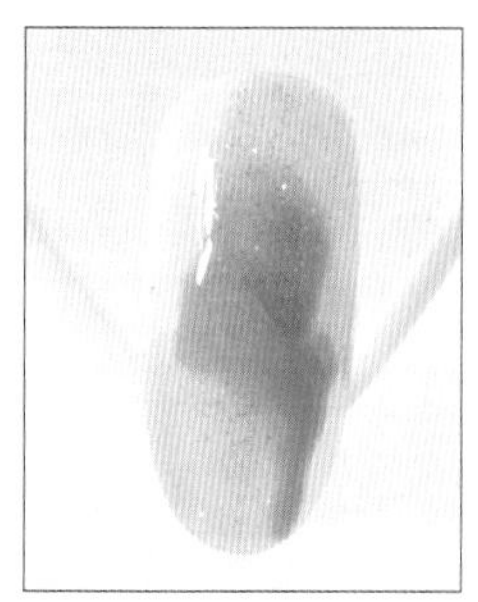

04 用短线笔蘸取墨绿色凝胶（色卡19）在两个平行四边形中间涂刷。

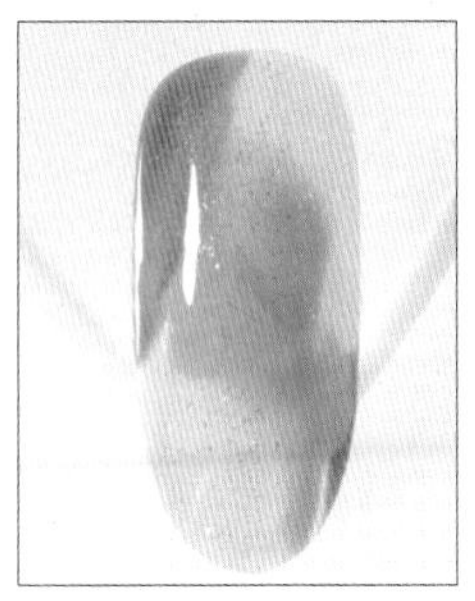

05以短线笔蘸取深粉色凝胶（色卡16）涂刷在甲片的上下两侧。

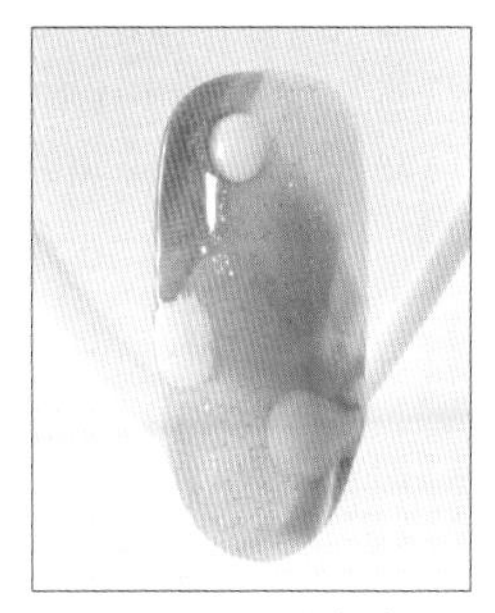

06取白色凝胶（色卡3）在甲片上点上四个白点。

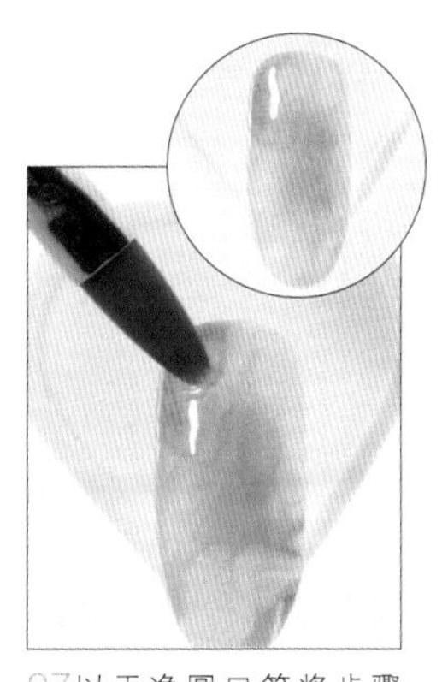

07以干净圆口笔将步骤4-6的凝胶均匀轻轻拍匀，使颜色均匀自然，并将甲片放入光疗灯暂时固化。

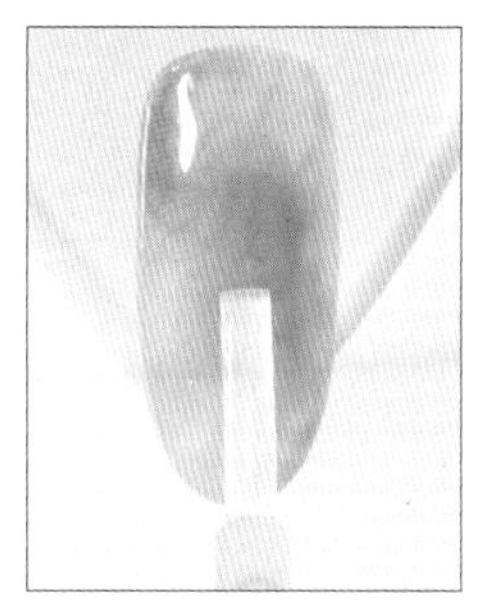

08在甲片上涂上上层凝胶，并放入光疗灯中使凝胶固化后除胶。

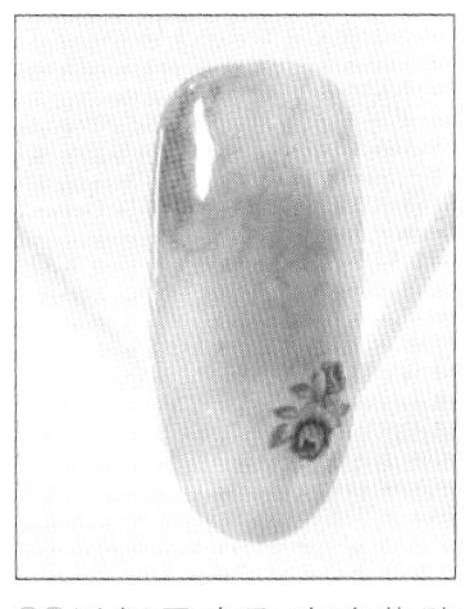

09以镊子夹取玫瑰花贴纸，贴在甲片下侧。

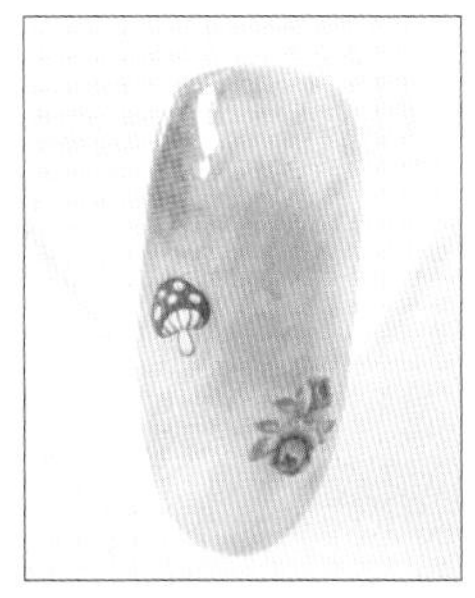

10用镊子夹取蘑菇贴纸，贴在玫瑰花贴纸对角。

11以镊子夹取小鹿斑比贴纸，贴在甲片右上角。

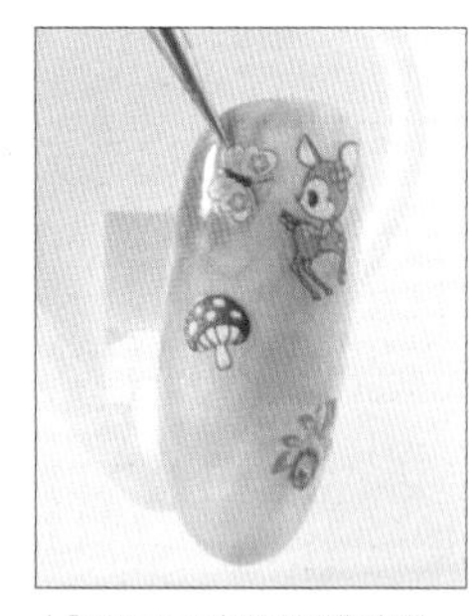

12以镊子夹取蝴蝶贴纸，贴在小鹿斑比贴纸侧边。

13先以镊子夹取苹果贴纸，贴在小鹿斑比贴纸下方，再以镊子夹取兔子贴纸，贴在玫瑰花贴纸侧边。

14在甲片上涂上上层凝胶，并将甲片放在光疗灯中，使表面凝胶固化。

15最后，再以凝胶清洁绵蘸取凝胶清洁液清除未固化凝胶即可。

效果如图，凝胶清洁完成。

纯真爱恋

步骤

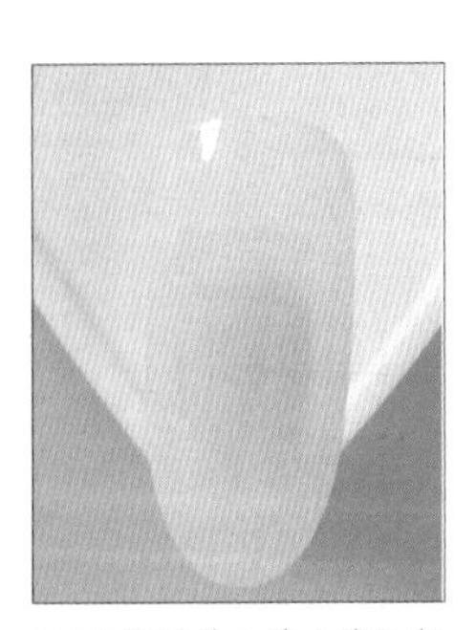

01 先在甲片上涂上底层凝胶。

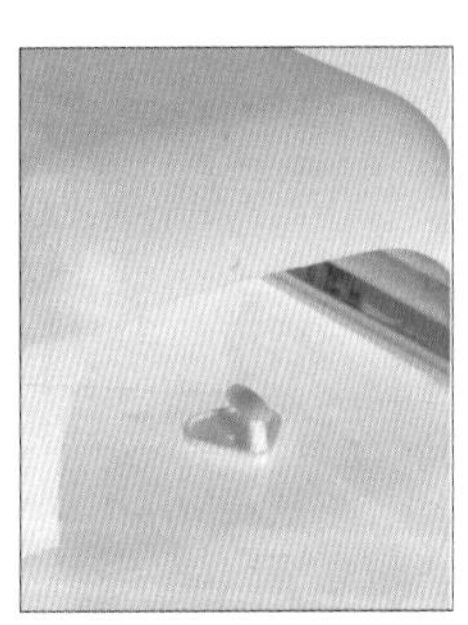

02 承步骤1，将甲片放置在光疗灯中使底层凝胶暂时固化。

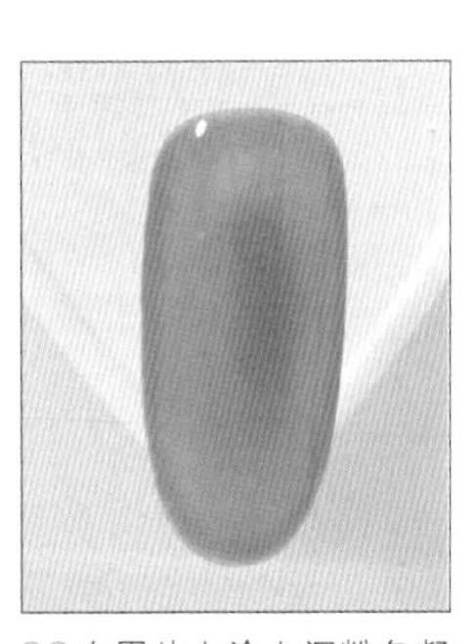

03 在甲片上涂上深粉色凝胶（色卡17）。

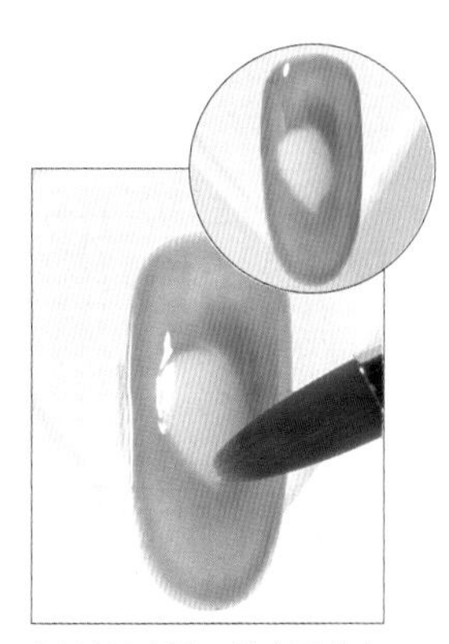

04 以干净圆口笔在甲片上画上一花瓣形1。

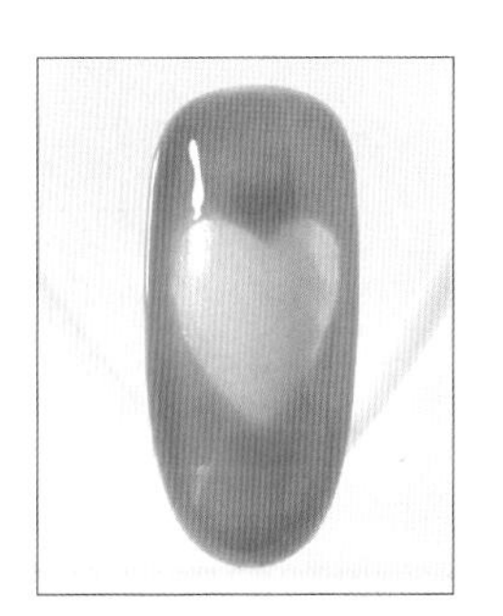

05重复步骤4，在花瓣形侧边画上花瓣形2，形成一爱心，将甲片放入光疗灯短暂固化。

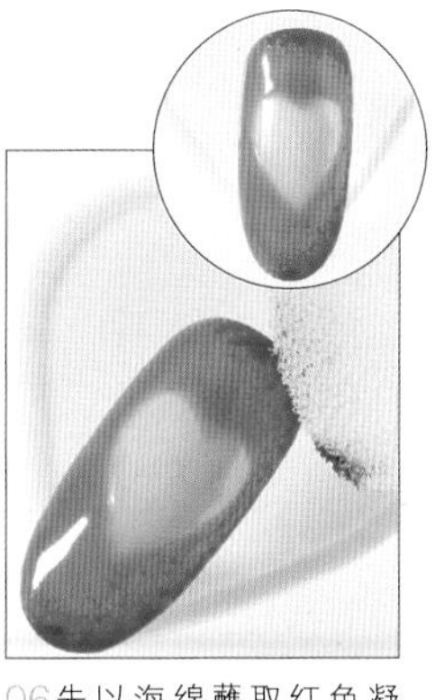

06先以海绵蘸取红色凝胶，再以轻轻按压的方式压在甲片侧边。

07重复步骤6，完成甲片另一侧按压。

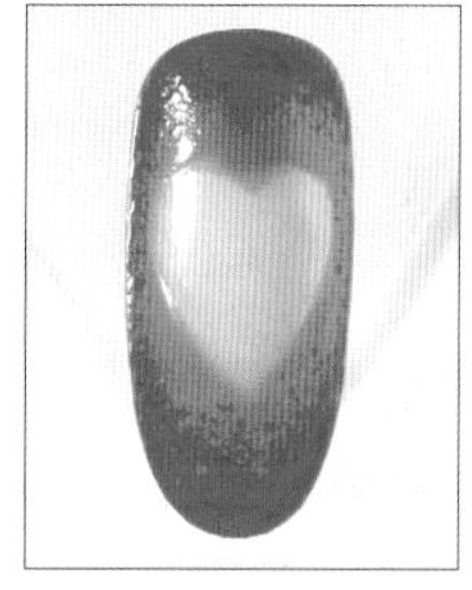

08甲片侧边花纹按压完成后，将甲片放入光疗灯暂时固化。

09在甲片上涂上上层凝胶后照灯除胶。

10以镊子夹取Hello kitty贴纸贴在步骤5的爱心里面，再以镊子抚平贴纸。

11以镊子夹取蝴蝶结贴纸贴在甲片上侧，与步骤10Hello kitty贴纸上的蝴蝶结平行。

12以镊子夹取玫瑰花贴纸贴在爱心下方。

13重复步骤12，再取玫瑰花贴纸贴成一圆弧线使造型呈现梦幻浪漫感。

14在甲片上薄刷建构胶。

15取亮片依序围绕贴在爱心周围。

16如图，完成爱心侧边亮片粘贴。

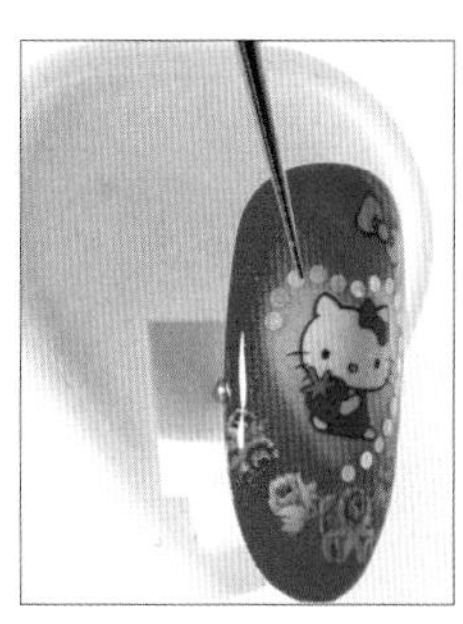

17重复步骤 15，取亮片摆放在爱心另一侧。

18如图，完成亮片爱心边框（注：可用针笔微调位置）。

19先将甲片放入光疗灯暂时固化后，再涂上上层凝胶。

20将涂上上层凝胶的甲片放在光疗灯中，使表面凝胶固化。

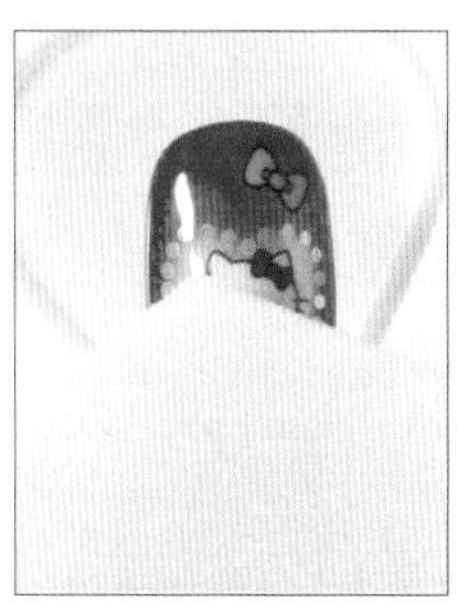

21最后，再以凝胶清洁绵蘸取凝胶清洁液清除未固化凝胶即可。

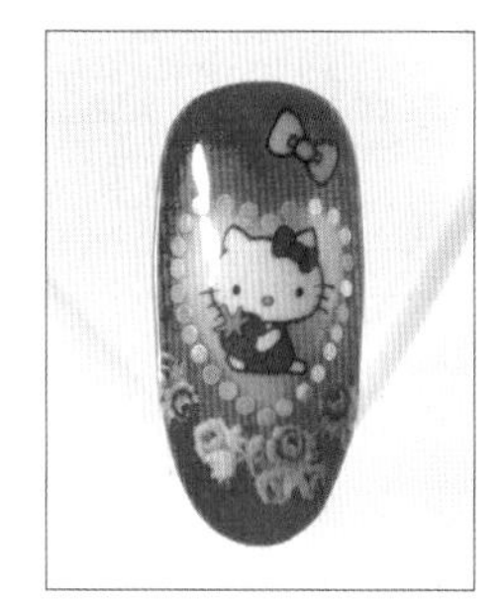

效果如图，凝胶清洁完成。

轻甜气息

图示

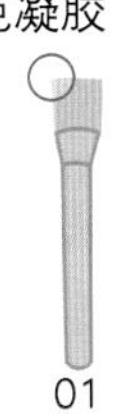

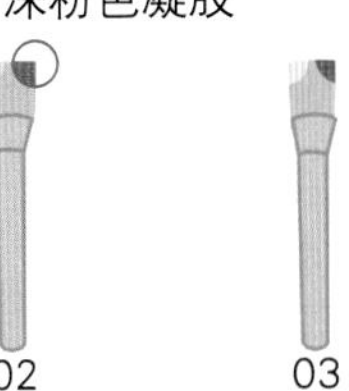

步骤

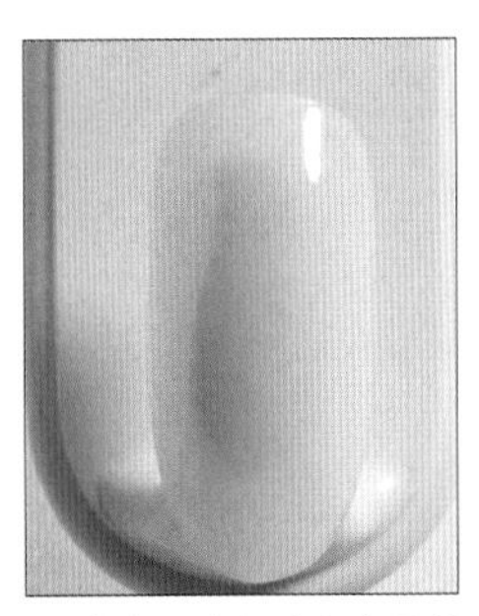

01 先在甲片上涂上底层凝胶。

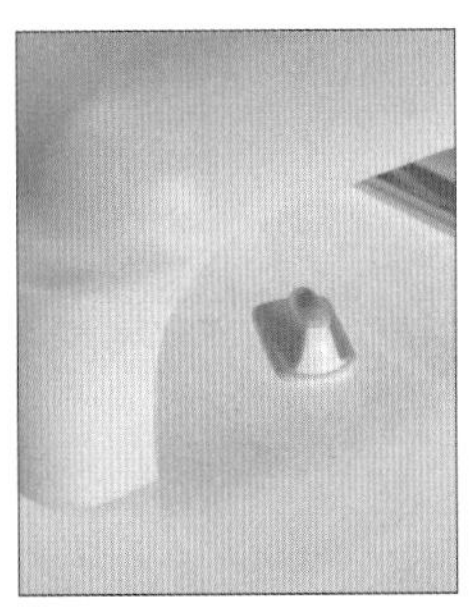

02 承步骤1，将甲片放置在光疗灯中使底层凝胶暂时固化。

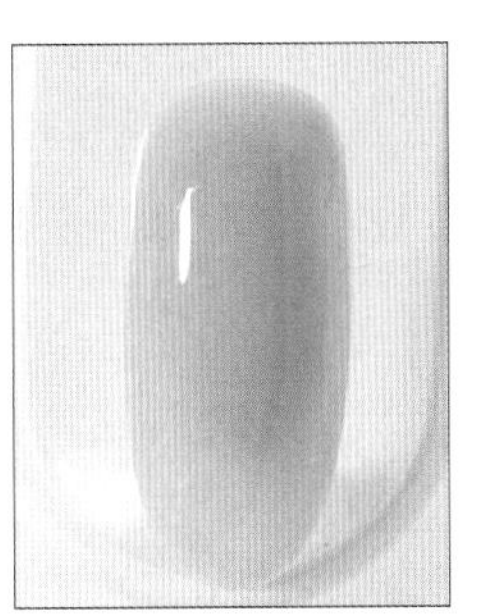

03 在甲片上涂上一层淡粉色凝胶（色卡11）。

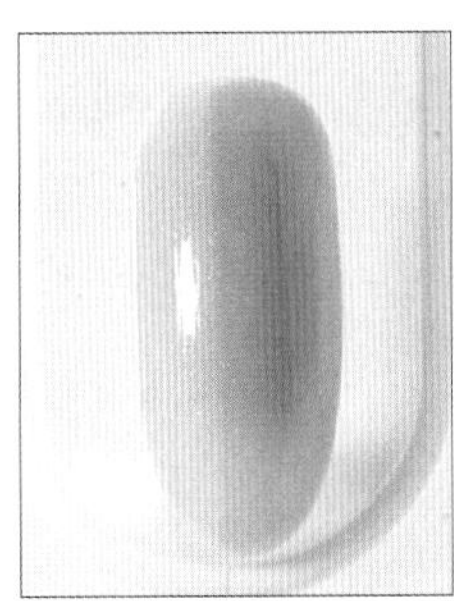

04 在甲片1/2处，从甲片上方往下涂上一层亮粉色凝胶（色卡15）。

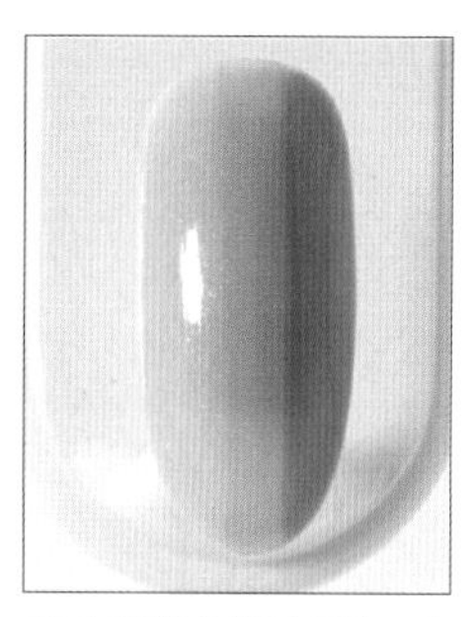

05 在亮粉色凝胶侧边，从甲片上方往下涂上一层深粉色凝胶（色卡16），使甲片色彩呈现渐层色彩。

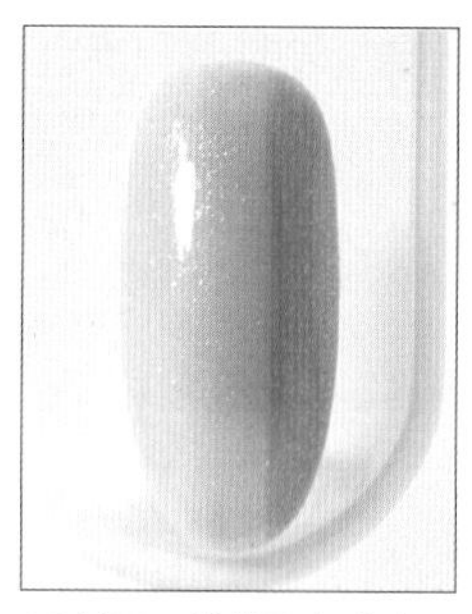

06 以圆口笔蘸取凝胶由上至下将步骤4-5的渐层色彩刷匀，使甲片不会有色块的感觉（参考图示01-03）。

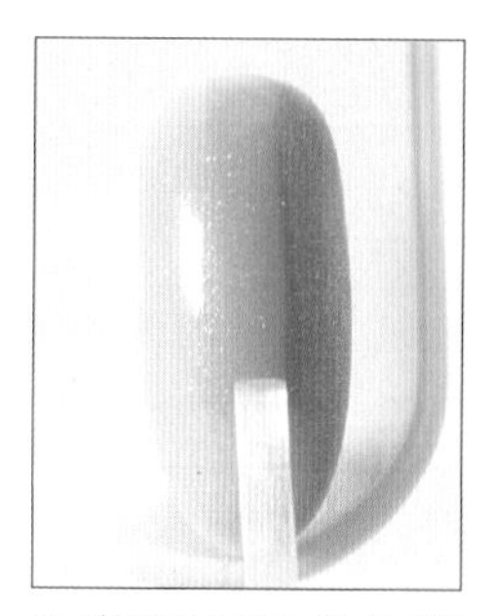

07 先将甲片放入光疗灯暂时固化，再涂上上层凝胶，并放入光疗灯中使凝胶固化后除胶。

08 以镊子夹取Hello kitty贴纸，贴在甲片下侧。

09 以镊子夹取餐巾纸贴纸，贴在甲片上侧。

10 以镊子夹取草莓蛋糕贴纸，贴在步骤8贴纸上方。

11 以镊子夹取杯子蛋糕贴纸，贴在步骤8贴纸侧边。

12 以镊子夹取咖啡杯造型贴纸，贴在步骤10-11贴纸中间。

13 先在甲片上薄刷建构胶，再取大、小不同的亮片，点缀在贴纸侧边，增加甲片设计的梦幻感。

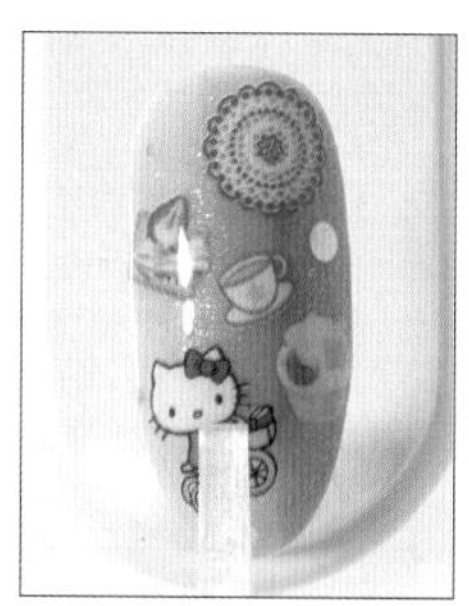

14 先将甲片放入光疗灯暂时固化后，再涂上上层凝胶，并将甲片放在光疗灯中，使表面凝胶固化。

15 最后，再以凝胶清洁绵蘸取凝胶清洁液清除未固化凝胶即可。

效果 如图，凝胶清洁完成。

神秘风尚

步骤

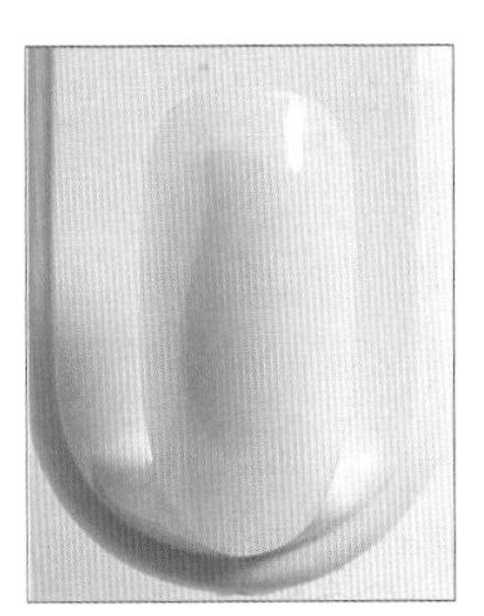

01先在甲片上涂上底层凝胶。

02承步骤1，将甲片放置在光疗灯中使底层凝胶暂时固化。

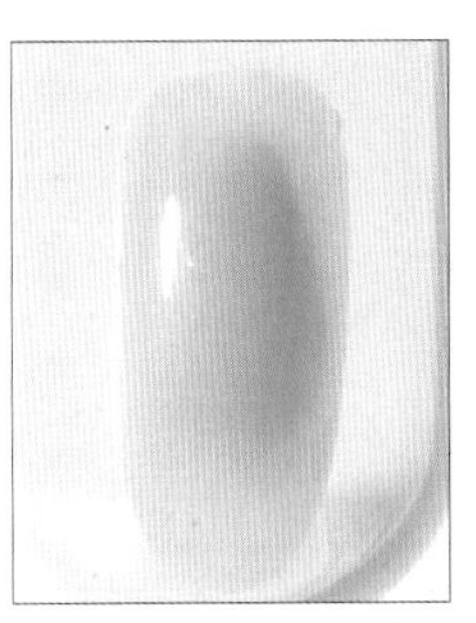

03在甲片上涂上一层米色凝胶（色卡2），将甲片放入光疗灯暂时固化（注：可视颜色的饱和度调整彩色凝胶的涂刷次数）。

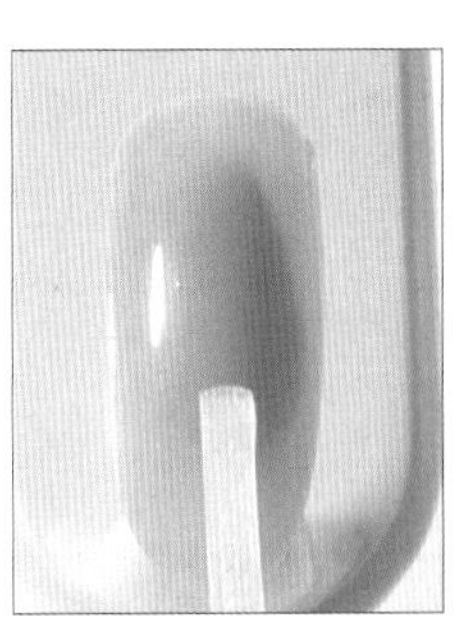

04在甲片上涂上上层凝胶，将甲片放置在光疗灯中使底层凝胶固化后除胶。

05以镊子夹取扑克牌贴纸，斜贴在甲片上侧。

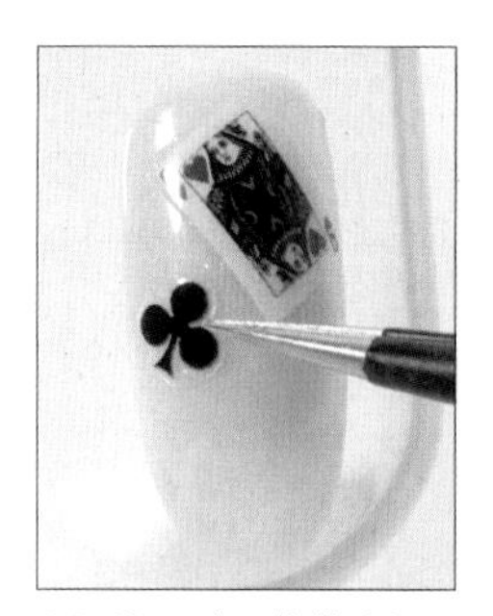

06以镊子夹取梅花贴纸，贴在扑克牌贴纸侧边。

07以镊子夹取仿书籍内页贴纸，贴在梅花贴纸下方。

08以镊子夹取爱心贴纸，贴在梅花贴纸侧边。

09以镊子夹取R字母贴纸，贴在爱心贴纸侧边，再以镊子抚平贴纸。

10先以海绵蘸取暗红色凝胶（色卡1），再以轻轻按压的方式压在甲片侧边，形成甲片的仿旧感。

11如图，暗红色凝胶按压完成。

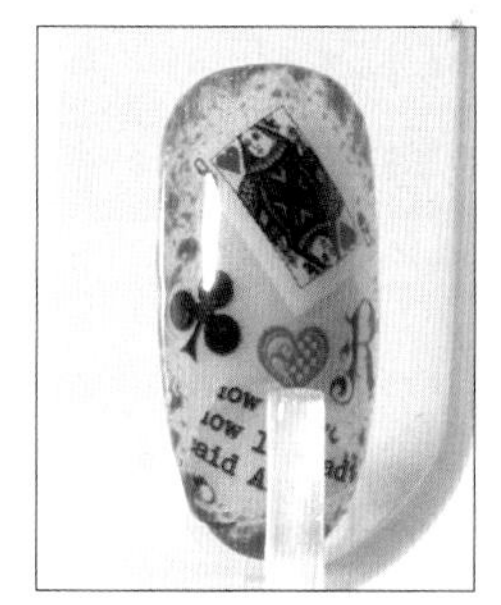

12先将甲片放入光疗灯暂时固化后，再涂上上层凝胶。

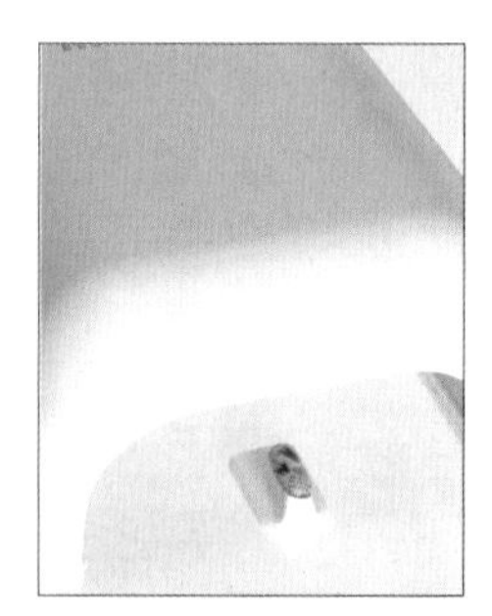

13将涂上上层凝胶的甲片放在光疗灯中，使表面凝胶固化。

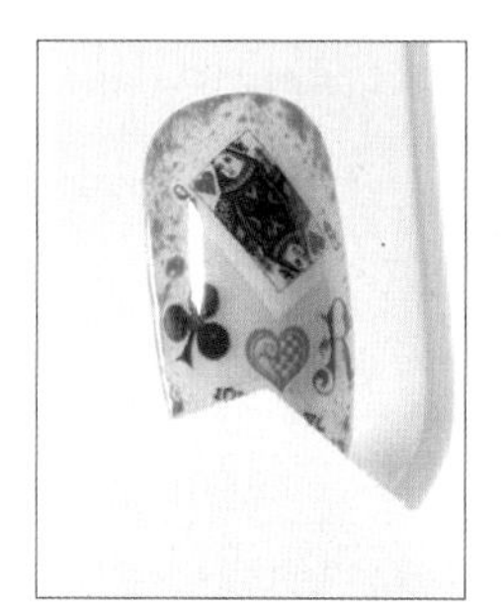

14最后，再以凝胶清洁绵蘸取凝胶清洁液清除未固化凝胶即可。

效果如图，凝胶清洁完成。

浪漫
Part6
法式

羽之重奏

步骤

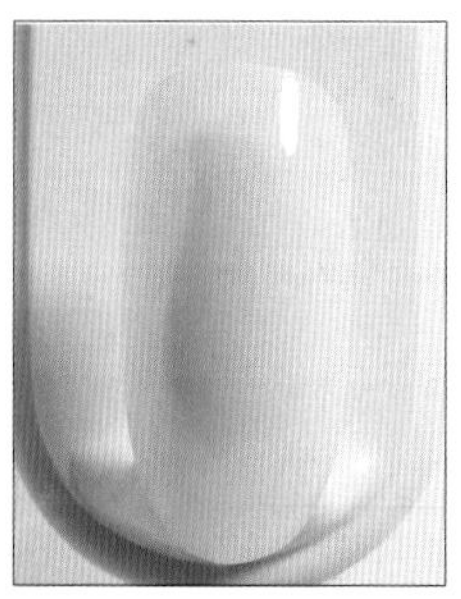

01先在甲片上涂上底层凝胶。

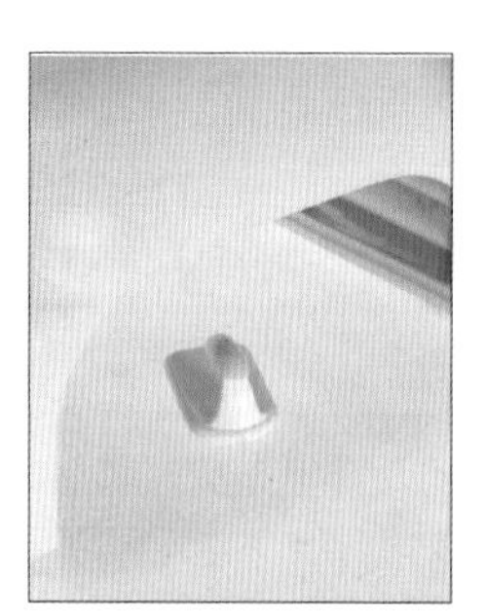

02承步骤1，将甲片放置在光疗灯中使底层凝胶暂时固化。

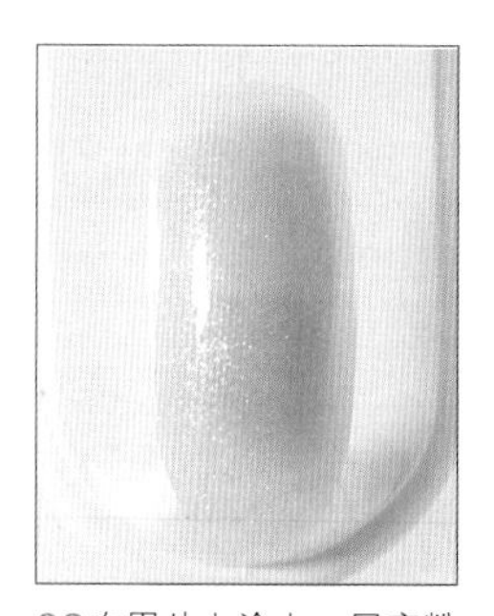

03在甲片上涂上一层亮粉色凝胶（色卡4），并放入光疗灯中使凝胶暂时固化（注：可视颜色的饱和度调整彩色凝胶的涂刷次数）。

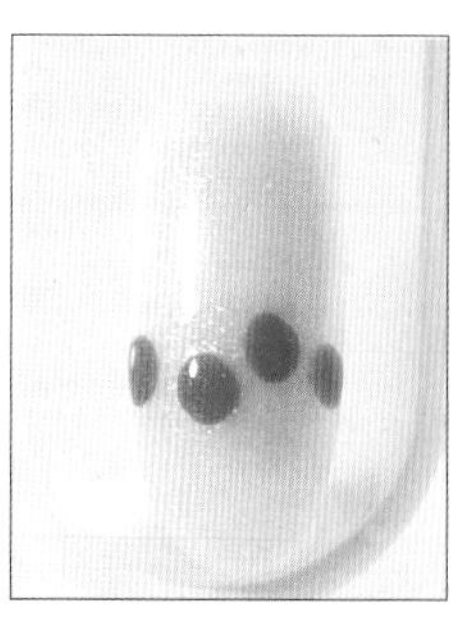

04先在甲片上再涂上一层亮粉色凝胶，并在甲片1/3处以深粉色凝胶点上四个小圆形（注：圆形之间需预留间隙，并呈现波浪形）。

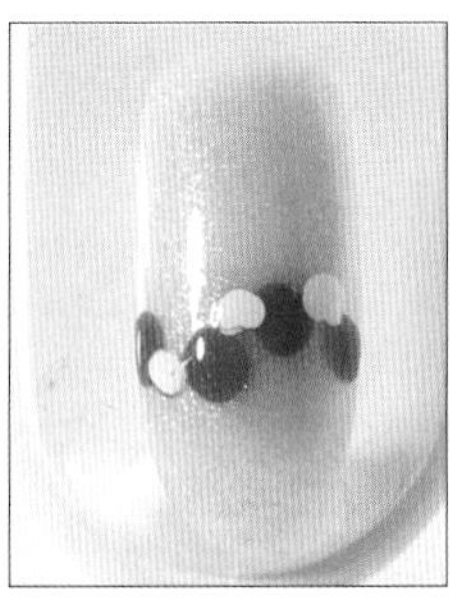

05在步骤 4 的预留间隙处点上三个小圆形。

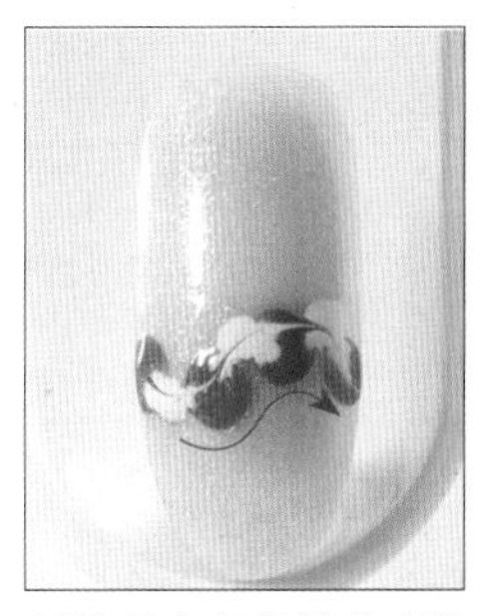

06取干净短线笔在步骤 4-5 上方向右拉出波浪状的线条，绘制出羽毛的图样。

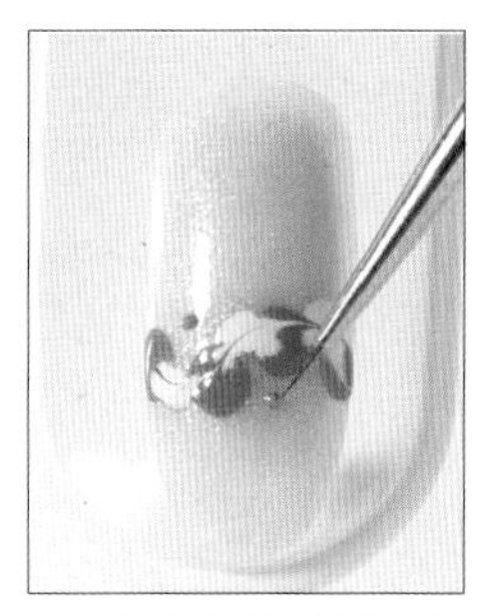

07以短线笔蘸取粉色凝胶点在步骤 6 羽毛上下两侧。

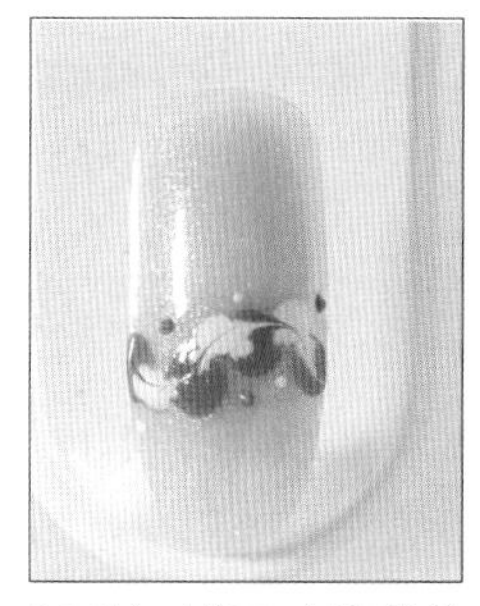

08重复步骤 7，以短线笔蘸取白色凝胶点在羽毛上下两侧。

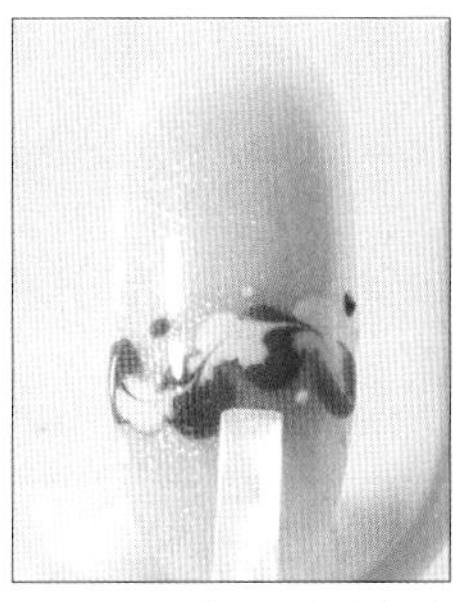

09先将甲片放入光疗灯中暂时固化后，再涂上上层凝胶。

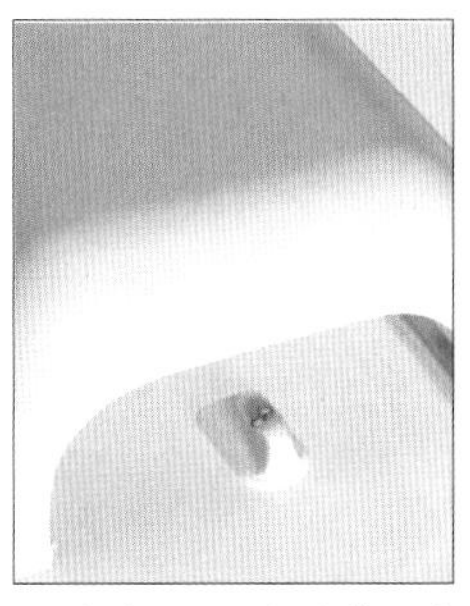

10将涂上上层凝胶的甲片放在光疗灯中，使表面凝胶固化。

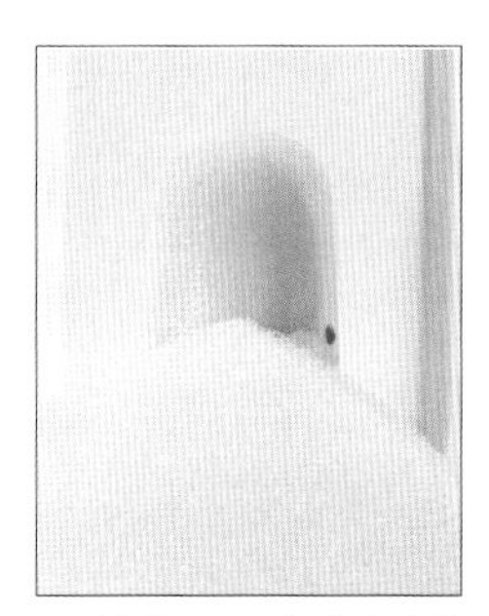

11最后，再以凝胶清洁绵蘸取凝胶清洁液清除未固化凝胶即可。

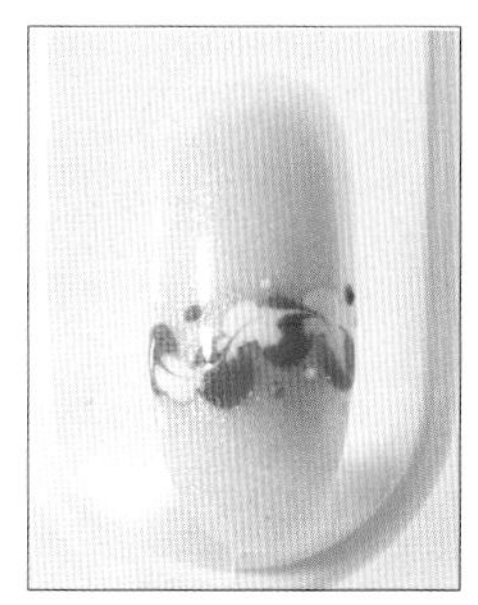

效果如图，凝胶清洁完成。

甜美气息

步骤

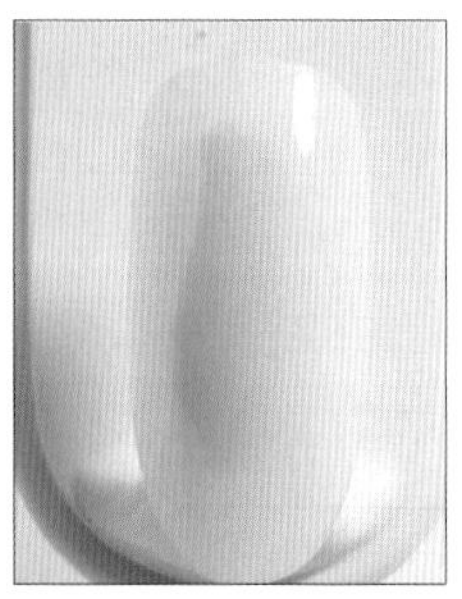

01先在甲片上涂上底层凝胶。

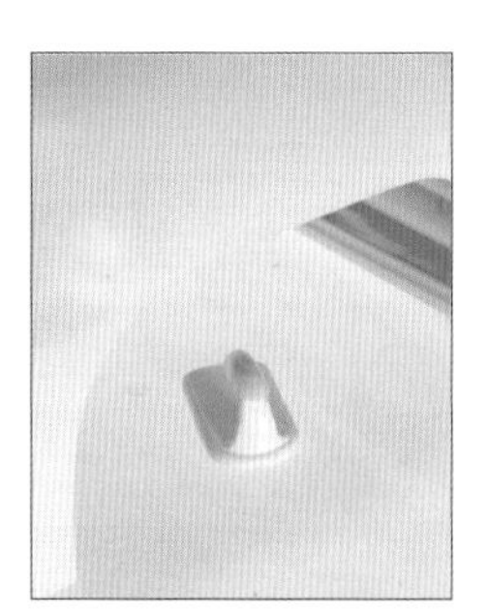

02承步骤1，将甲片放置在光疗灯中使底层凝胶暂时固化。

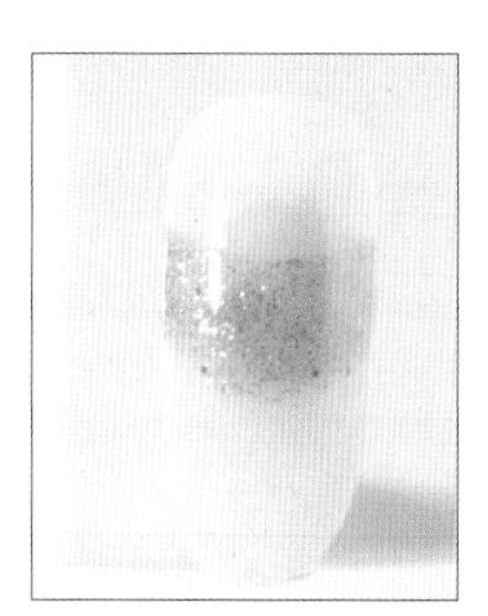

03以亮粉色凝胶（色卡8）在甲片中间涂上一U形圆弧线条。

04以深粉色凝胶（色卡17）在步骤3的U形圆弧线条下方涂刷均匀，并放入光疗灯中使凝胶暂时固化。

05以极细短线笔蘸取白色颜料，在深色凝胶中间绘制一半圆形。

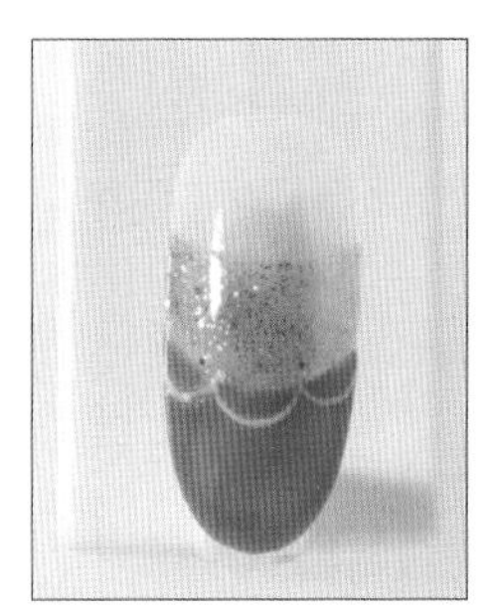

06重复步骤5，完成两侧半圆形图样呈现蕾丝弧线。

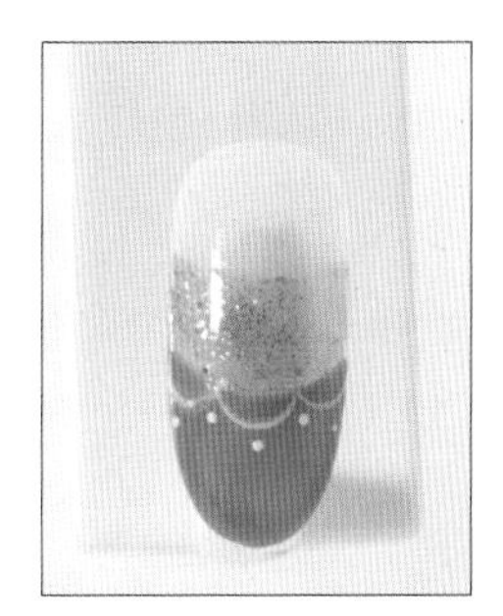

07以极细短线笔蘸取白色颜料在步骤6两个半圆形的间隙及半圆形中间点上白点。

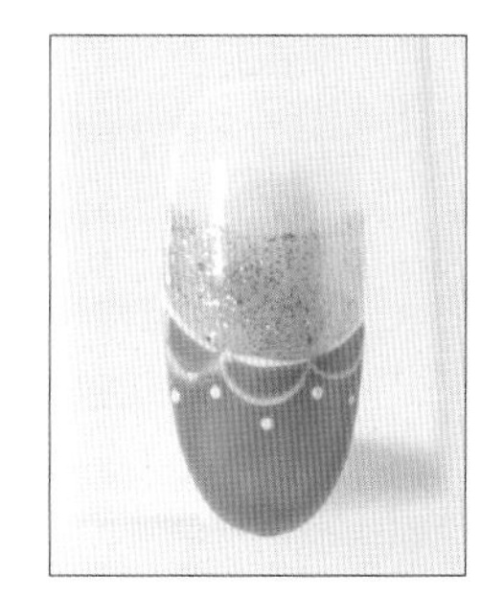

08以极细短线笔蘸取白色颜料沿着步骤3的U形圆弧线条描绘出边线。

09先将甲片放入光疗灯暂时固化后，以建构胶薄刷U形圆弧线条。

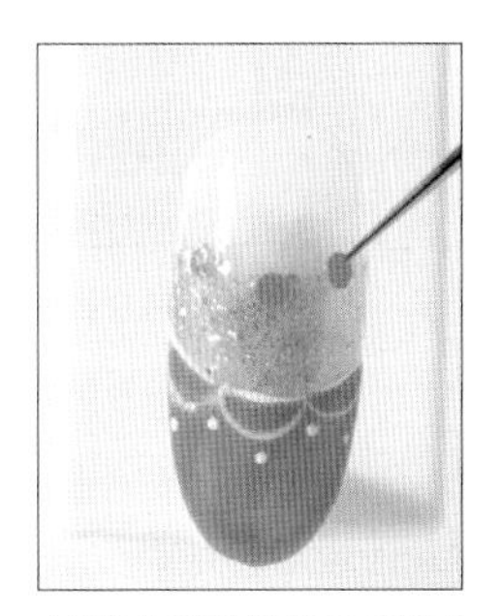

10取大亮片放置在步骤9建构胶上方，中间需预留间隙。

11重复步骤10，蘸取小亮片放置在步骤10预留的间隙中，呈一大小亮片弧线。

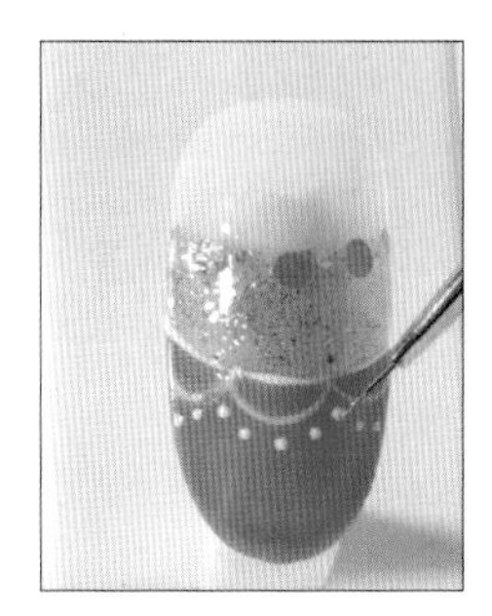

12以极细短线笔蘸取白色颜料，沿着步骤6三个半圆形依序点上小白点。

13先将甲片放入光疗灯暂时固化后，再涂上上层凝胶。

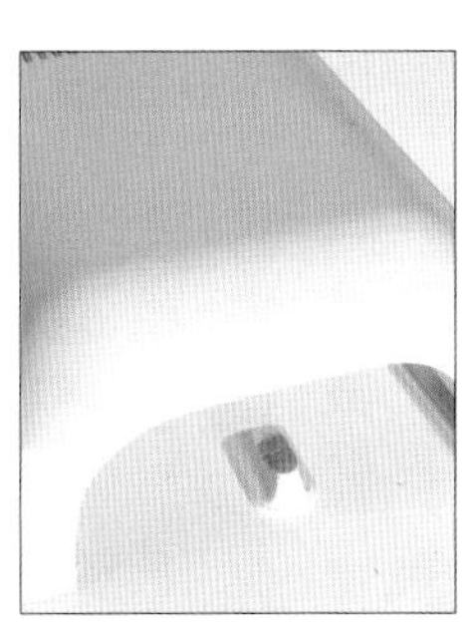

14将涂上上层凝胶的甲片放在光疗灯中，使表面凝胶固化。

15最后，再以凝胶清洁绵蘸取凝胶清洁液清除未固化凝胶即可。

效果如图，凝胶清洁完成。

典雅格纹

步骤

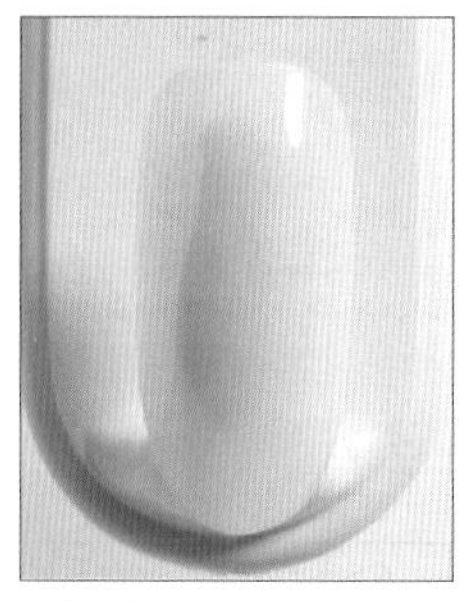

01先在甲片上涂上底层凝胶。

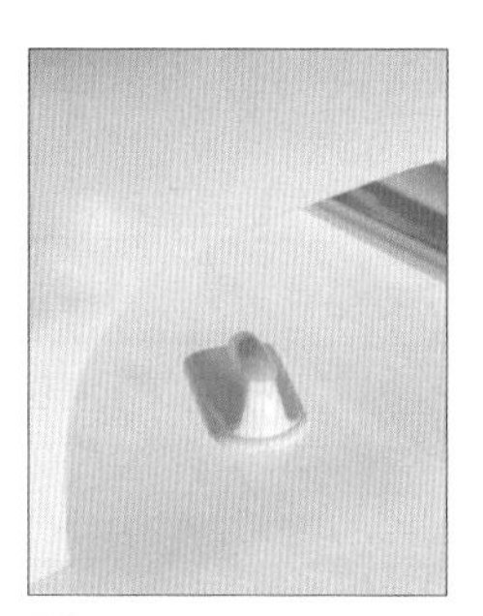

02承步骤1，将甲片放置在光疗灯中使底层凝胶暂时固化。

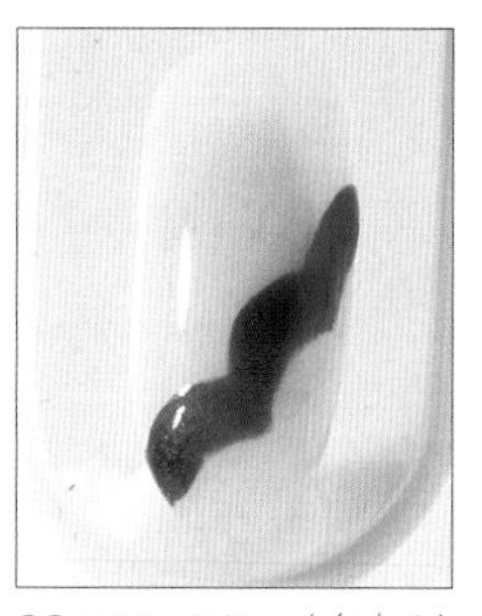

03以酒红色凝胶（色卡1）从甲尖下方往上绘制波浪形线条后，将甲片放入光疗灯短暂固化。

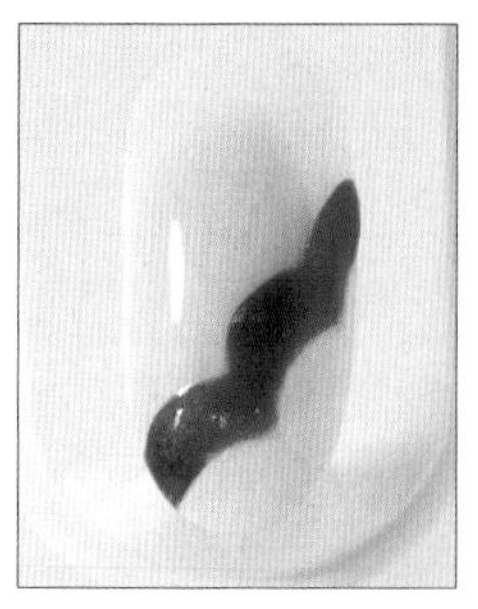

04承步骤3，在波浪形线条下方以白色凝胶（色卡27）涂刷均匀，并放入光疗灯中使凝胶暂时固化。

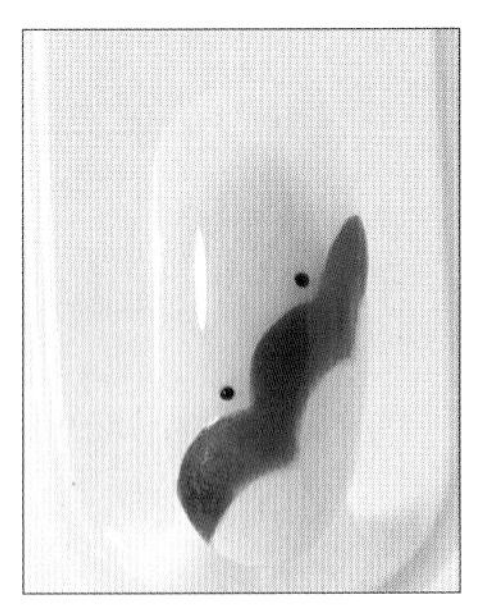

05以针笔蘸取黑色凝胶在波浪形线条的凹陷处点上黑色小圆点。

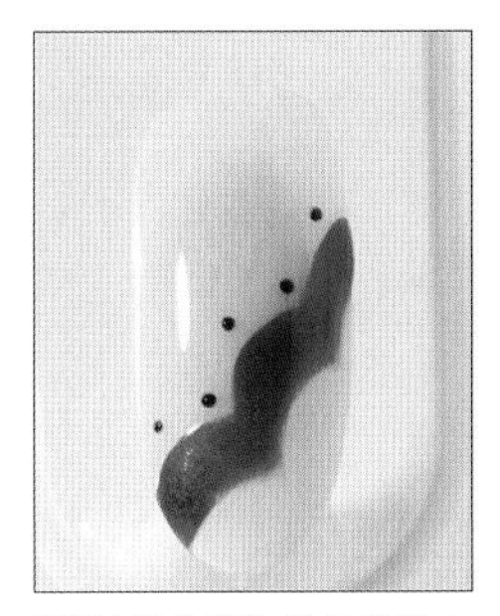

06以针笔蘸取黑色凝胶在波浪形线条的突起处点上黑色小圆点。

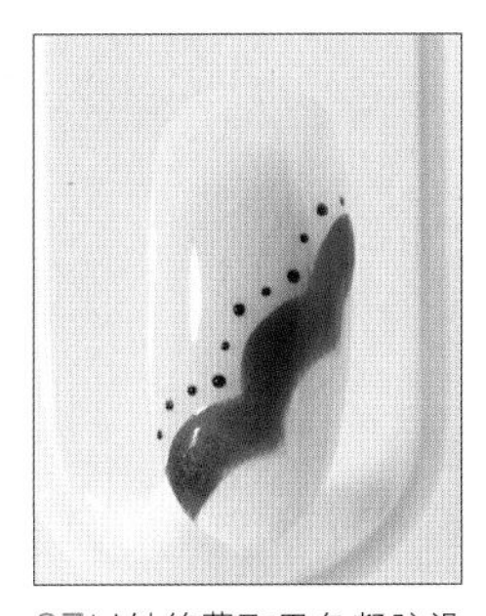

07以针笔蘸取黑色凝胶沿着波浪形线条点上黑色小圆点，并放入光疗灯中使凝胶暂时固化。

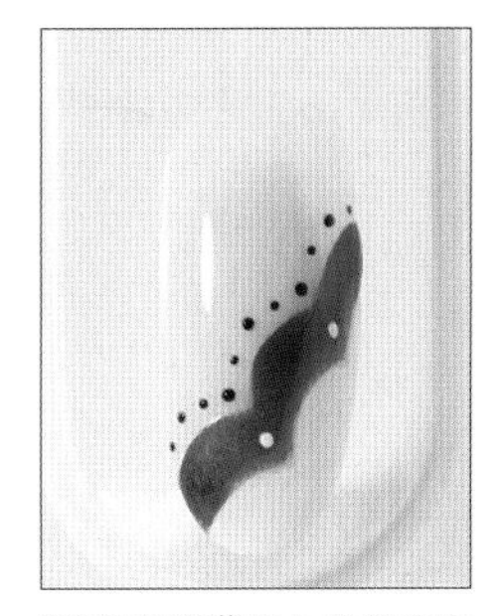

08以针笔蘸取白色凝胶在波浪形线条的尖角处内侧点上白色小圆点。

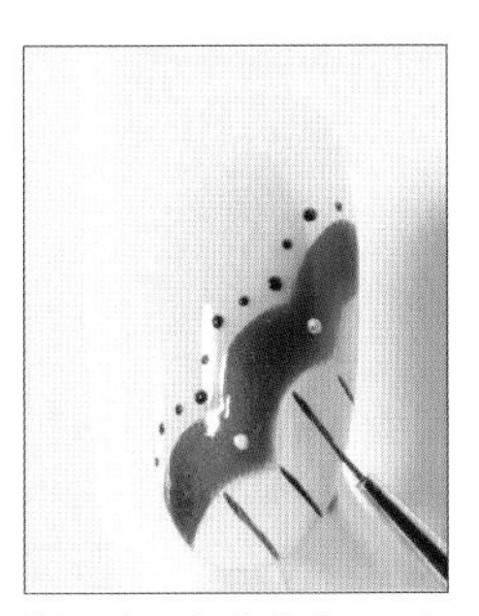

09以极细短线笔蘸取黑色凝胶在波浪形线条的下方画上斜线。

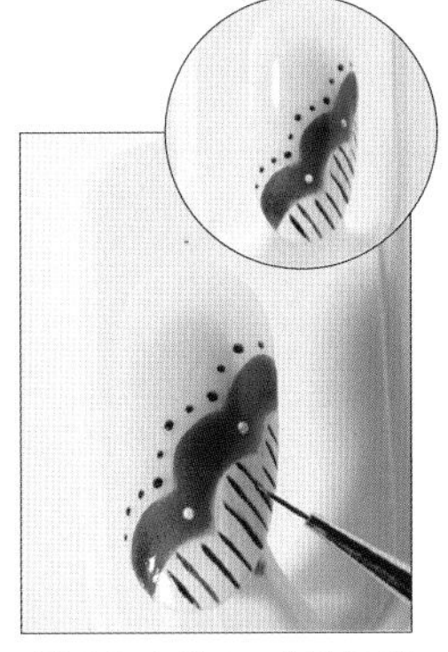

10重复步骤9，将波浪形线条下方依序画上斜线，将甲片放入光疗灯暂时固化。

11以极细短线笔蘸取黑色凝胶由甲尖往上绘制斜线，形成格子纹。

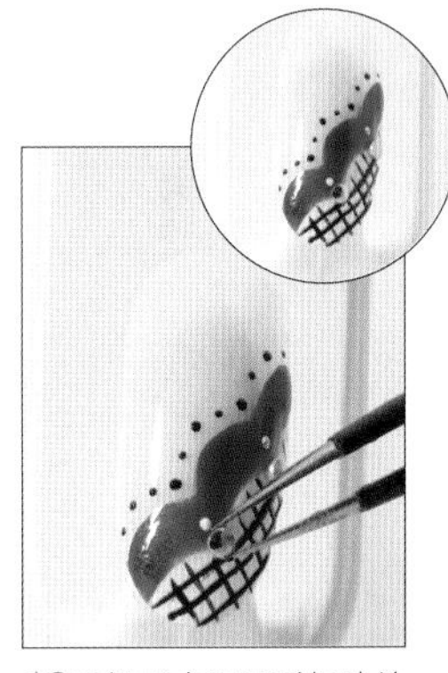

12以镊子夹取圆形铝片放置在波浪形线条尖角处。

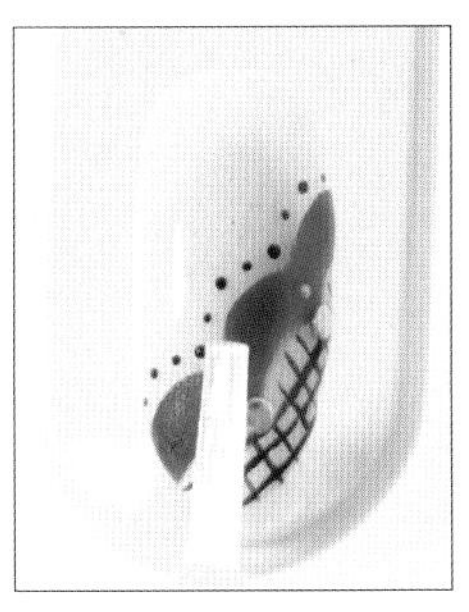

13先将甲片放入光疗灯暂时固化后，再涂上上层凝胶。

14将涂上上层凝胶的甲片放在光疗灯中，使表面凝胶固化。

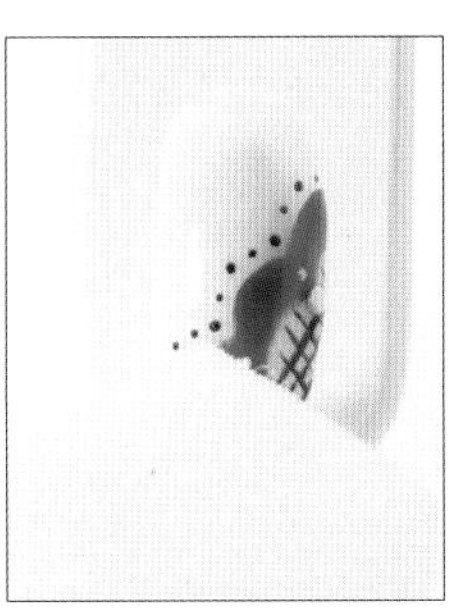

15最后，再以凝胶清洁绵蘸取凝胶清洁液清除未固化凝胶即可。

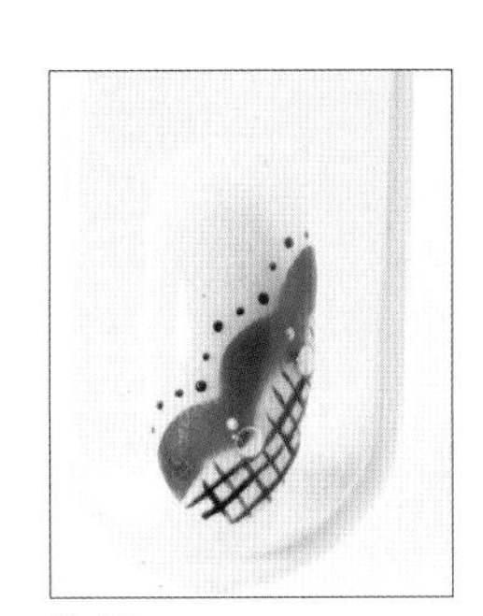

效果如图，凝胶清洁完成。

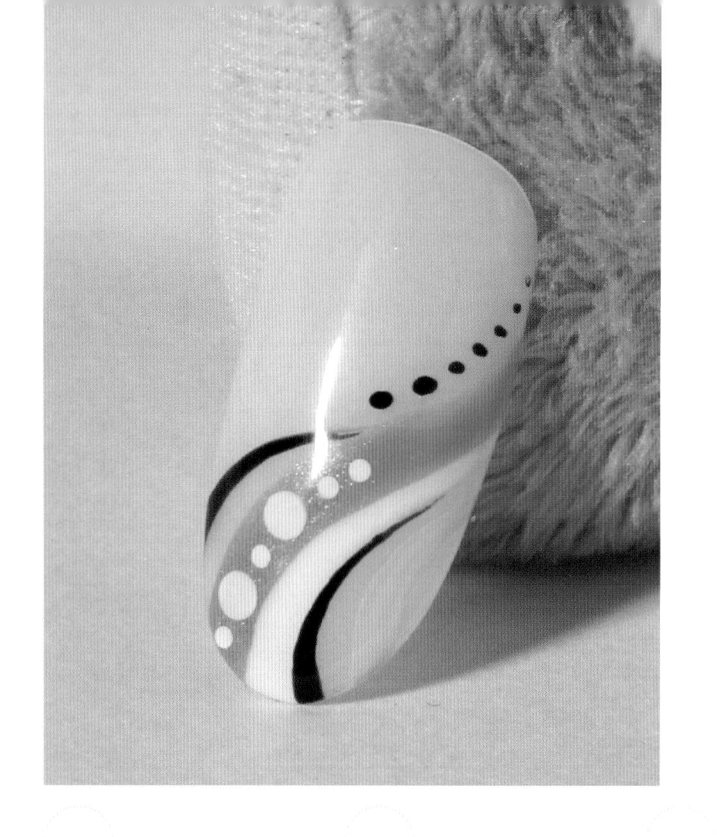

率性自然

步骤

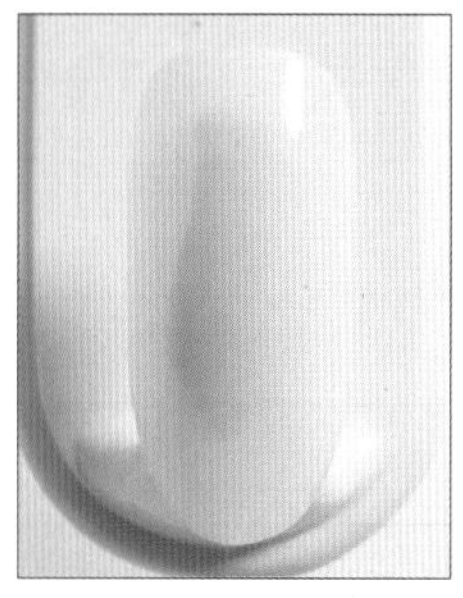

01先在甲片上涂上底层凝胶。

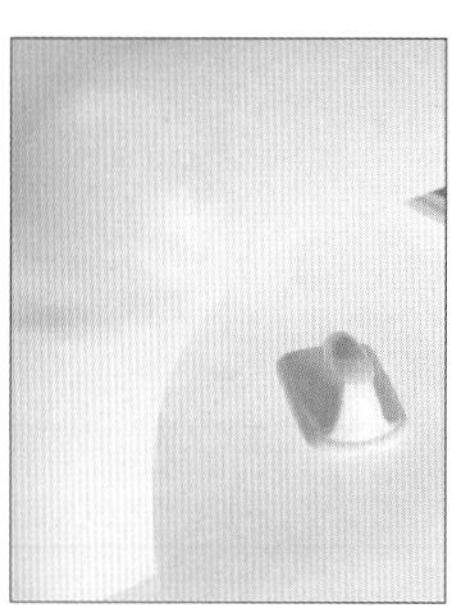

02承步骤1，将甲片放置在光疗灯中使底层凝胶暂时固化。

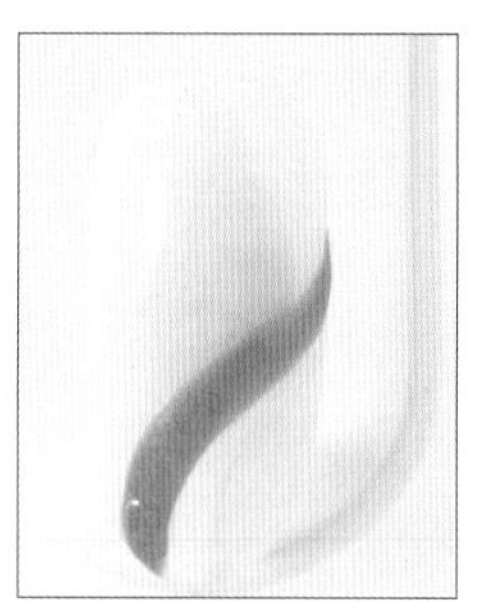

03取橘色凝胶（色卡18）从甲尖往甲片上方1/3处绘制弧形线条。

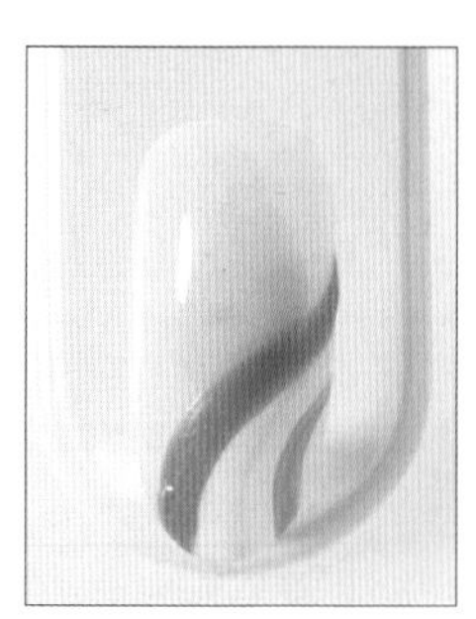

04以白色凝胶（色卡27）沿着步骤3的橘色线条绘制弧形线条后，再取水蓝色凝胶（色卡38）与白色胶间隔描绘出另一弧形线条。

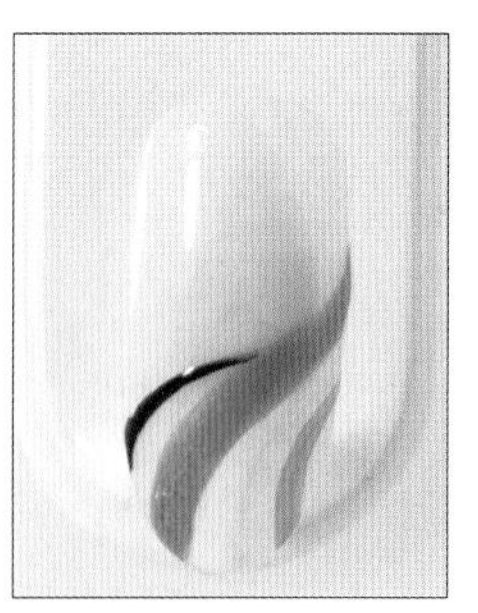

05以黑色凝胶（色卡 28）在步骤 3 的橘色线条上方绘制出一黑色弧形线条。

06以黑色凝胶（色卡 28）沿着步骤 4 的白色线条绘制出一黑色弧形线条。

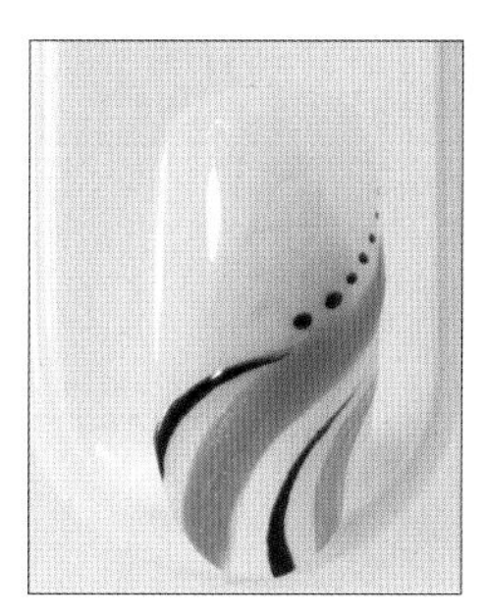

07取已蘸取黑色凝胶（色卡 28）的短线笔在步骤 5 的线条后方以大至小的方式依序点上黑点，并放入光疗灯中暂时固化。

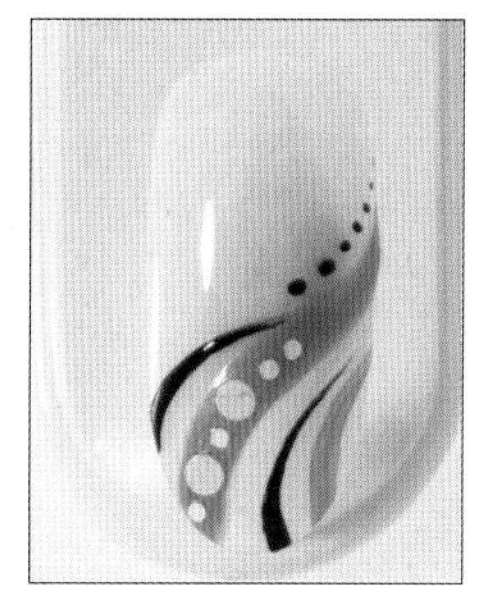

08在甲片上薄刷一层建构胶，并取白色亮片以大、小不同的亮片依序摆放，增加甲片整体设计感。

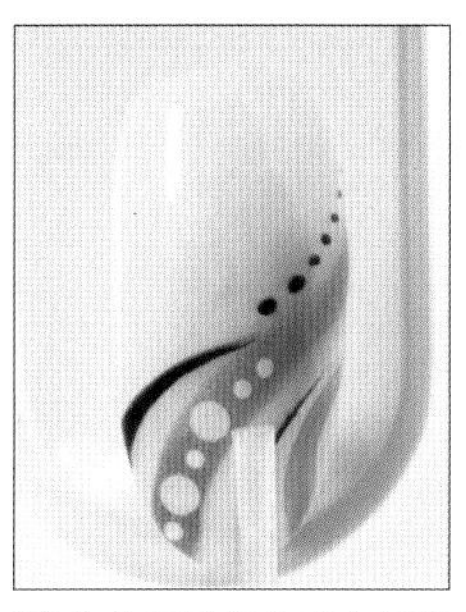

09先将甲片放入光疗灯暂时固化后，再涂上上层凝胶。

10将涂上上层凝胶的甲片放在光疗灯中，使表面凝胶固化。

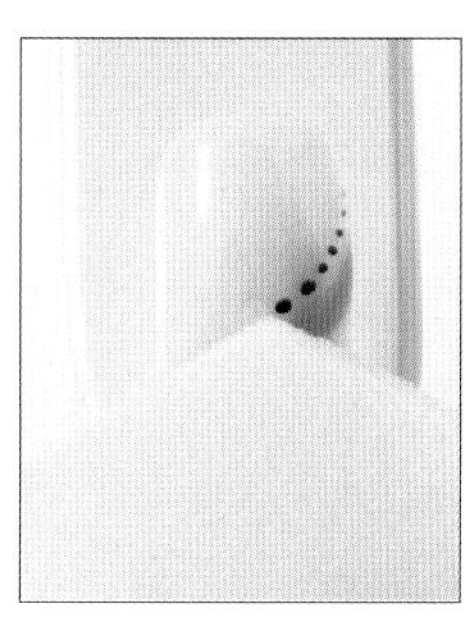

11最后，再以凝胶清洁绵蘸取凝胶清洁液清除未固化凝胶即可。

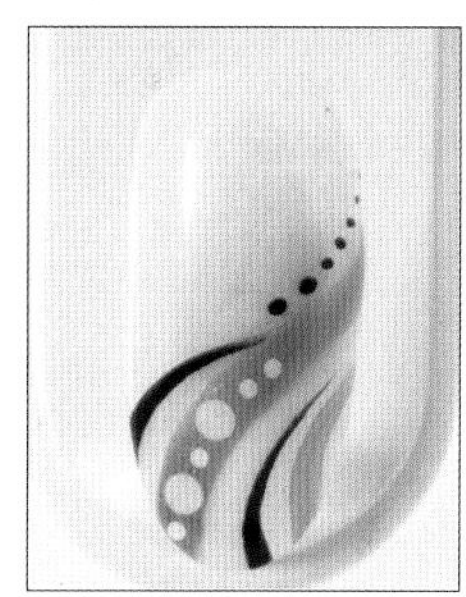

效果如图，凝胶清洁完成。

粉嫩气质

图示

01 02 03 04 05 06 07 08 09 10 11 12

步骤

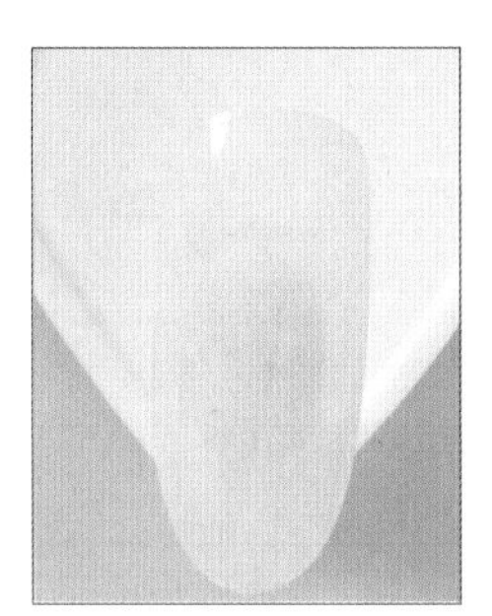

01先在甲片上涂上底层凝胶。

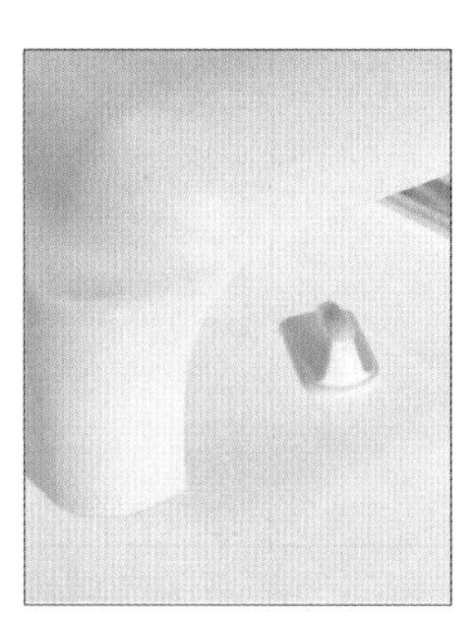

02承步骤1，将甲片放置在光疗灯中使底层凝胶暂时固化。

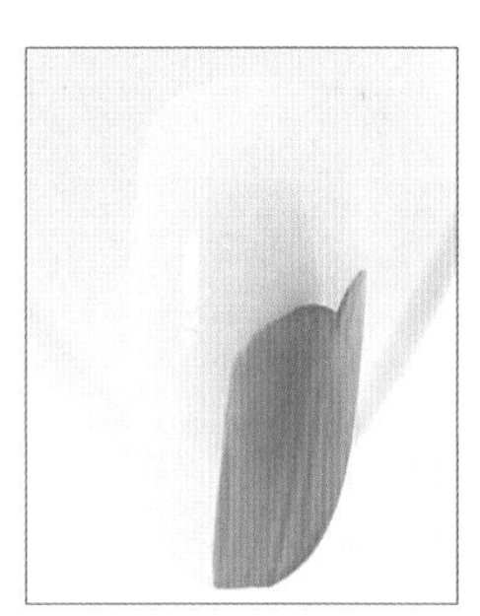

03以圆口笔蘸取粉红色凝胶（色卡37），从甲片侧边1/2处绘制波浪形并向下涂刷均匀 。

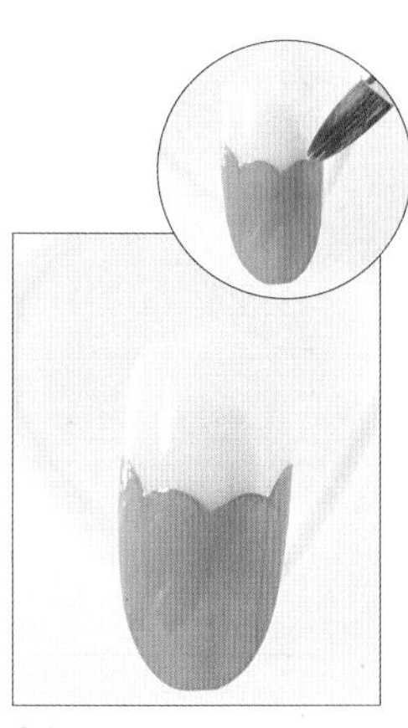

04重复步骤3，完成另一侧波浪形线条的绘制，再以圆口笔修饰波浪形线条的边线，并放入光疗灯中使凝胶暂时固化。

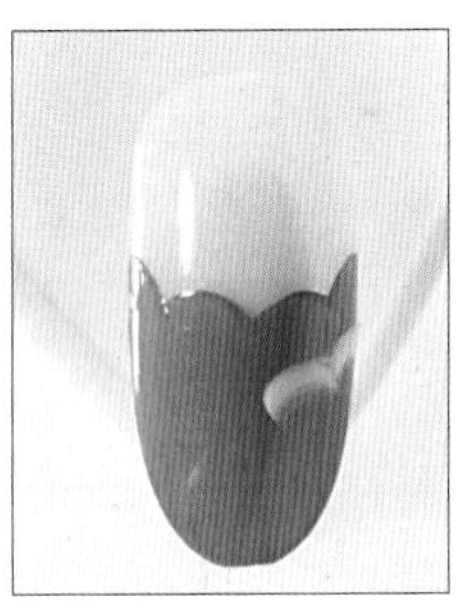

05以中斜笔蘸取白色凝胶在步骤3线条下方画一蕾丝花纹（参考图示01-02）。

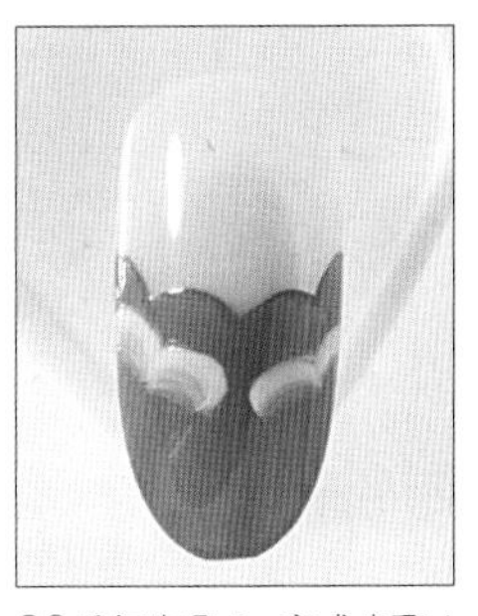

06重复步骤5，完成步骤4线条下方画一蕾丝花纹的绘制（参考图示03-04）。

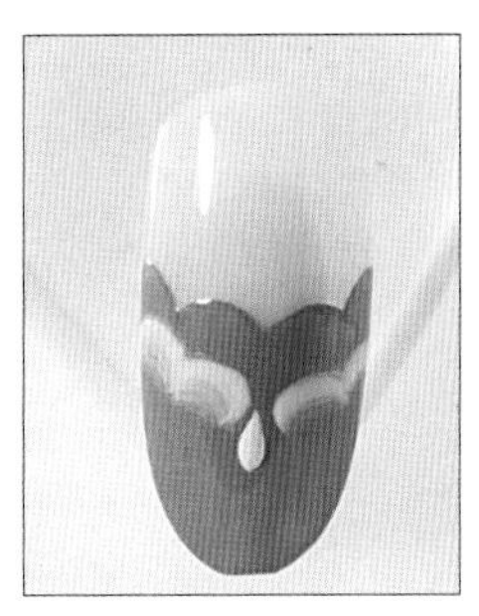

07以极细短线笔在步骤5-6的蕾丝花纹中间压画出水滴形（参考图示05）。

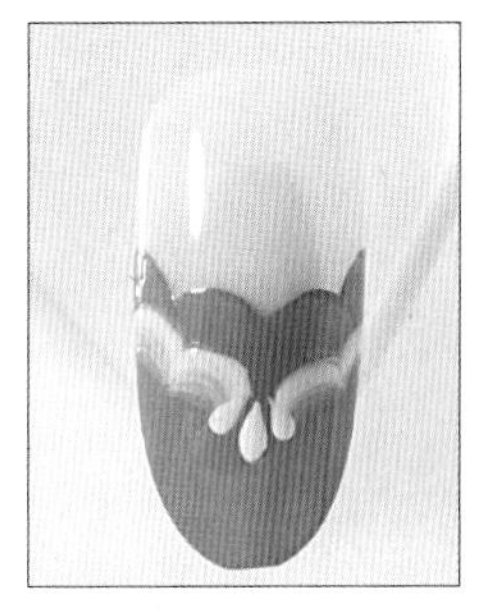

08重复步骤7，再绘制出两个水滴形（参考图示06-07）。

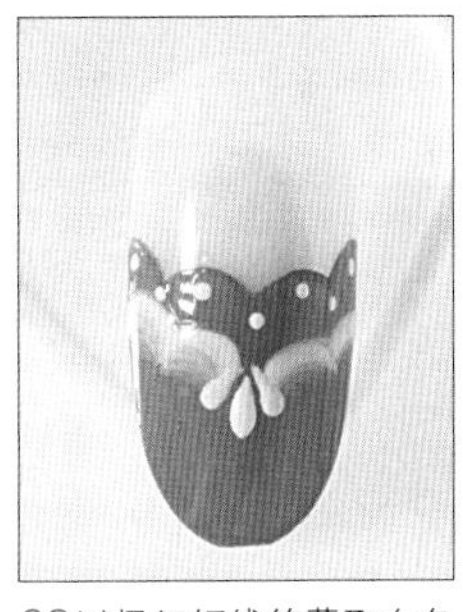

09以极细短线笔蘸取白色凝胶在波浪形线条的连接处点上白点后，依序点上其他白点。

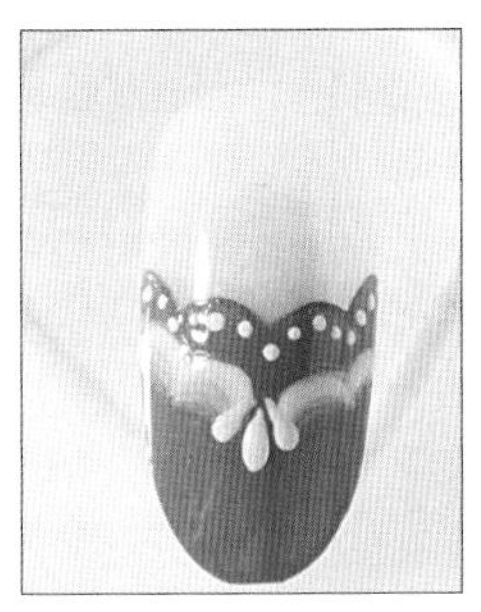

10以极细短线笔蘸取白色凝胶沿着波浪形线条依序点上白点。

11以中斜笔蘸取白色凝胶在步骤5线条下方绘制另一蕾丝花纹（参考图示08-09）。

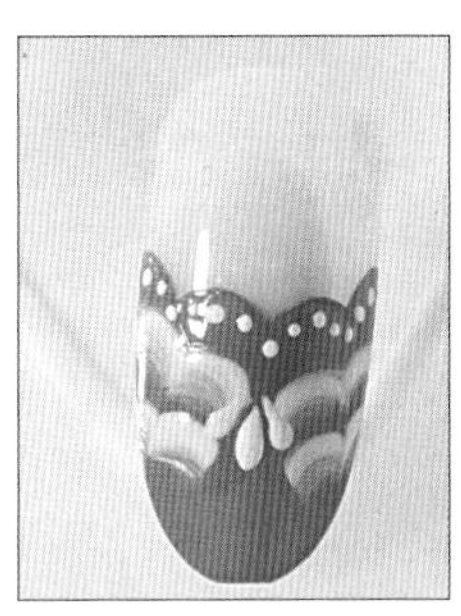

12以中斜笔蘸取白色凝胶在步骤6线条下方绘制蕾丝花纹（参考图示10-11）。

13以极细短线笔蘸取白色凝胶在两道蕾丝花纹中间点上白点（参考图示12）。

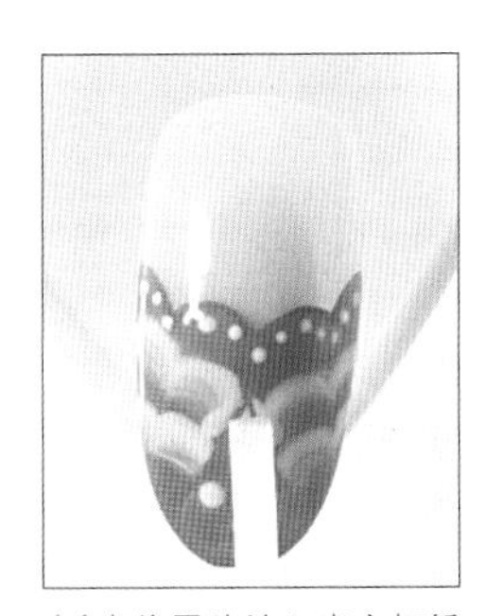

14先将甲片放入光疗灯暂时固化，再涂上上层凝胶，并将甲片放在光疗灯中，使表面凝胶固化。

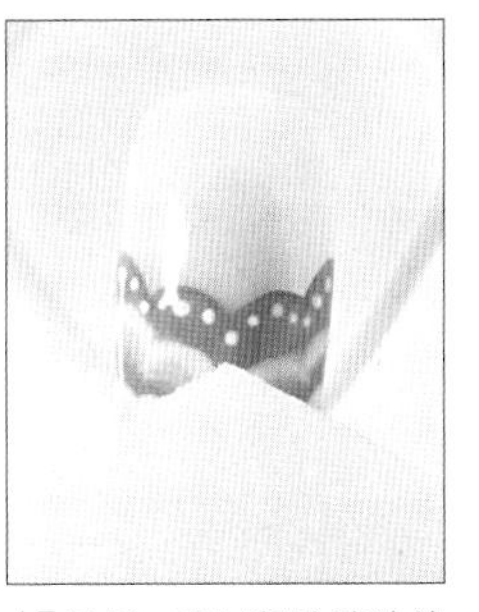

15最后，再以凝胶清洁绵蘸取凝胶清洁液清除未固化凝胶即可。

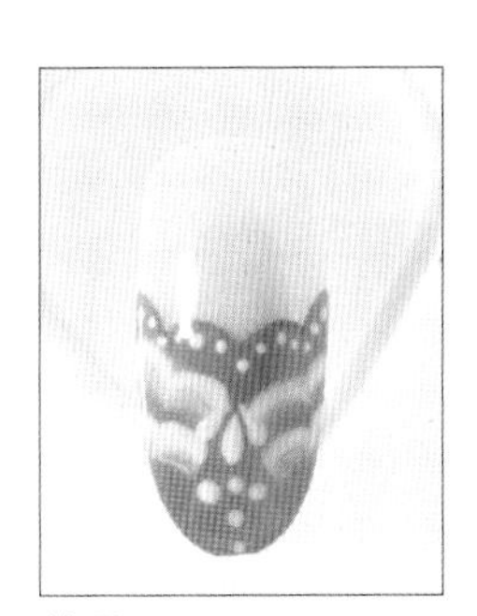

效果如图，凝胶清洁完成。

高雅贵妇

步骤

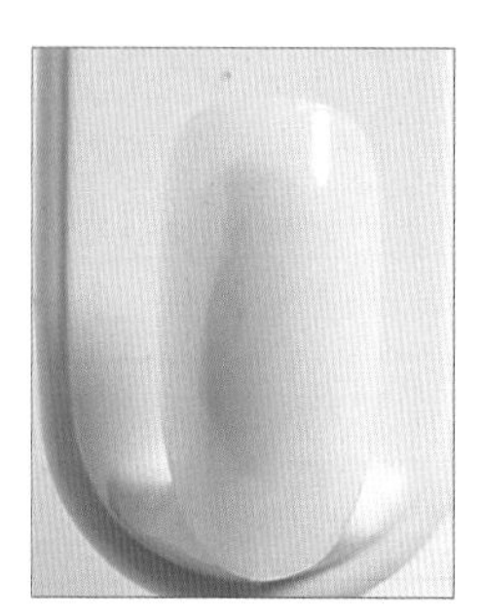

01先在甲片上涂上底层凝胶。

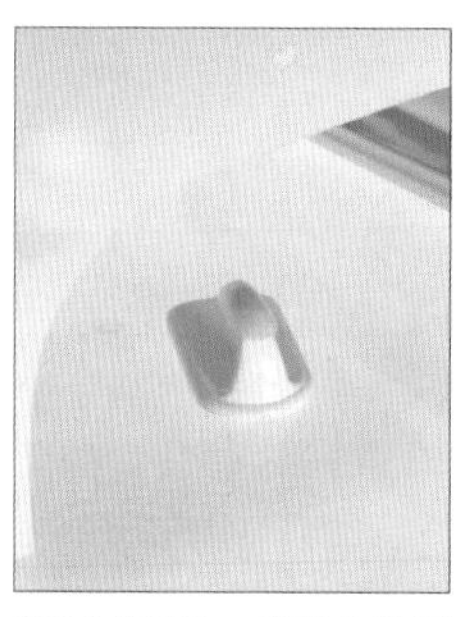

02承步骤1，将甲片放置在光疗灯中使底层凝胶暂时固化。

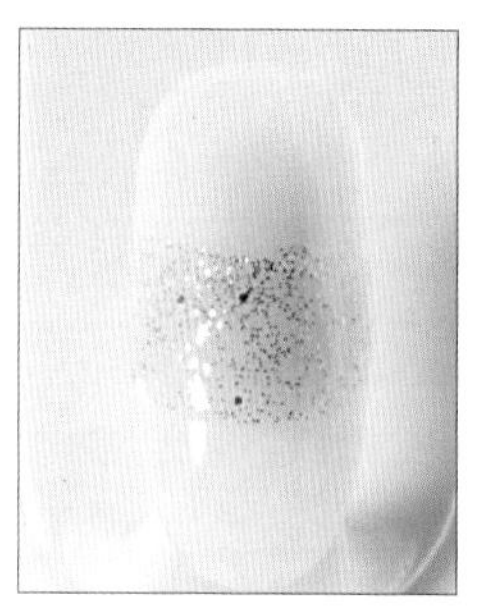

03以亮银色凝胶（色卡21）在甲片中间涂上一U形圆弧线条。

04以黑色凝胶（色卡28）在步骤3的U形圆弧线条下方涂刷均匀并放入光疗灯暂时固化。

05以极细短线笔蘸取白色凝胶在步骤4的黑色凝胶上绘制横线（注：线条需由左至右画，线条有粗有细，制造出层次感）。

06重复步骤5，依序绘制横线，放入光疗灯暂时固化。

07以极细短线笔蘸取白色凝胶在步骤4的黑色凝胶上绘制直线。

08重复步骤7，画出十字交错的线条。

09如图，完成十字交错织物的毛呢感。

10以短线笔在亮银色凝胶上方点上建构胶。

11以镊子夹取白钻放在建构胶上方。

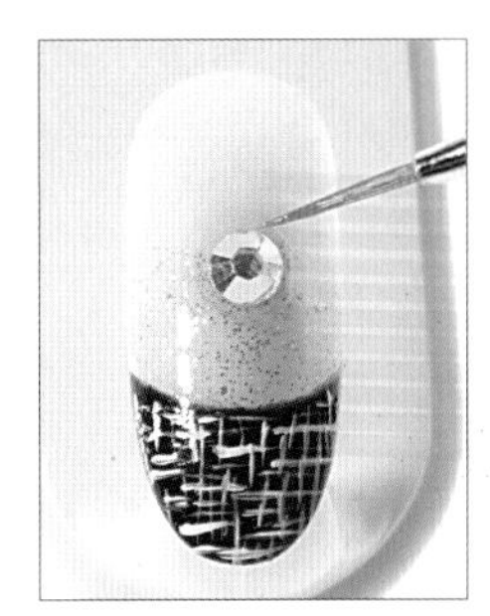

12以长线笔在白钻周围点上建构胶。

13以镊子夹取金色电镀珠环绕白钻，再以针笔微调金色电镀珠位置后，照灯短暂固化。

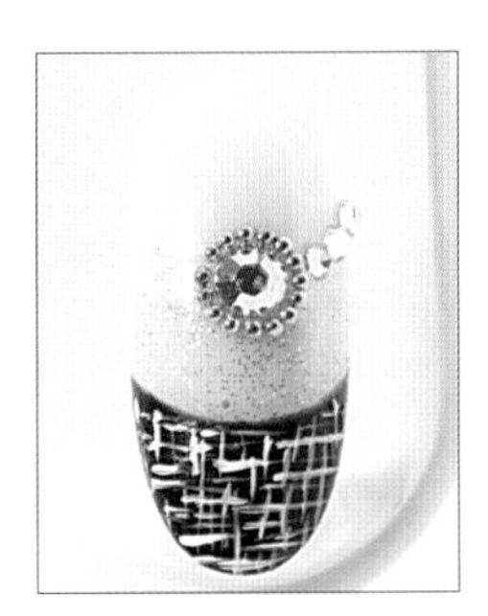

14以短线笔蘸取建构胶点至金色电镀珠两侧后，再以镊子夹取白钻依序摆放至金色电镀珠侧边。

15重复步骤14，完成另一侧的白钻摆放后，放光疗灯中暂时固化。

16在甲片上薄刷一层建构胶。

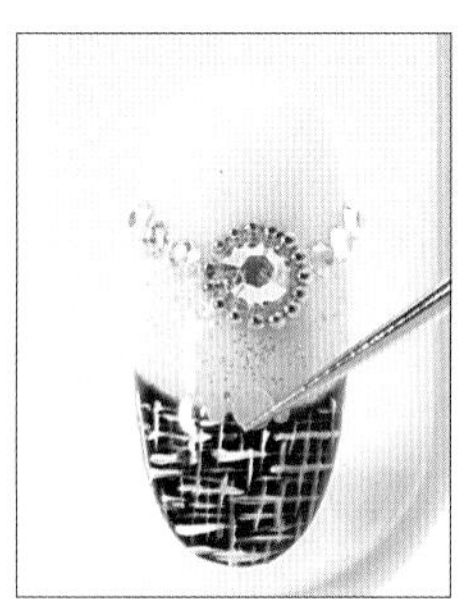

17蘸取大、小不同的亮片，放置在U形圆弧线条间（注：可用针笔微调位置）。

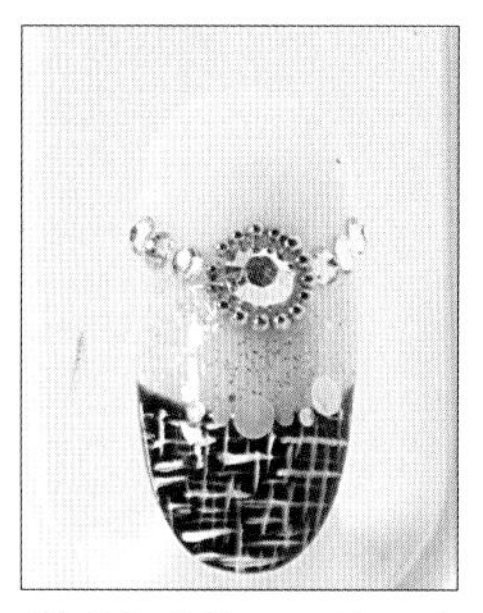

18重复步骤17，以一大亮片、两小亮片依序摆放。

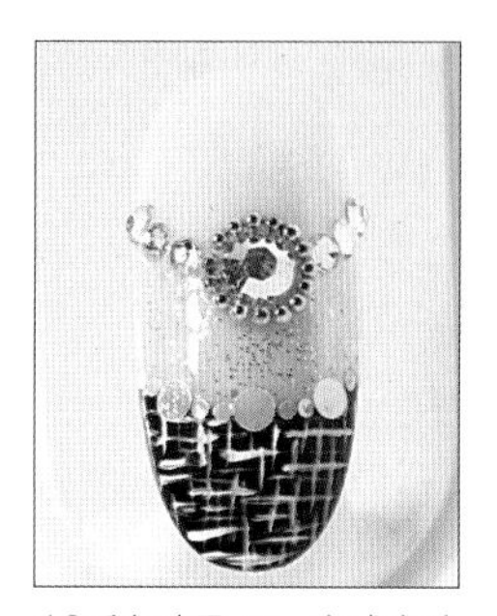

19重复步骤17，完成亮片的摆放。

20先将甲片放入光疗灯暂时固化后，再涂上上层凝胶。

21将涂上上层凝胶的甲片放在光疗灯中，使表面凝胶固化（注：可视甲面造型厚薄来调整上层胶涂刷的次数）。

22最后，再以凝胶清洁绵蘸取凝胶清洁液清除未固化凝胶即可。

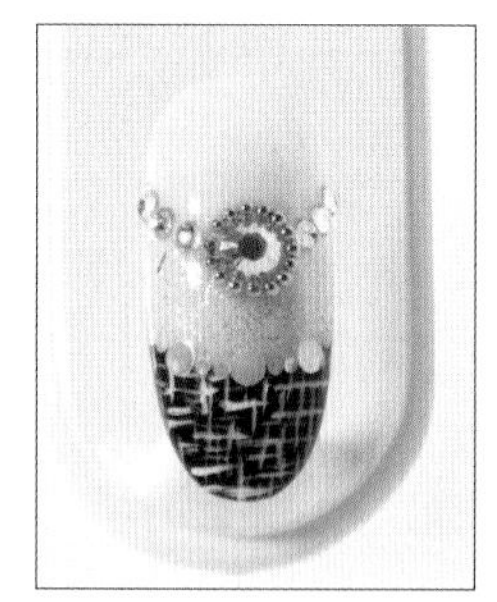

效果如图，凝胶清洁完成。

典雅爱恋

步骤

01先在甲片上涂上底层凝胶。

02承步骤1，将甲片放置在光疗灯中使底层凝胶暂时固化。

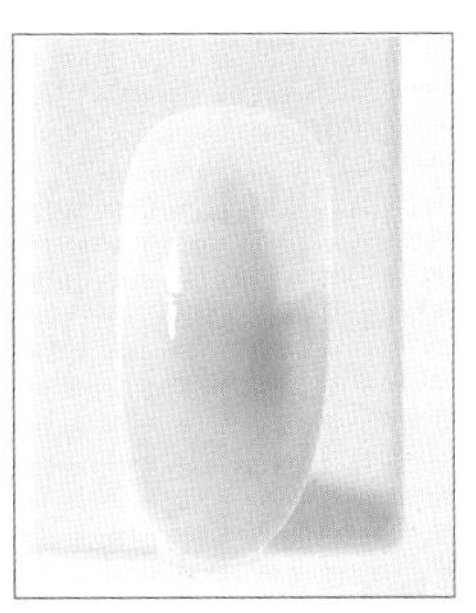

03在甲片1/3处往下涂上浅粉色凝胶（色卡11，注：可用圆口笔修饰，呈现U形圆弧线）。

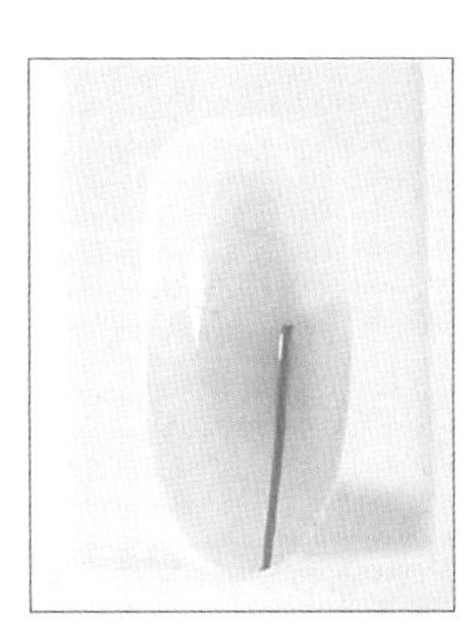

04先将步骤3的甲片放入光疗灯中暂时固化，再以极细短线笔蘸取粉色凝胶（色卡37）在甲片侧边1/3处画上一直线。

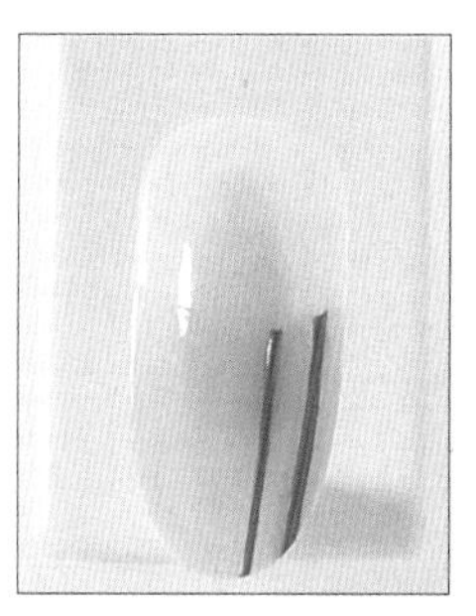

05重复步骤4，在甲片侧边1/4处画上一直线，再放入光疗灯中暂时固化（注：可用圆口笔修饰边缘线）。

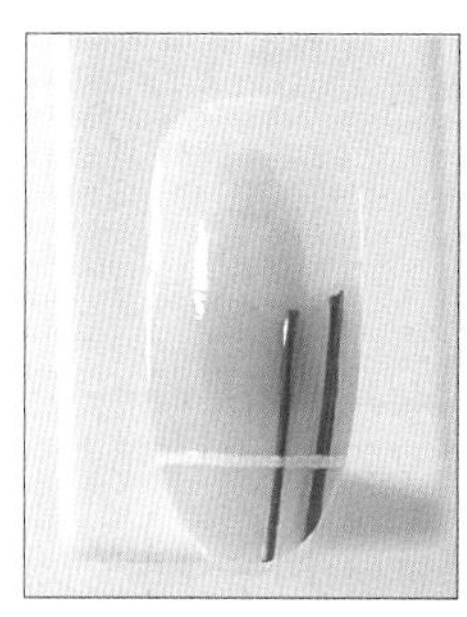

06以极细短线笔蘸取白色凝胶在甲片前端1/4处画上一横线。

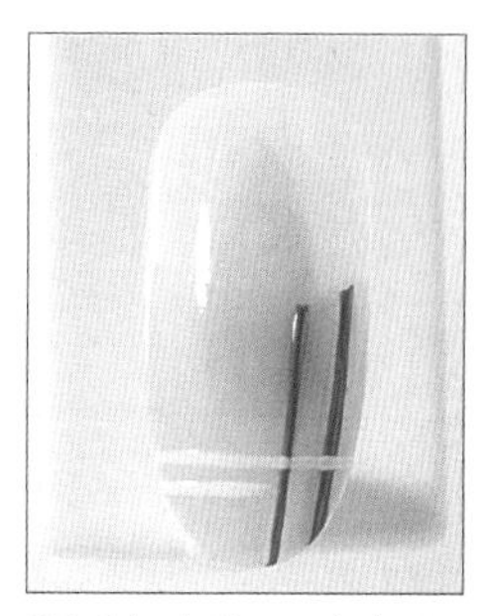

07重复步骤6，在步骤6横线下方再画一横线（注：只需画到步骤4直线边缘，不需画至甲片侧边尾端）。

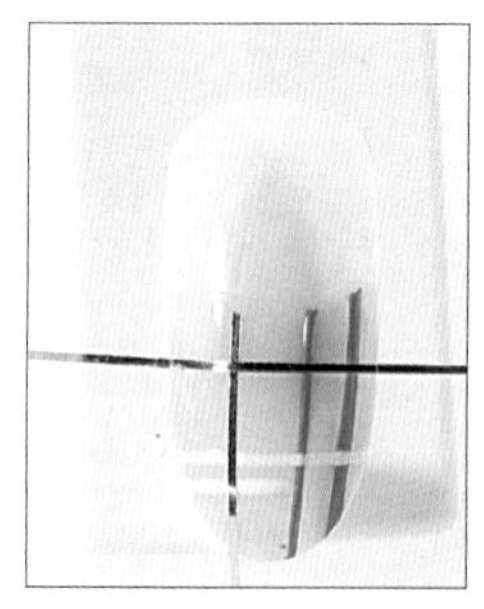

08将甲片先放入光疗灯使凝胶暂时固化，再取银线贴以十字的方式贴在甲片侧边。

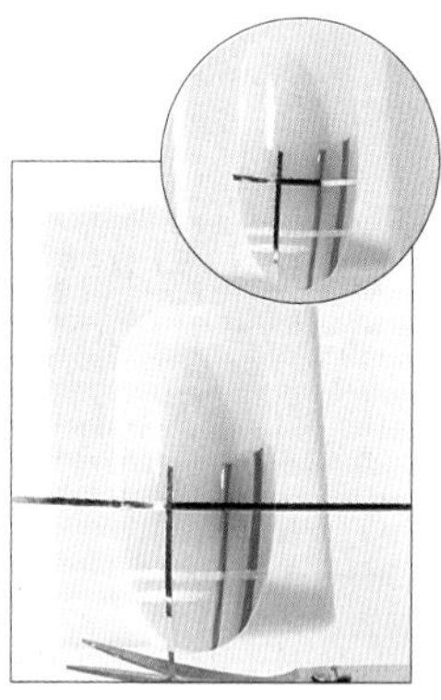

09以剪刀沿着甲片边缘剪下多余银线贴。

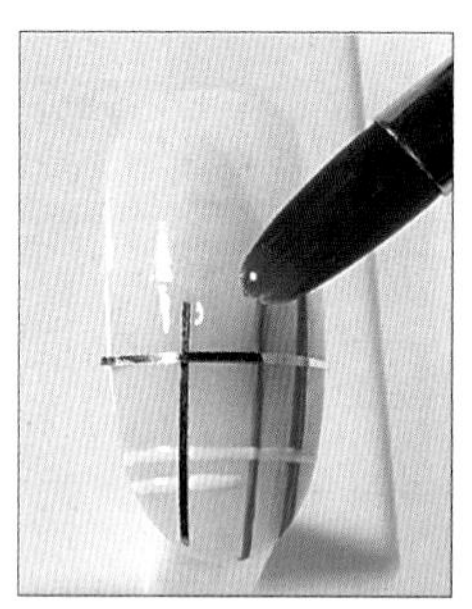

10以圆口笔沿着U形圆弧线点上建构胶。

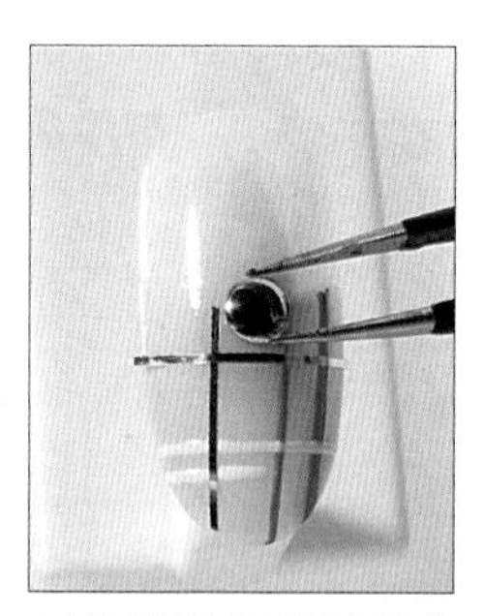

11用镊子夹取圆形铝片放置在步骤10的建构胶上方。

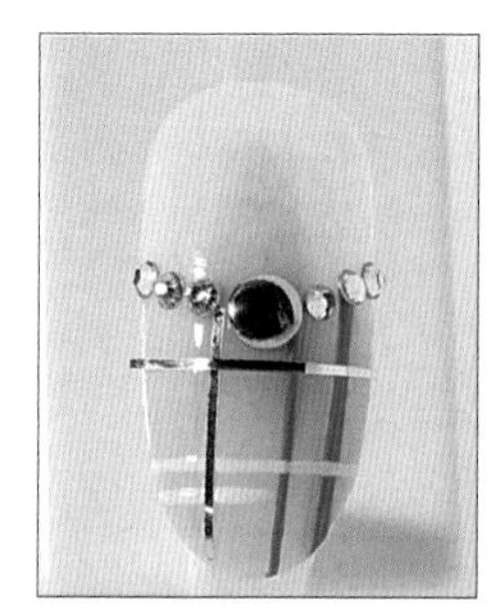

12用镊子夹取白钻放置在圆形铝片两侧。

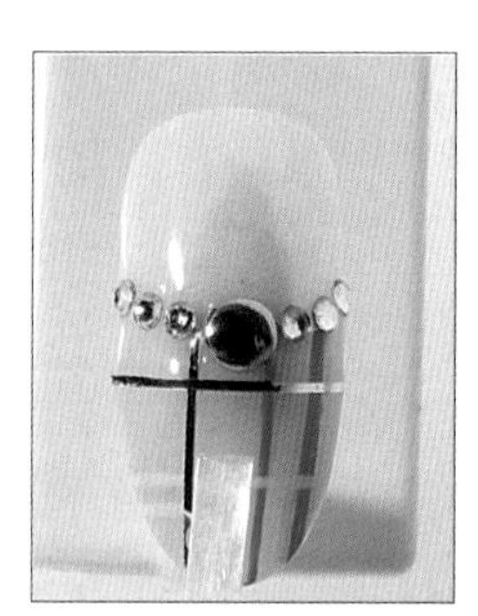

13先将甲片放入光疗灯暂时固化后，再涂上上层凝胶。

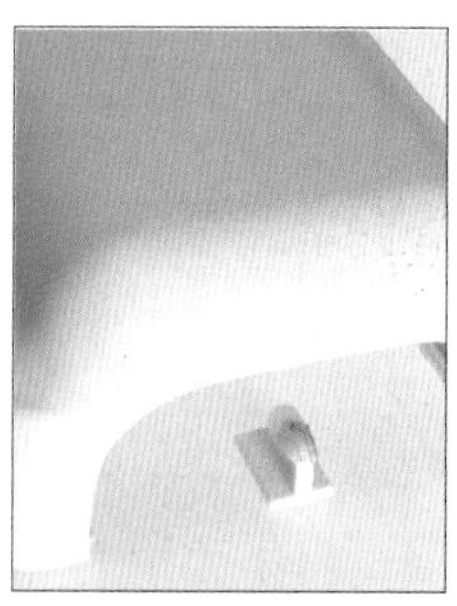

14将涂上上层凝胶的甲片放在光疗灯中，使表面凝胶固化（注：可视甲面造型厚薄来调整上层胶涂刷的次数）。

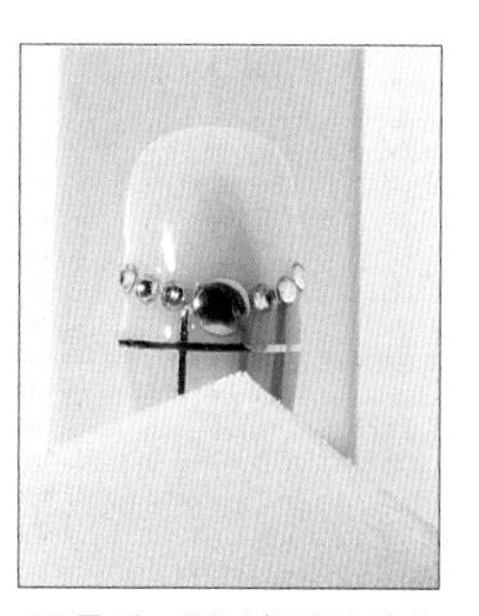

15最后，再以凝胶清洁绵蘸取凝胶清洁液清除未固化凝胶即可。

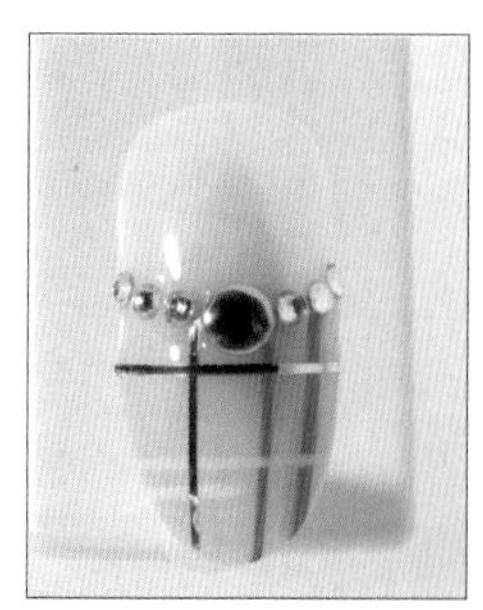

效果如图，凝胶清洁完成。

搞怪
Part7
复古

花之情调

图示

01

02

03

04

05

步骤

01先在甲片上涂上底层凝胶。

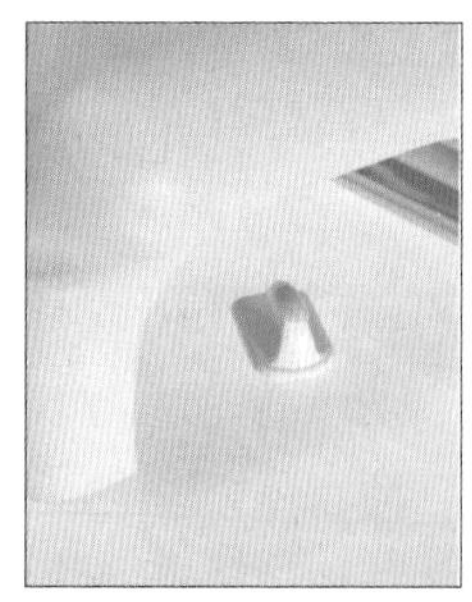
02承步骤1，将甲片放置在光疗灯中使底层凝胶暂时固化。

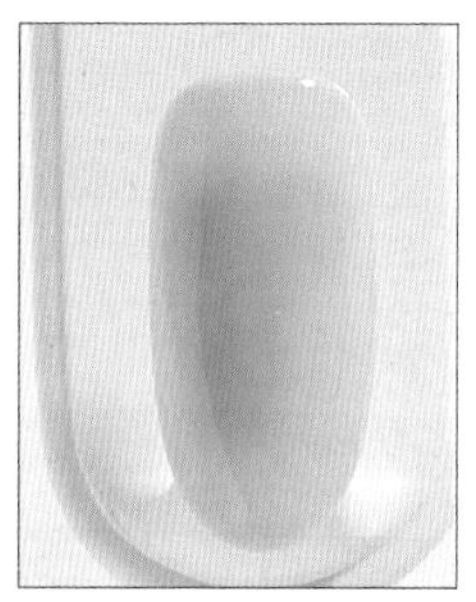
03在甲片上涂上浅粉色凝胶（色卡11），并放入光疗灯中使凝胶暂时固化（注：可视颜色的饱和度调整彩色凝胶的涂刷次数）。

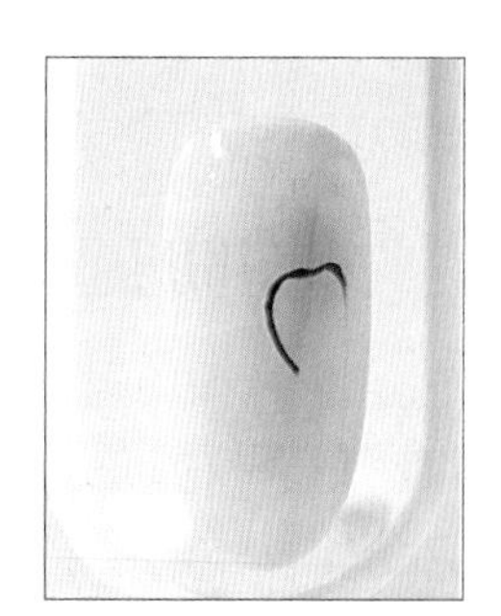
04以极细短线笔蘸取黑色凝胶在甲片侧边画上一花瓣（参考图示01）。

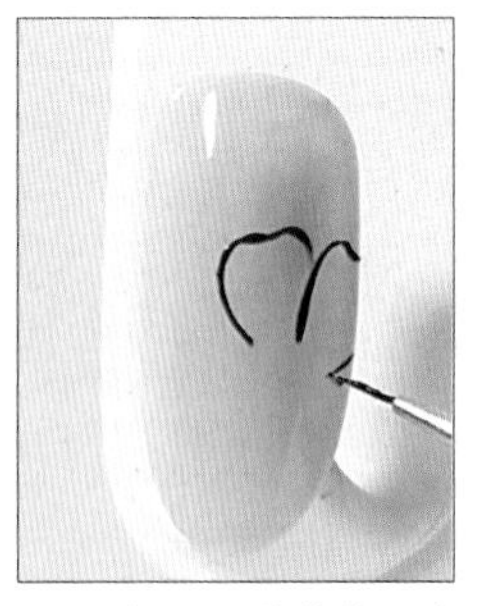

05承步骤 4，接续第一片花片，完成第二片花瓣（注：如遇到甲片边缘，则避开不绘制，参考图示 02）。

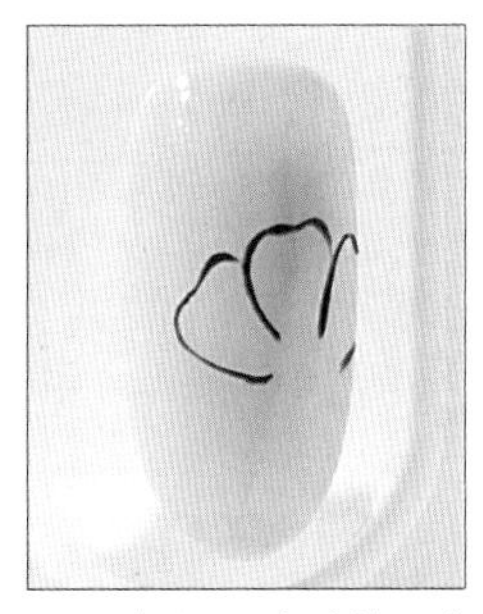

06承步骤 4，完成第三片花瓣（参考图示 03）。

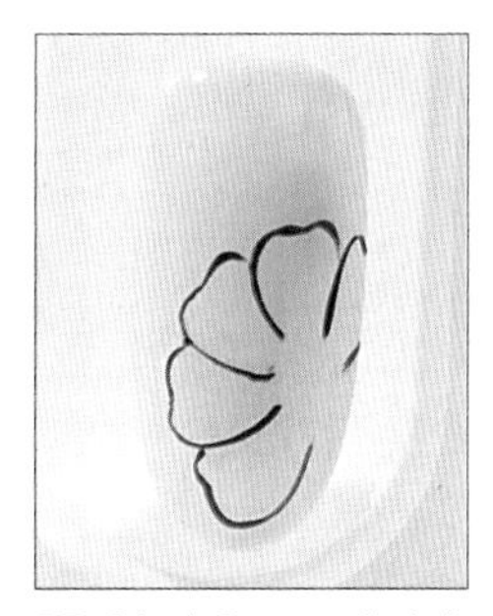

07重复步骤 4–5，依序完成五片花瓣组合而成的花朵 1（参考图示 04–05）。

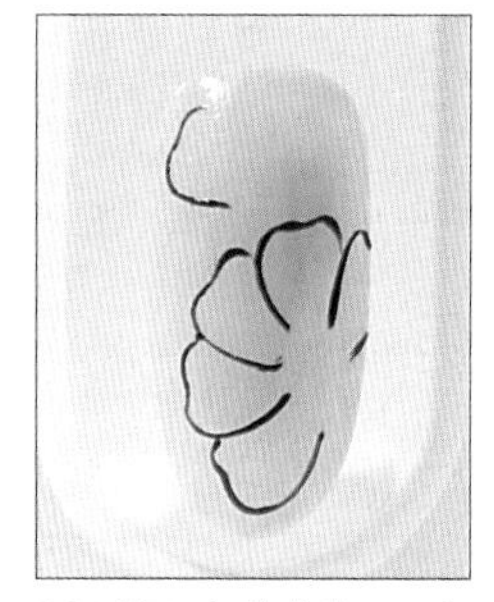

08以极细短线笔蘸取黑色凝胶在甲片上方画上一花瓣。

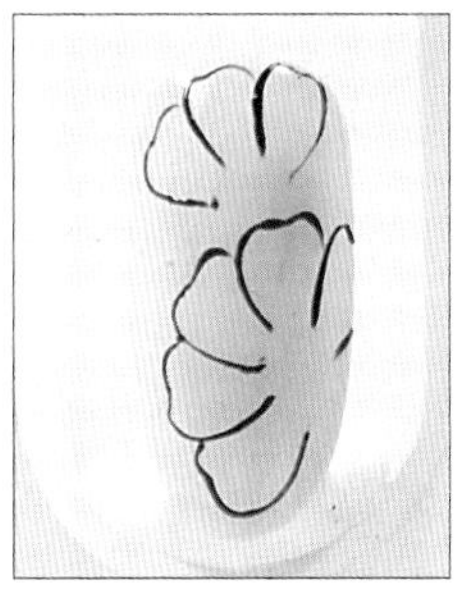

09承步骤 8，接续描绘两片花瓣。

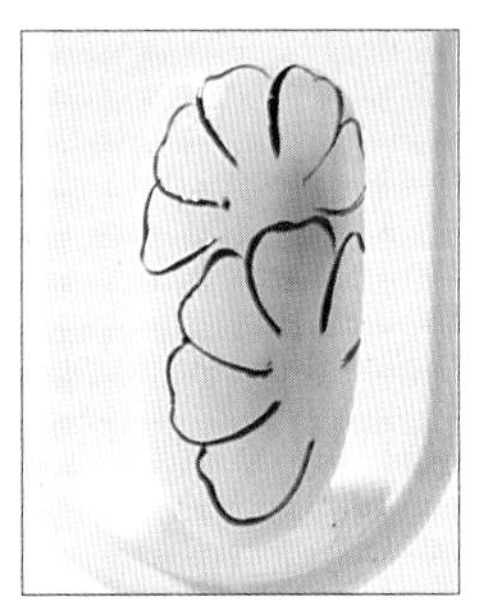

10重复步骤 8–9，完成五片花瓣组合而成的花朵 2，再将甲片放入光疗灯中短暂固化。

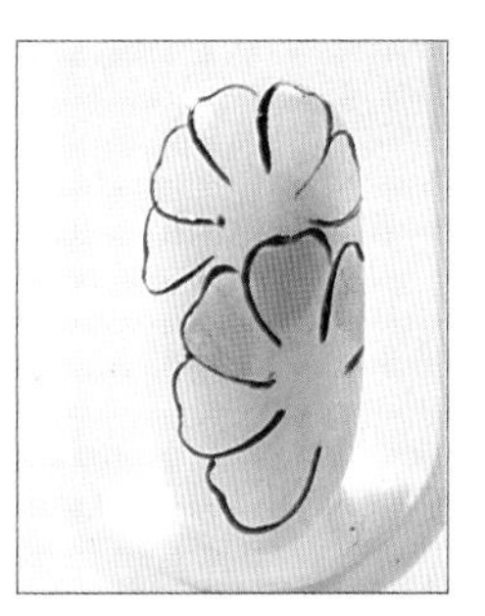

11以中斜笔蘸取粉色凝胶，刷在步骤 6 的花瓣内侧。

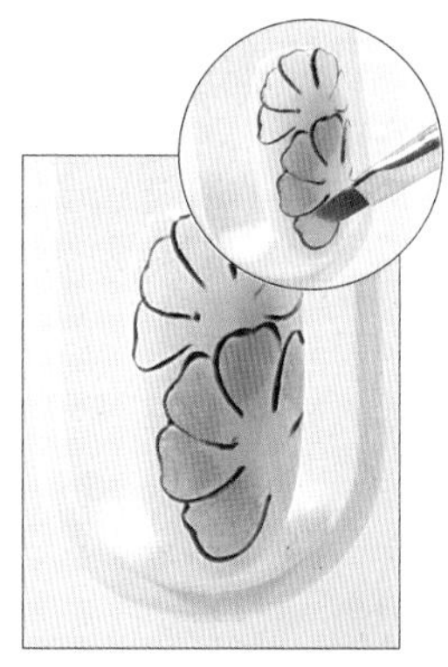

12重复步骤 11，完成花朵 1 的花瓣刷色，让花呈现粉色渐层感。

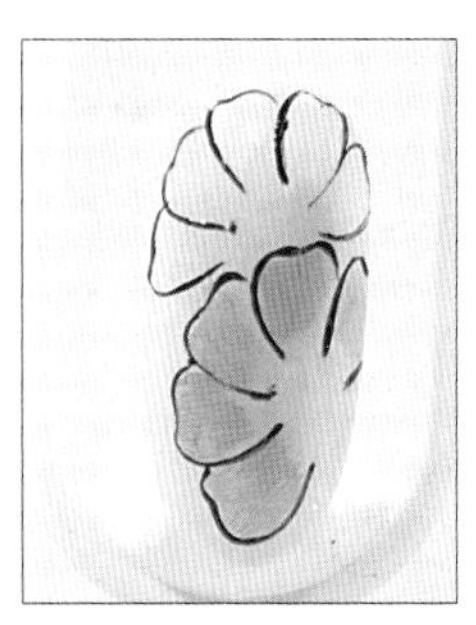

13以中斜笔蘸取白色凝胶，刷在花朵 2 的花瓣内侧，让花呈现白色渐层感。

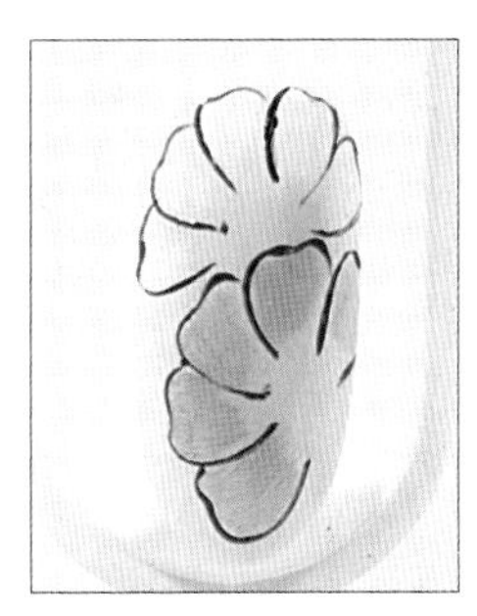

14重复步骤 13，完成花朵 2 的花瓣刷色。

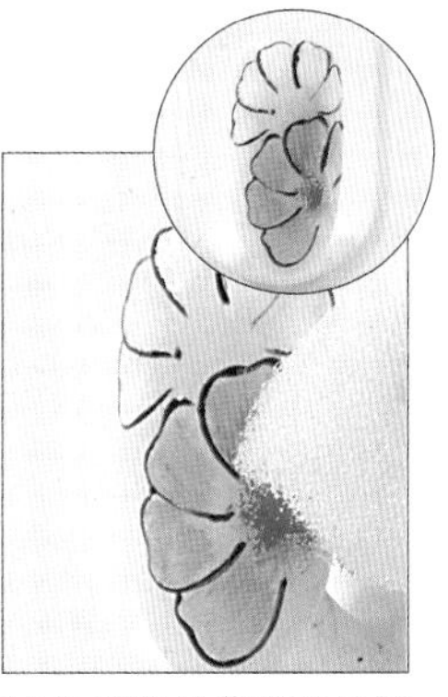

15先以海绵蘸取红色凝胶，轻轻拍压在花朵 1 的花瓣中间，形成花心。

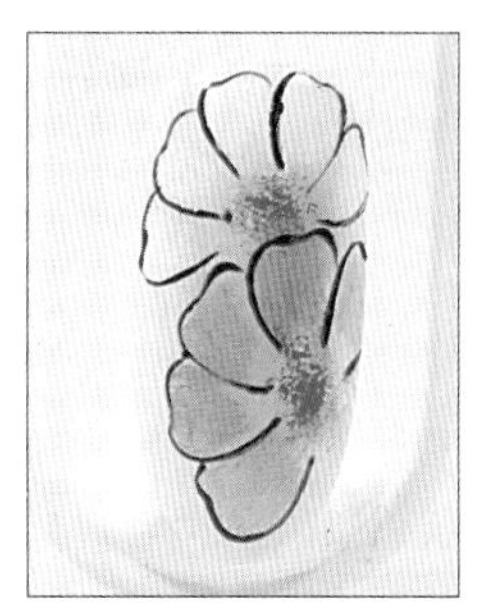

16重复步骤 15，完成花朵 2 的花心。

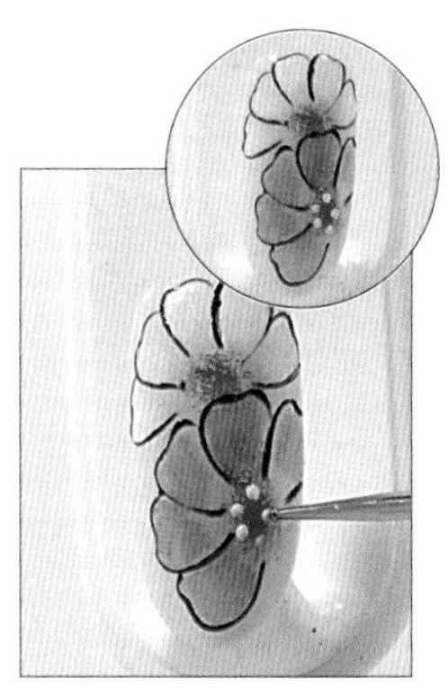

17以点珠笔蘸取白色凝胶在花朵1的花心外围点上花蕊圆点。

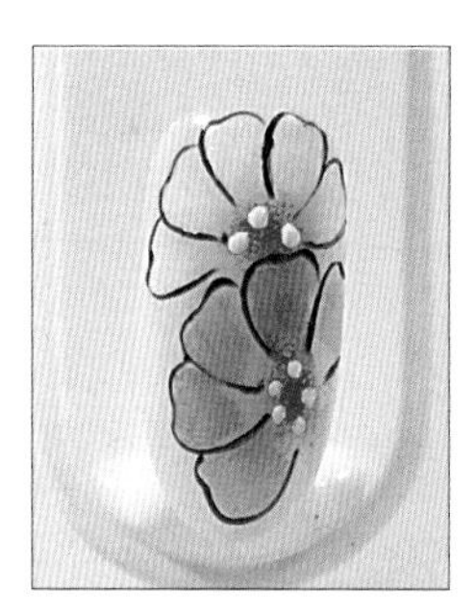

18重复步骤17，完成花朵2的花蕊。

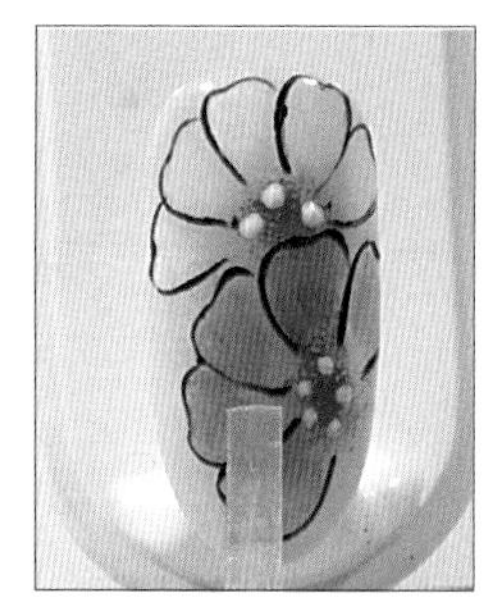

19先将甲片放入光疗灯暂时固化后，再涂上上层凝胶。

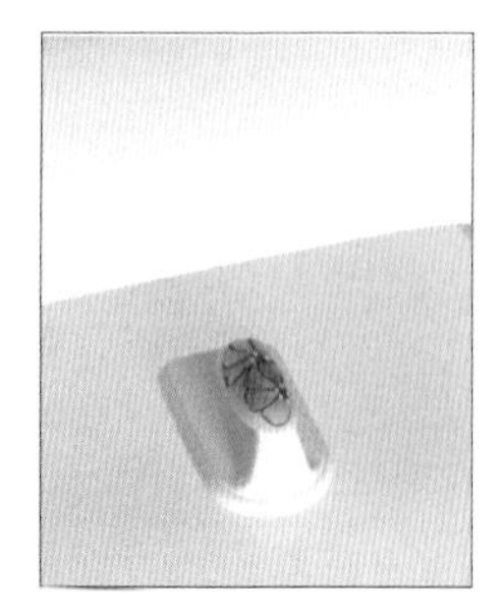

20将涂上上层凝胶的甲片放在光疗灯中，使表面凝胶固化（注：可视甲面造型厚薄来调整上层胶涂刷的次数）。

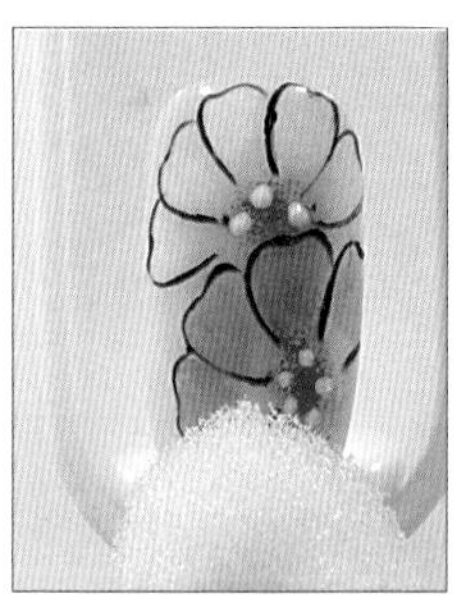

21最后，再以凝胶清洁绵蘸取凝胶清洁液清除未固化凝胶即可。

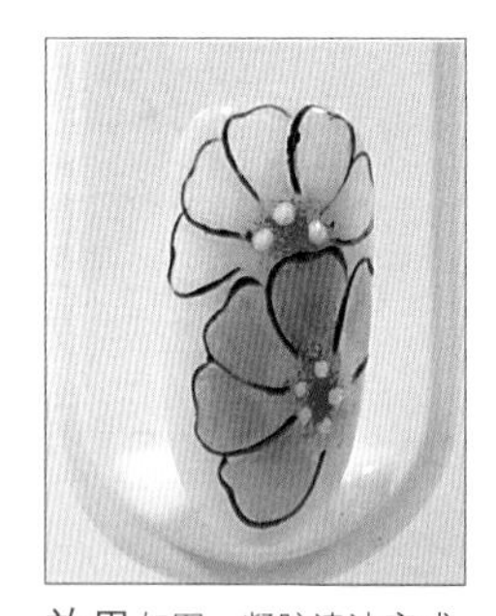

效果如图，凝胶清洁完成。

异国风情

步骤

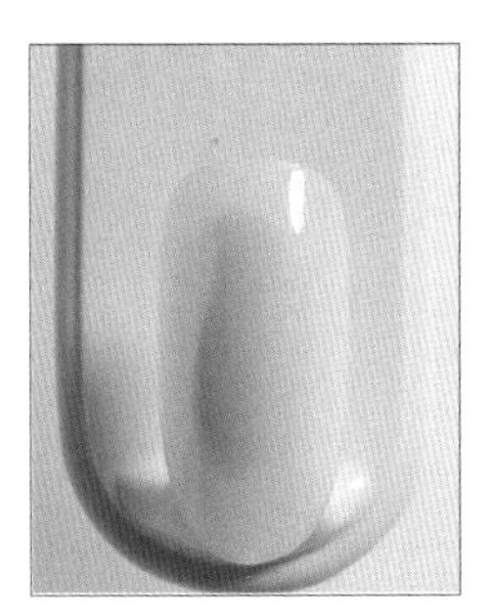

01先在甲片上涂上底层凝胶。

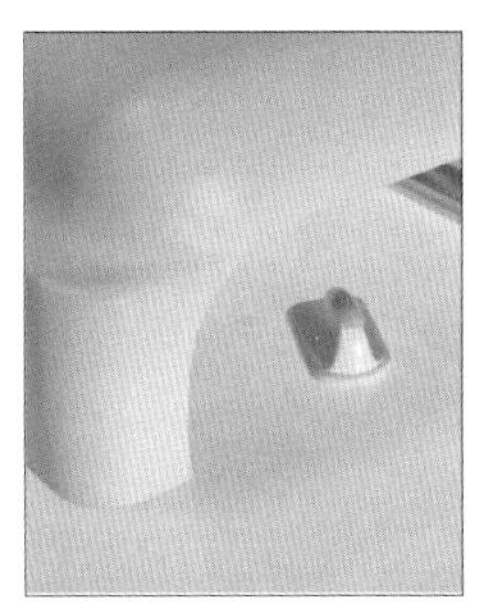

02承步骤1，将甲片放置在光疗灯中使底层凝胶暂时固化。

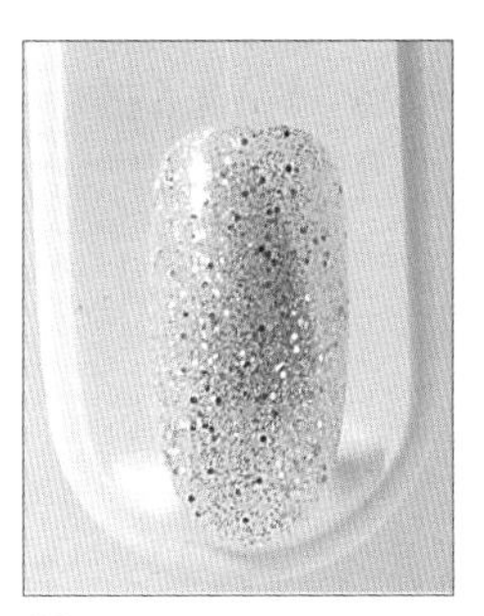

03在甲片上涂上亮银色凝胶（色卡21）后，将甲片放入光疗灯暂时固化（注：可视颜色的饱和度调整彩色凝胶的涂刷次数）。

04在甲片上涂上上层凝胶后，将甲片放在光疗灯中，使表面凝胶固化。

05以凝胶清洁绵蘸取凝胶清洁液清除未固化凝胶。

06用镊子夹马赛克贴纸，贴在甲片前端。

07承步骤6，用镊子夹取玫瑰贴纸，贴在马赛克贴纸侧边。

08以镊子夹取马赛克贴纸，贴在甲片上方（注：可用剪刀剪去多余贴纸，使贴纸更贴合甲片）。

09承步骤8，用镊子夹取圣母玛利亚贴纸，贴在马赛克贴纸下方。

10用镊子夹取玫瑰贴纸，贴在圣母玛利亚贴纸侧边。

11用镊子夹取吊灯、十字架贴纸，贴在圣母玛利亚贴纸的另一侧（注：注意贴纸需贴牢服帖）。

12在甲片上涂上上层凝胶。

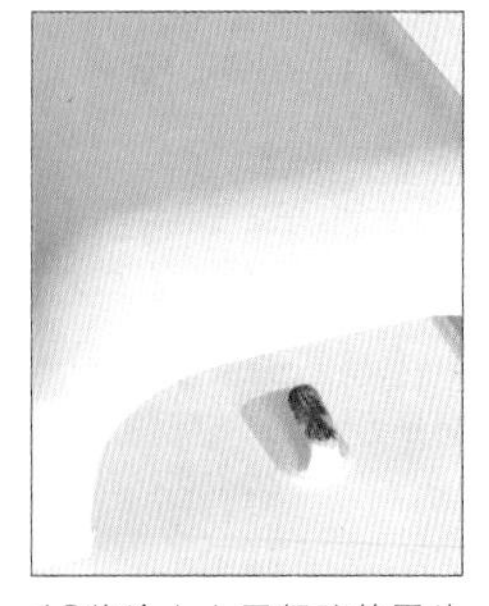

13将涂上上层凝胶的甲片放在光疗灯中，使表面凝胶固化。

14最后，再以凝胶清洁绵蘸取凝胶清洁液清除未固化凝胶即可。

效果如图，凝胶清洁完成。

宝石蓝调

步骤

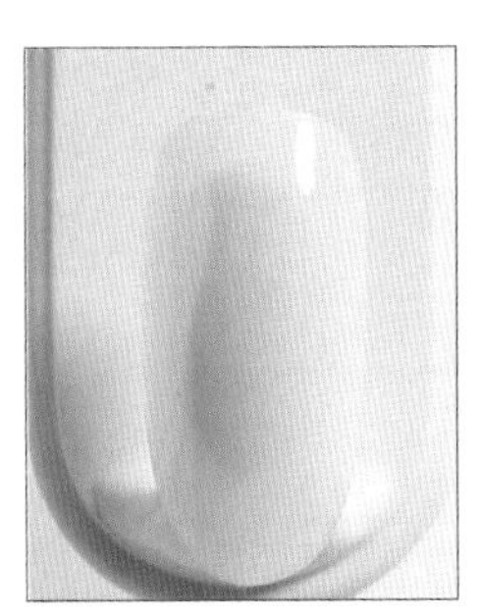

01先在甲片上涂上底层凝胶。

02承步骤1，将甲片放置在光疗灯中使底层凝胶暂时固化。

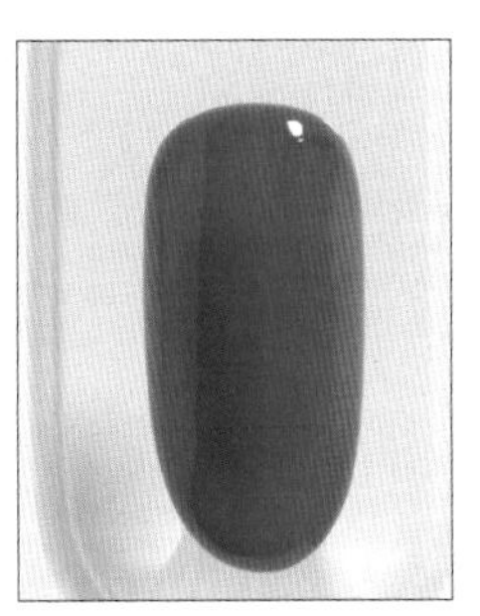

03在甲片上涂上宝石蓝色凝胶（色卡6），并放入光疗灯中使凝胶暂时固化（注：可视颜色的饱和度调整彩色凝胶的涂刷次数）。

04以镊子夹取银色卷线贴纸贴在甲片侧边周围。

05重复步骤4，再夹取银色卷线贴纸贴在甲片侧边，使甲片边缘贴满贴纸。

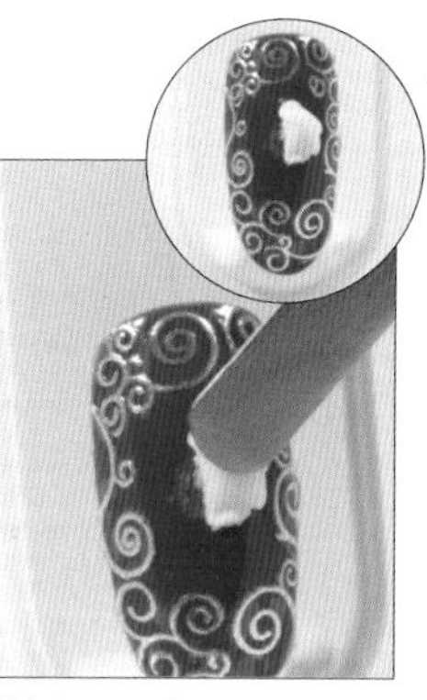

06先以挖棒挖取白色雕花胶放置在甲片中间，再以挖棒稍微压平雕花胶。

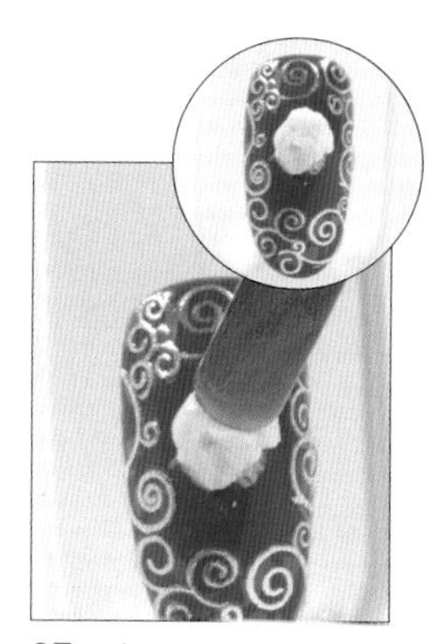

07承步骤6，以挖棒挖取蓝绿色雕花胶，与白色雕花胶稍微混合。

08承步骤7，挖棒挖取黑色雕花胶，放置在蓝绿色雕花胶上方。

09以挖棒尖端混合步骤6-8的雕花胶。

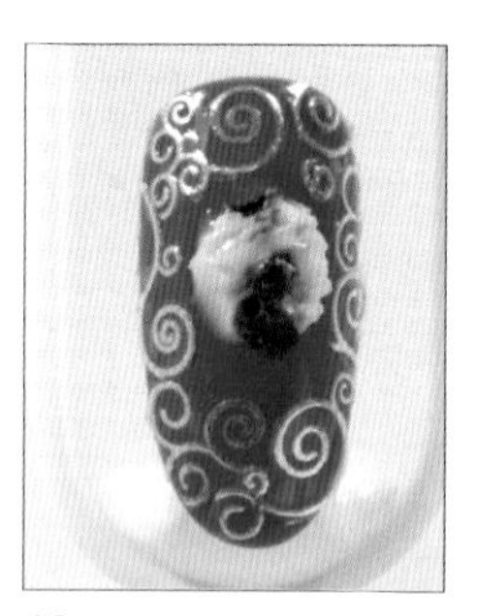

10如图，三色雕花胶混制完成。

11重复步骤10，将雕花胶混合的更均匀后，以雕花笔蘸取雕花胶清洁液，将步骤10已混色的雕花胶压平后修成圆形（注：可一边修饰圆形边缘，一边压平雕花胶）。

12重复步骤11，可以雕花笔稍微压平雕花胶，使雕花胶更为平整。

13如图，大理石宝石修饰完成。

14以长线笔在大理石宝石周围涂上建构胶。

15以镊子夹取金色电镀珠放置在大理石宝石侧边。

16重复步骤15，再取金色电镀珠放置在大理石宝石另一侧，照灯暂时固化（注：可用镊子调整金色电镀珠的位置）。

17以圆口笔蘸取适量建构胶涂在大理石宝石的上方放置后做凸弧立体感，增加宝石的光泽度（注：可将甲片反转，使建构胶更能均匀分布 ）。

18先将甲片放入光疗灯暂时固化后，再涂上上层凝胶（注：可视甲面造型厚薄来调整上层胶涂刷的次数）。

19将涂上上层凝胶的甲片放在光疗灯中，使表面凝胶固化。

20最后，再以凝胶清洁绵蘸取凝胶清洁液清除未固化凝胶即可。

效果如图，凝胶清洁完成。

花语寄情

图示

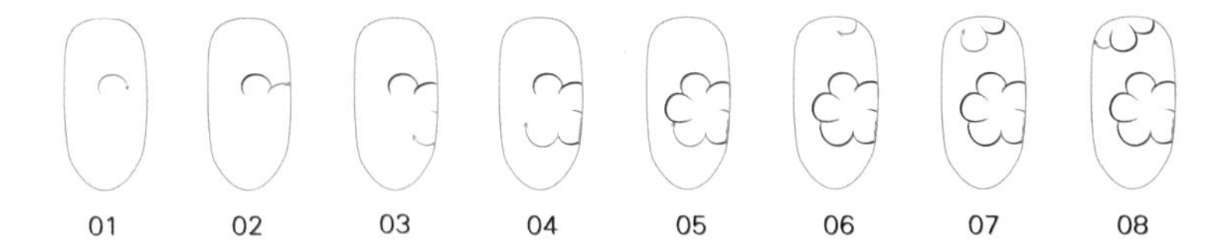

步骤

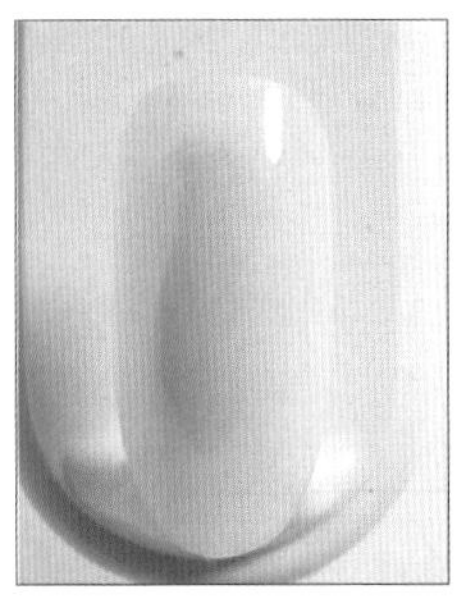

01先在甲片上涂上底层凝胶。

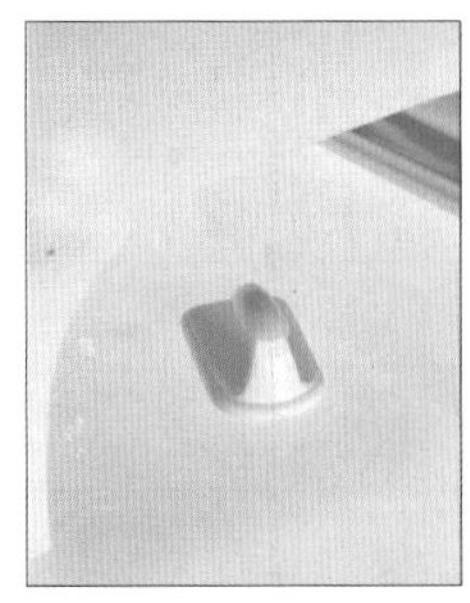

02承步骤 1，将甲片放置在光疗灯中使底层凝胶暂时固化。

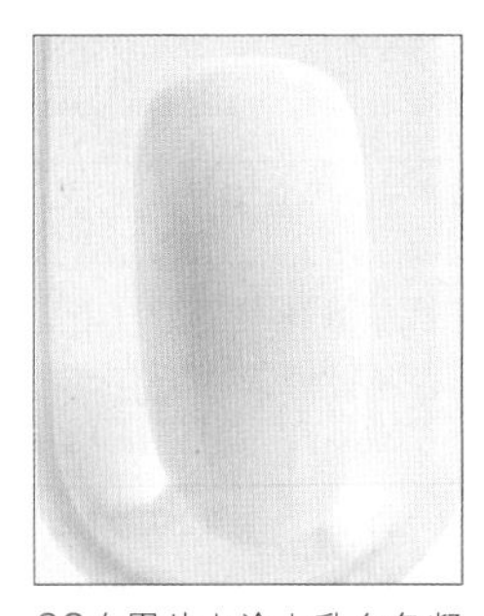

03在甲片上涂上乳白色凝胶（色卡 3），并放入光疗灯中使凝胶暂时固化（注：可视颜色的饱和度调整彩色凝胶的涂刷次数）。

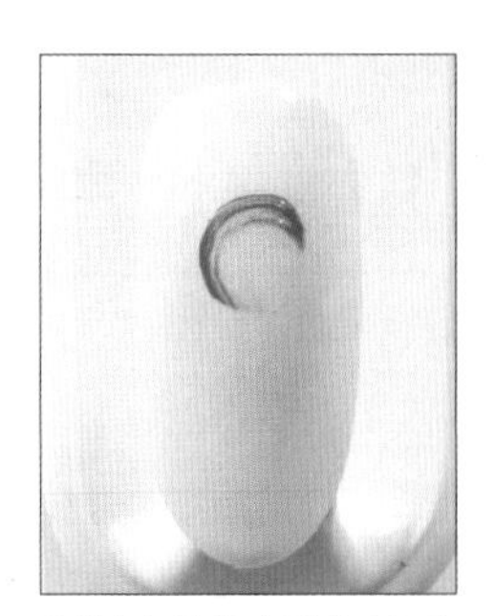

04以中斜笔在甲片 1/3 处画上一花瓣（参考图示 01）。

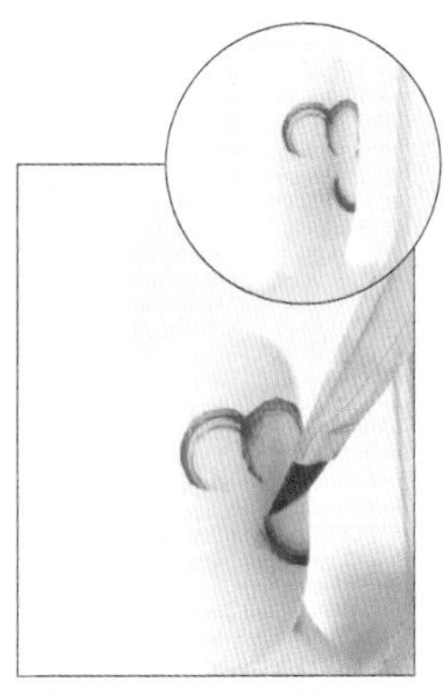

05承步骤 4，接续第一片花片，绘制出共三片花瓣（注：如遇到甲片边缘，则避开不绘制，参考图示 02-03)。

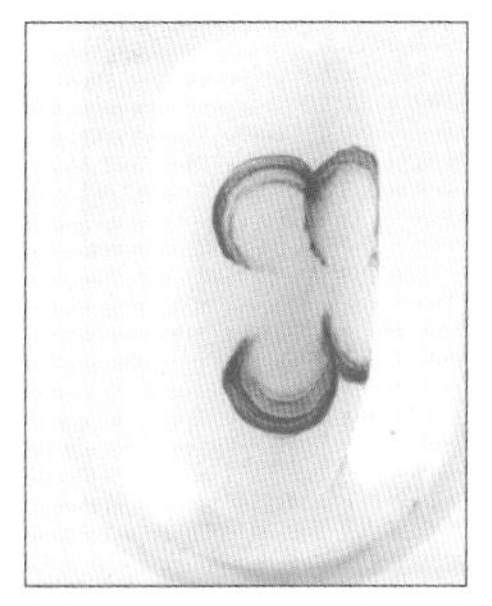

06重复步骤 4-5，完成第四片花瓣（参考图示 04)。

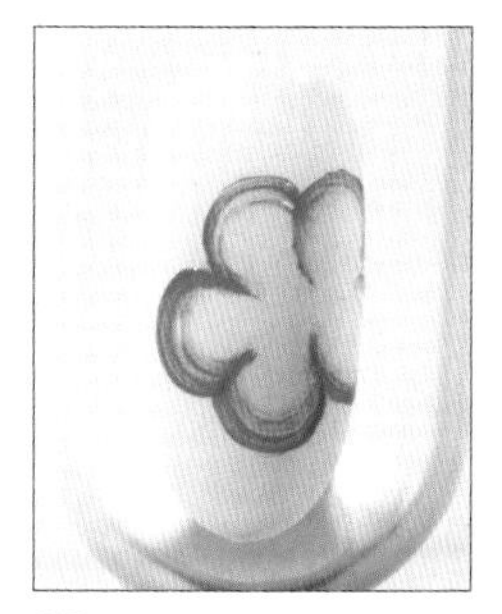

07重复步骤 4-5，完成由五片花瓣组成的花朵 1（参考图示 05)。

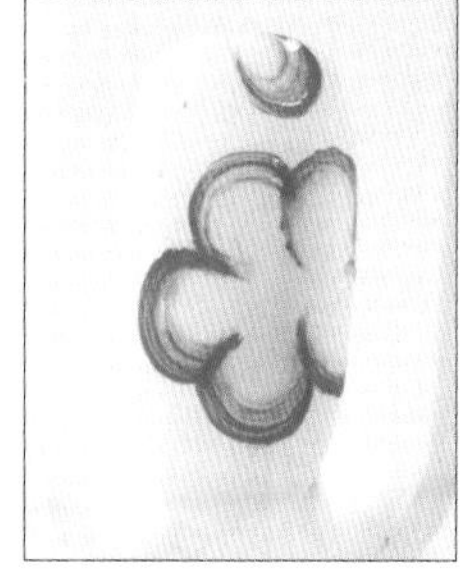

08以中斜笔在甲片上方画上一花瓣（参考图示 06)。

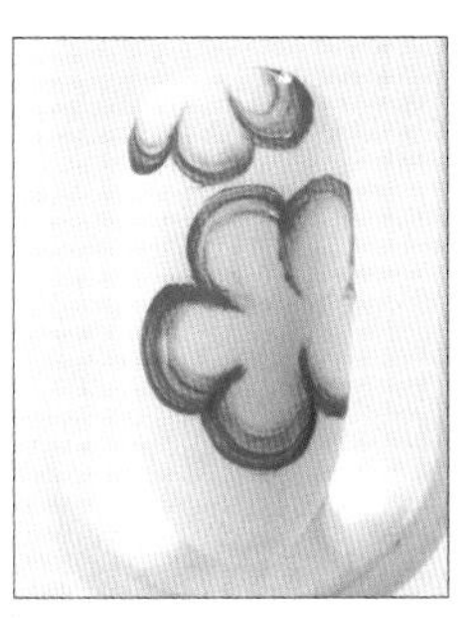

09重复步骤 8，完成由三片花瓣组合而成的花朵 2，放入光疗灯短暂固化（参考图示 07-08)。

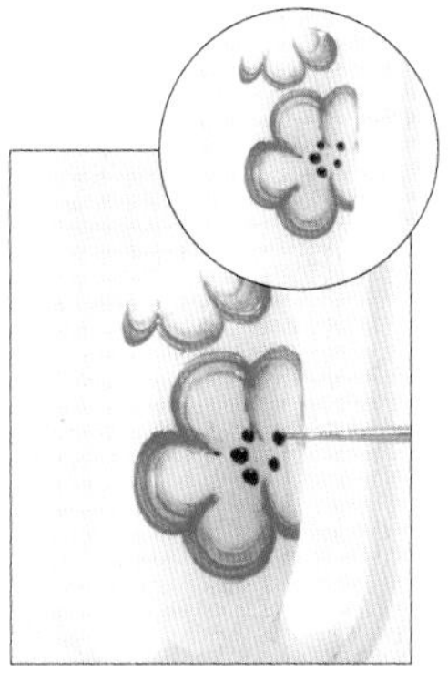

10以针笔蘸取黑色凝胶，依序点在花朵 1 的中心，形成花心。

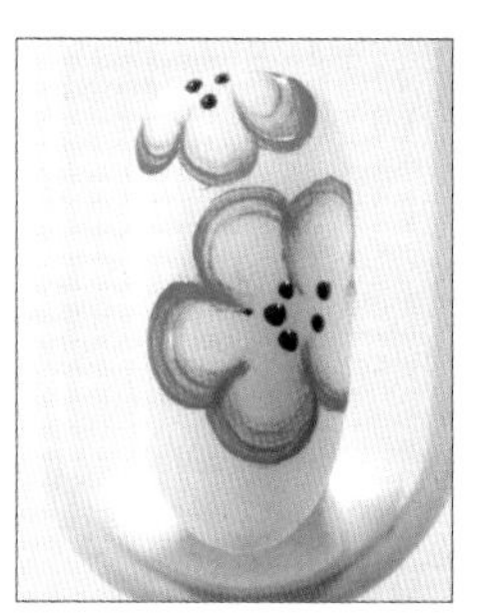

11重复步骤 10，完成花朵 2 的花心。

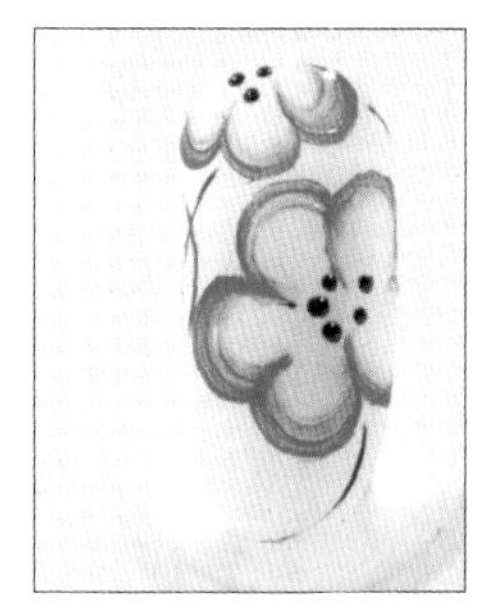

12以极细短线笔蘸取黑色凝胶在花朵侧边画上弧形线条，增加甲片构图的丰富度。

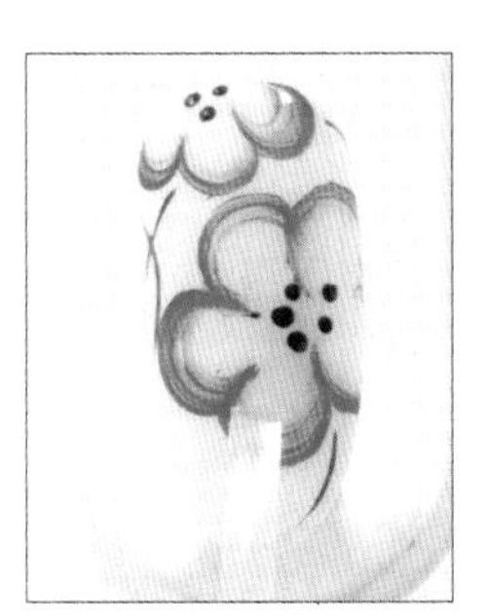

13先将甲片放入光疗灯暂时固化后，再涂上上层凝胶。

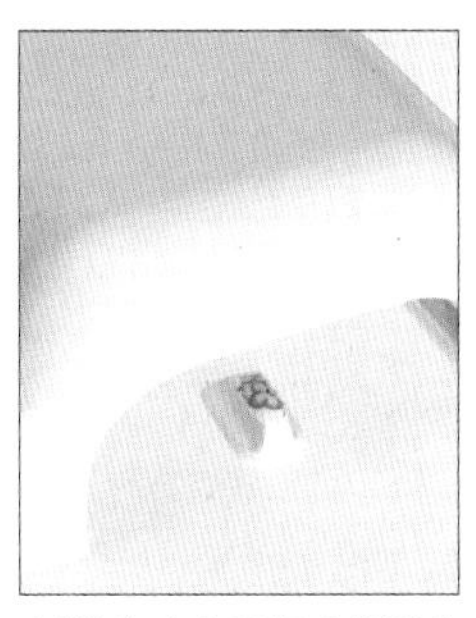

14将涂上上层凝胶的甲片放在光疗灯中，使表面凝胶固化（注：可视甲面造型厚薄来调整上层胶涂刷的次数）。

15最后，再以凝胶清洁绵蘸取凝胶清洁液清除未固化凝胶即可。

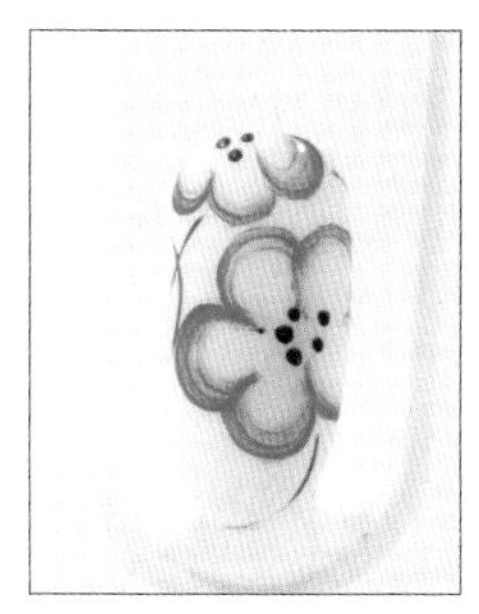

效果如图，凝胶清洁完成。

亮眼魅力

步骤

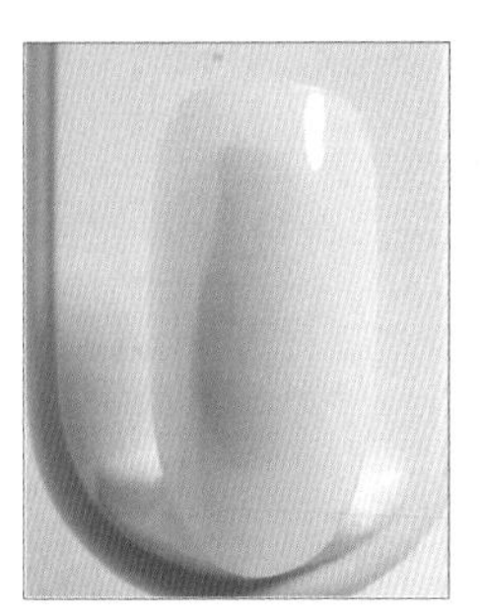

01先在甲片上涂上底层凝胶。

02承步骤1，将甲片放置在光疗灯中使底层凝胶暂时固化。

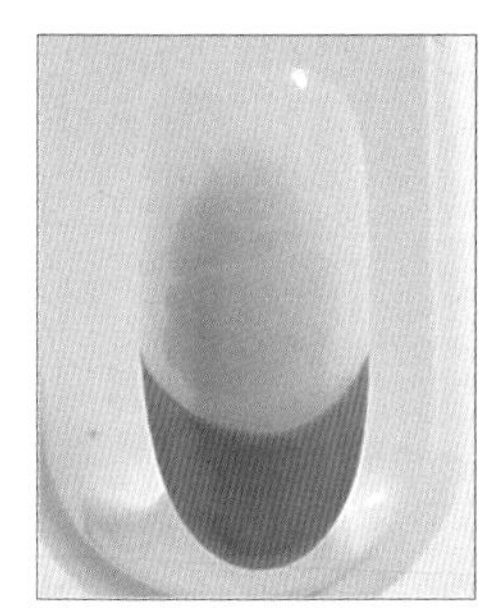

03取橘色凝胶（色卡18）在甲片1/4处画一U形圆弧线，并将色胶涂刷均匀，再以干净圆口笔修饰成U形边线。

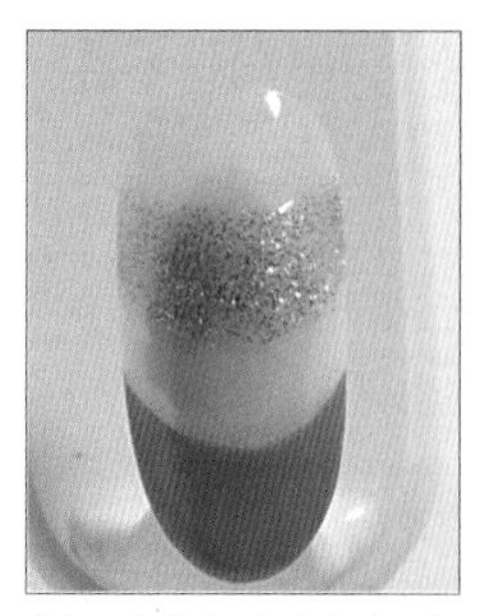

04取金色凝胶（色卡9）画一U形圆弧线，再以干净圆口笔修饰边缘线，最后再照灯暂时固化（注：步骤3-4 U形圆弧线中间需预留空间）。

05在甲片上涂上上层凝胶后，将甲片放在光疗灯中，使表面凝胶固化，再以凝胶清洁绵蘸取凝胶清洁液清除未固化凝胶。

06以镊子夹取黑色藤蔓花纹贴纸贴在步骤4预留的空间中。

07重复步骤6，完成另一侧贴纸的粘贴（注：两张贴纸中间需预留间隙）。

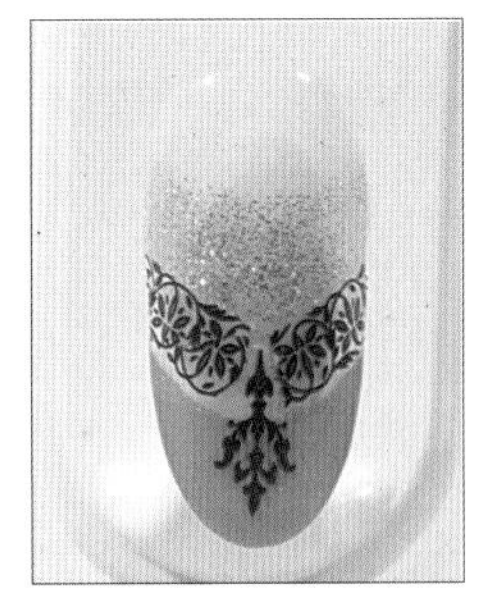

08以镊子夹取吊灯贴纸贴在步骤7预留的间隙。

09用长线笔在吊灯贴纸的顶端和两侧点上建构胶。

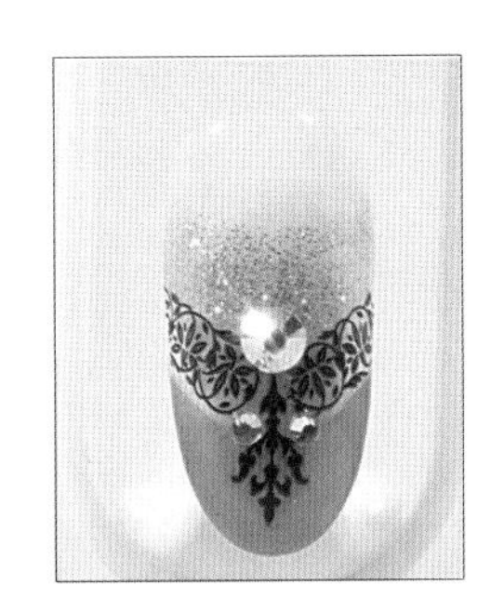

10用镊子夹取大、小不同的白钻以三角形构图依序放在建构胶上方。

11用镊子夹取蕾丝贴纸沿着步骤4的U形侧边线条粘贴（注：蕾丝贴纸中间需预留间隙）。

12重复步骤11，完成另一侧贴纸的粘贴。

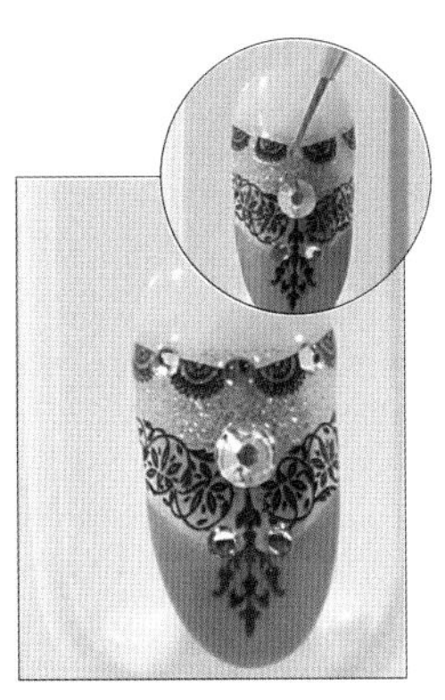

13以长线笔在步骤11预留的间隙依序点上建构胶，再以镊子夹取白钻依序贴在建构胶上方。

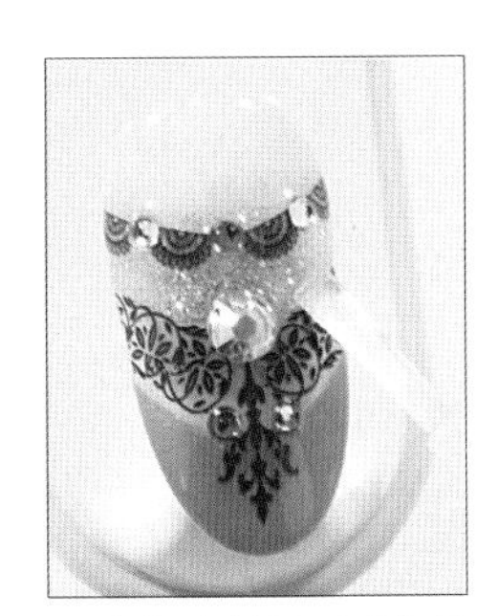

14先将甲片放入光疗灯暂时固化后，再涂上上层凝胶，并将甲片放在光疗灯中，使表面凝胶固化。

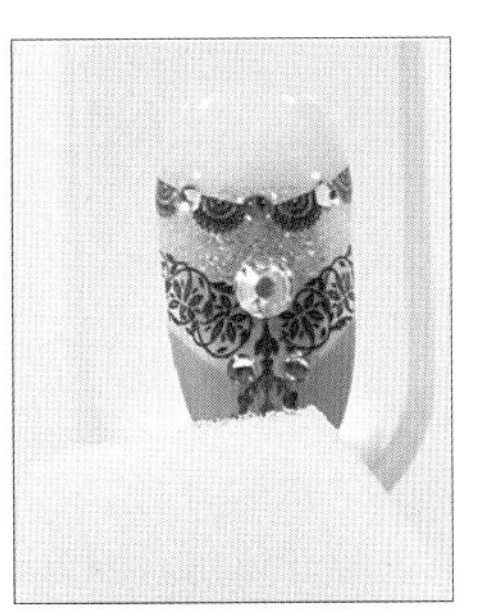

15最后，再以凝胶清洁绵蘸取凝胶清洁液清除未固化凝胶即可。

效果如图，凝胶清洁完成。

步骤

01先在甲片上涂上底层凝胶。

02承步骤1，将甲片放置在光疗灯中使底层凝胶暂时固化。

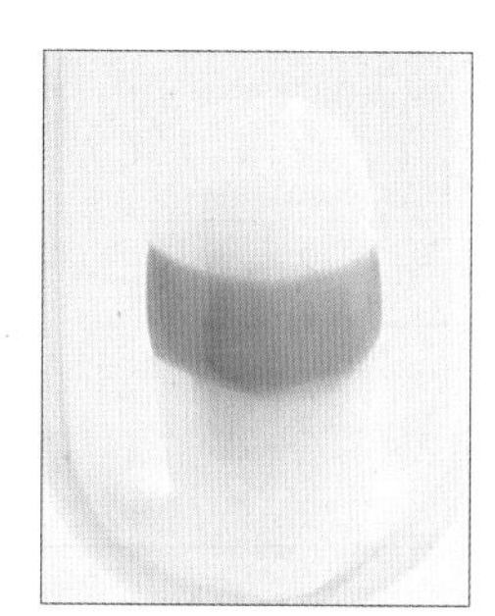

03以粉色凝胶（色卡12）在甲片1/3处画上一U形圆弧线条。

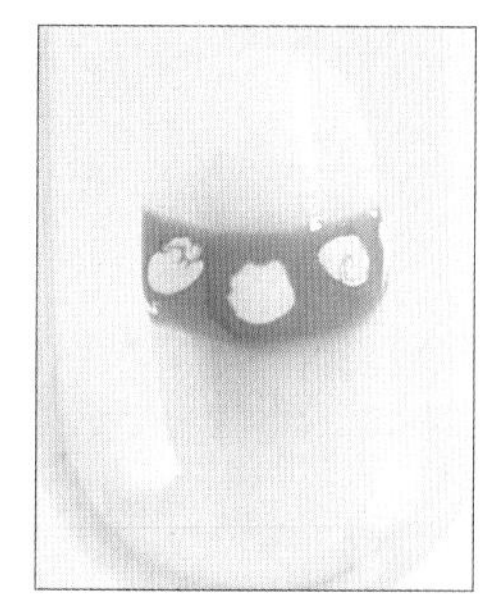

04承步骤3，以白色凝胶（色卡27）在U形圆弧线条上方点画上圆点。

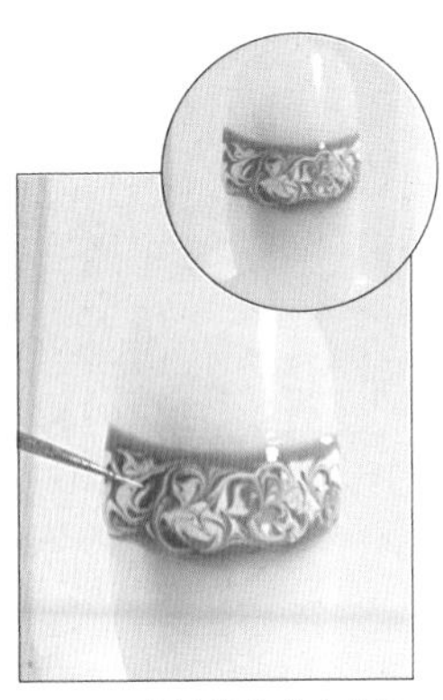

05 以干净长线笔将白色和粉色凝胶勾绘成不规则的花纹，再将甲片放入光疗灯短暂固化。

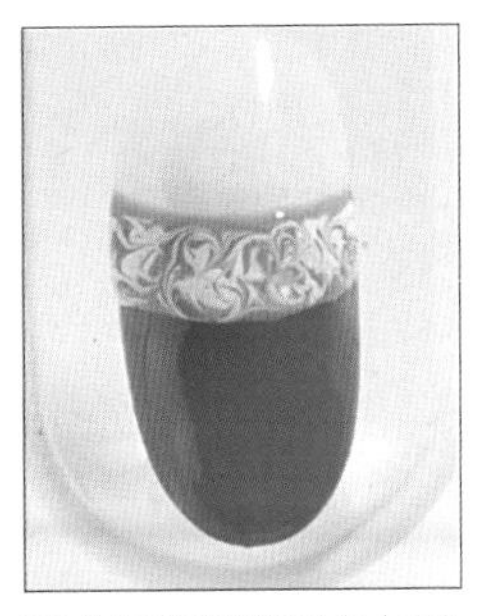

06 取深粉色凝胶（色卡7）在步骤3的U形圆弧线条下方涂刷均匀，将甲片放置在光疗灯中使深粉色凝胶（色卡7）暂时固化。

07 以炫彩星空纸在步骤6粉色凝胶上方轻压使甲片呈现炫彩般的华丽感。

08 如图，炫彩星空纸压制完成。

09 在甲片上涂上上层凝胶后，将甲片放在光疗灯中，使表面凝胶固化。

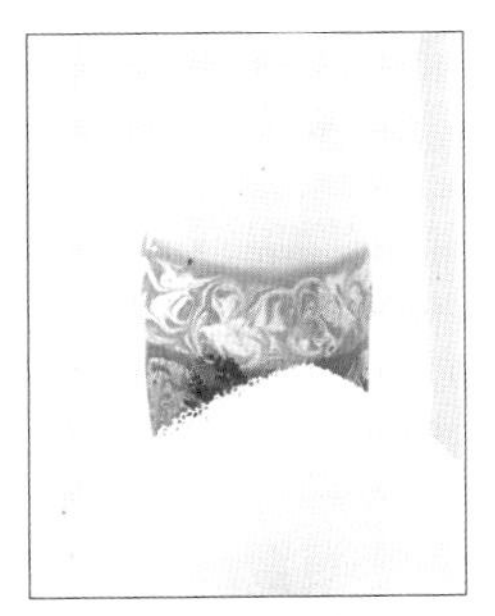

10 用凝胶清洁绵蘸取凝胶清洁液清除未固化凝胶。

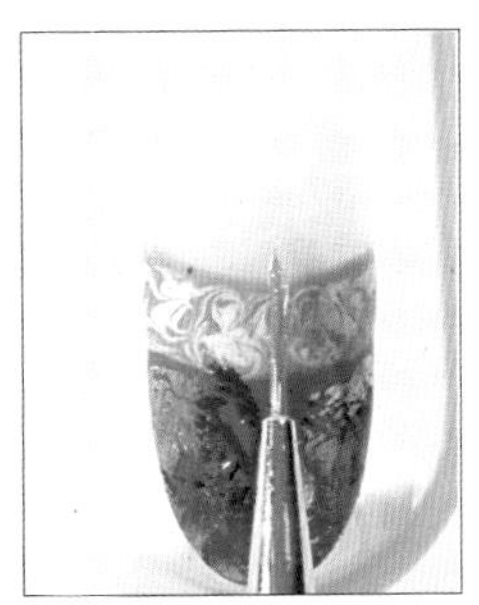

11 以长线笔蘸取建构胶点在步骤3的U形圆弧线条中间。

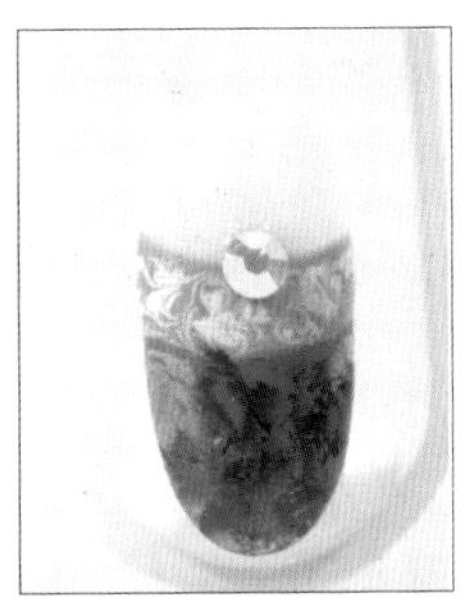

12 以镊子夹取白钻放置在步骤11建构胶上方。

13 以长线笔蘸取建构胶点在白钻周围。

14 重复步骤13，将甲片另一侧点上建构胶。

15 用镊子夹取金色电镀珠放置在步骤14的建构胶上方后，再以短线笔蘸取建构胶点在白钻另一侧。

16 重复步骤15，完成另一侧金色电镀珠的摆放后，放入光疗灯暂时固化（注：可用针笔调整金色电镀珠的位置）。

17在甲面薄刷建构胶后，再取白色大亮片，顺着步骤6的U形圆弧线条摆放（注：亮片间需预留间隙）。

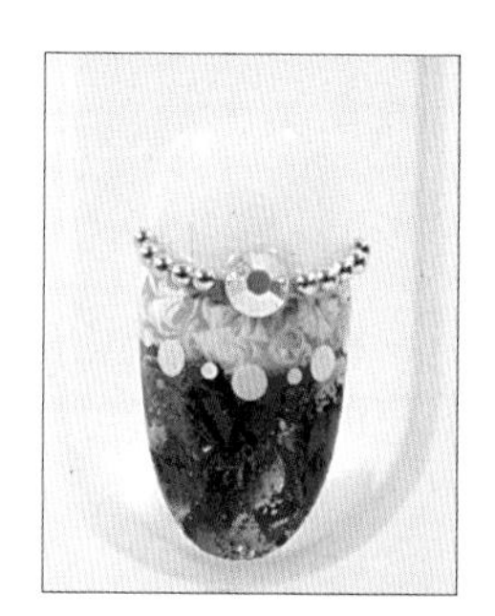

18取白色小亮片摆放在预留的间隙中。

19先将甲片放入光疗灯暂时固化后，再涂上上层凝胶（注：可视甲面造型厚薄来调整上层胶涂刷的次数）。

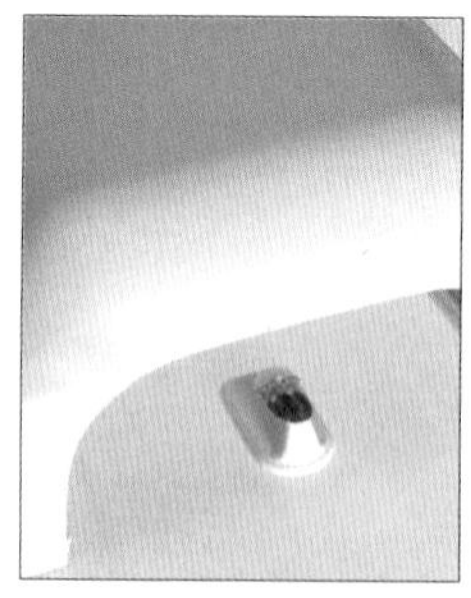

20将涂上上层凝胶的甲片放在光疗灯中，使表面凝胶固化。

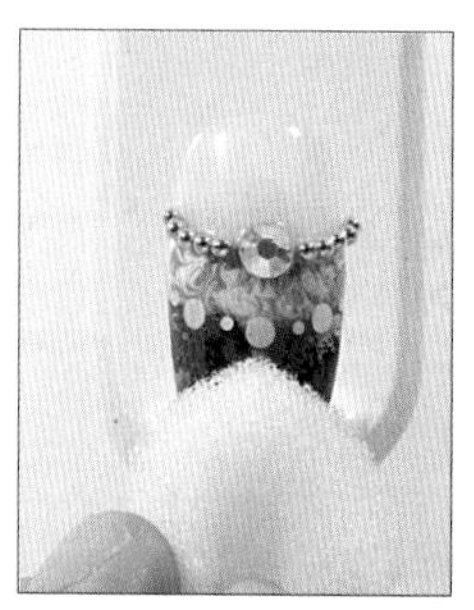

21最后，再以凝胶清洁绵蘸取凝胶清洁液清除未固化凝胶即可。

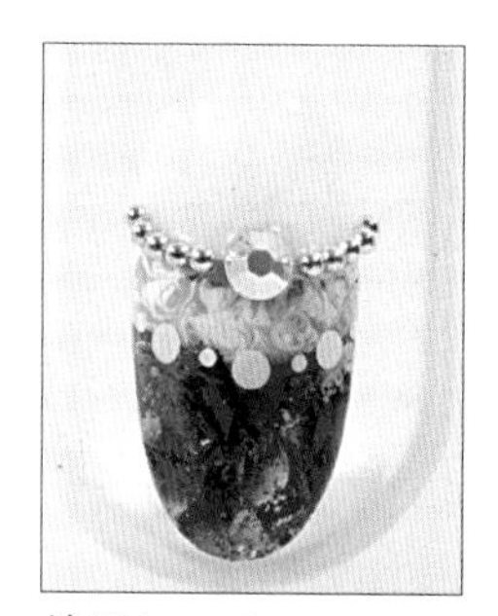

效果如图，凝胶清洁完成。

玫瑰情话

图示

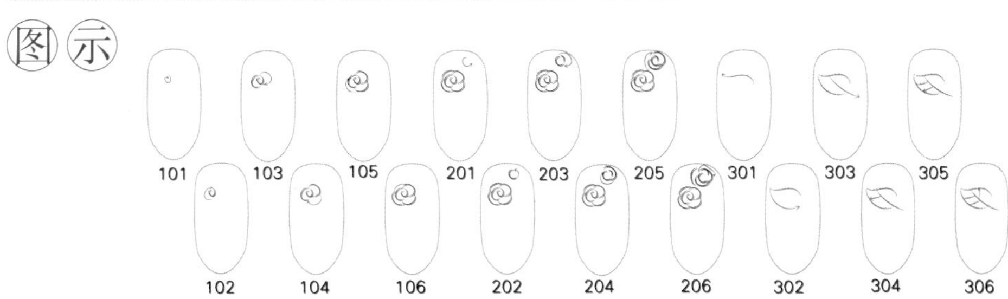

步骤

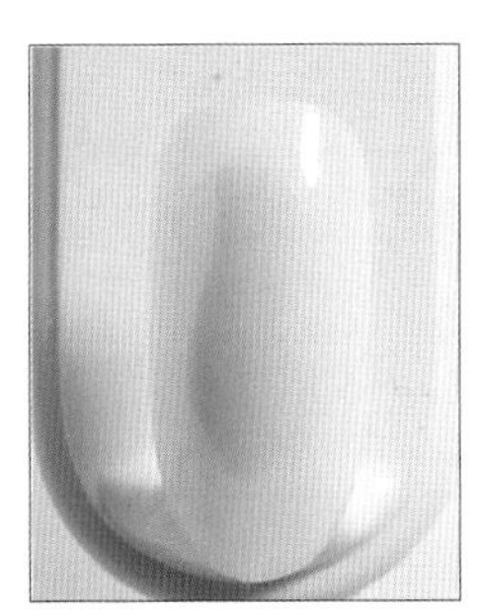

01先在甲片上涂上底层凝胶。

02承步骤1，将甲片放置在光疗灯中使底层凝胶暂时固化。

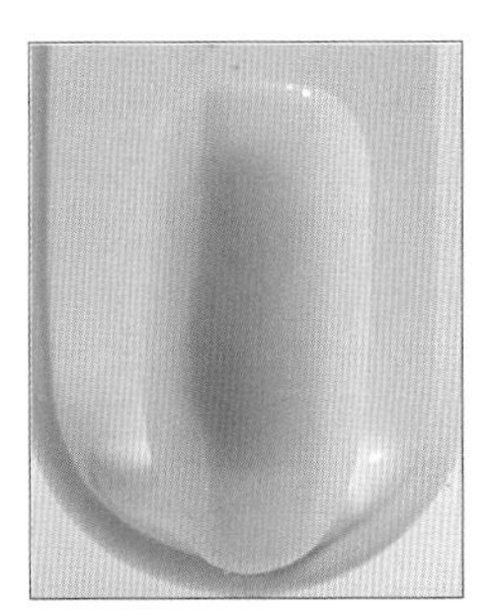

03以浅粉色凝胶（色卡11）从甲片中间往下画一直线至甲尖。

04以深粉色凝胶（色卡12）在甲片侧边往下画一直线。

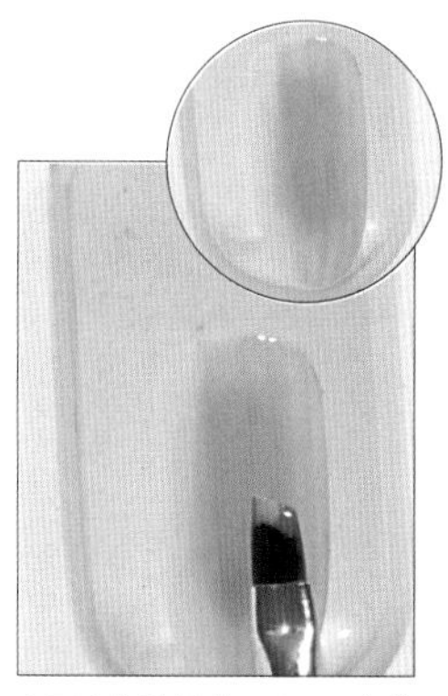

05以中斜笔蘸取深、浅粉色凝胶，刷在步骤 3-4 的直线上。

06以深粉色凝胶（色卡16）在甲片另一侧往下画一直线。

07以中斜笔蘸取深、浅粉色凝胶，刷在步骤 6 的直线上。

08重复步骤 3-5 再刷一次渐层。

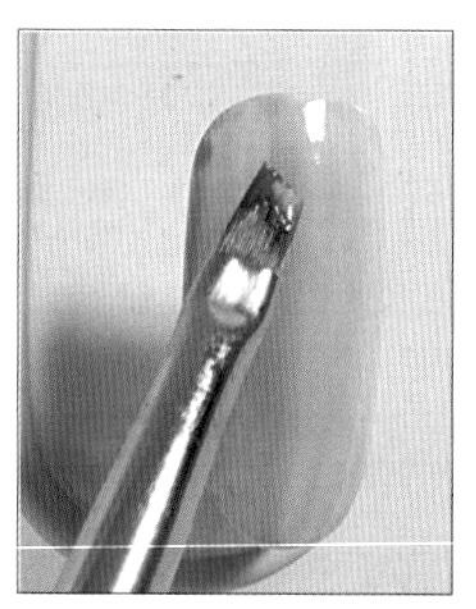

09重复步骤 6-7 再刷一次渐层。

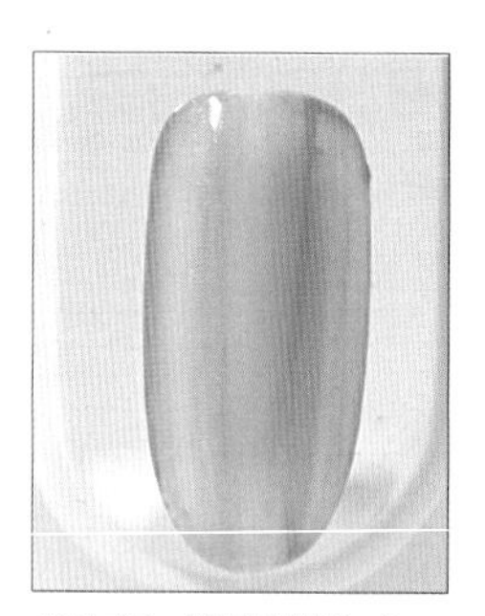

10如图，渐层刷制完成。

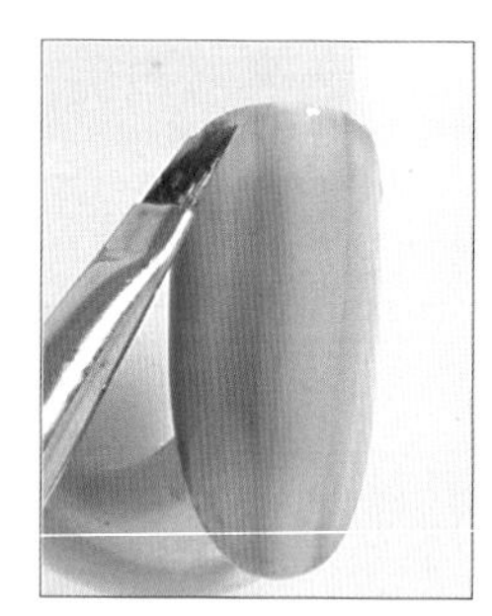

11重复步骤 6-7 再刷一次渐层，以增加色彩饱和度。

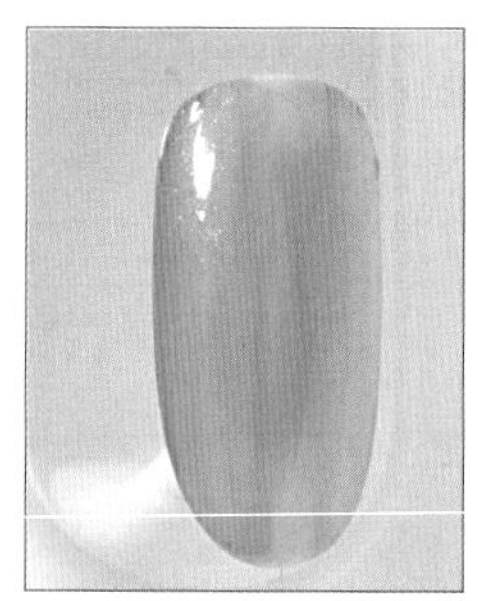

12如图，渐层刷制完成，并放入光疗灯中使凝胶暂时固化。

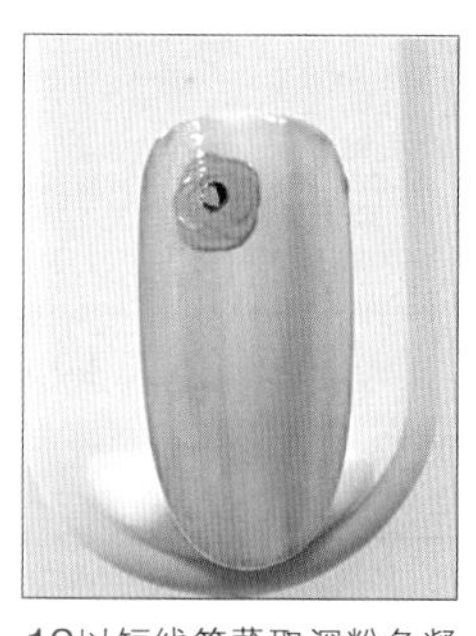

13以短线笔蘸取深粉色凝胶，在甲片右上角先绘制一圆形并照灯暂时固化后，再以极细短线笔蘸取黑色凝胶在圆形中间绘制蕊心（参考图示101）。

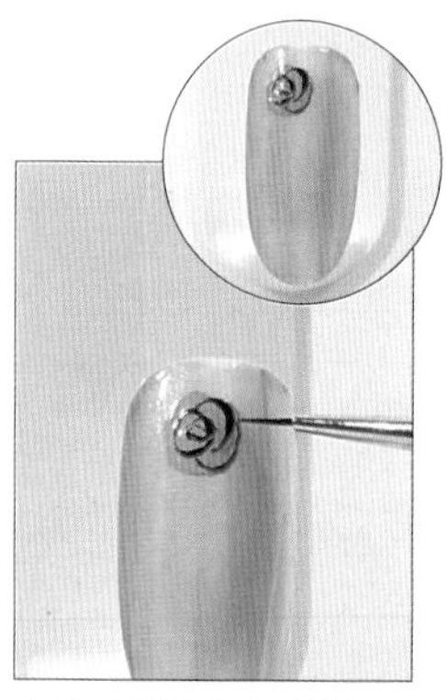

14取已蘸黑色凝胶的极细短线笔以步骤 13 的蕊心为中心向外绘制半圆形，形成玫瑰花形（参考图示 102-104）。

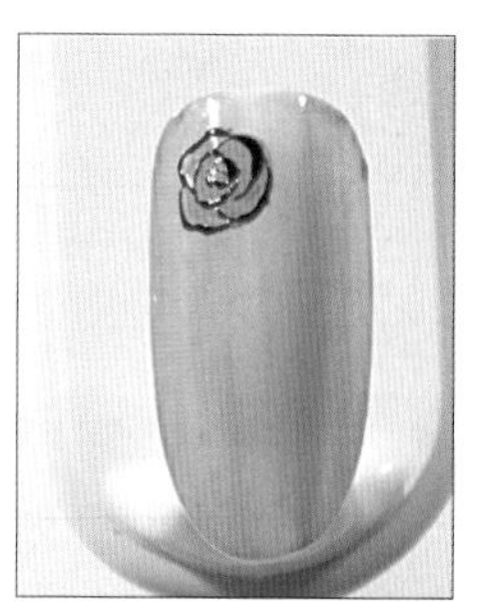

15重复步骤 14，将玫瑰花 1 绘制完成（注：玫瑰花以不超过步骤 13 的圆形为主，参考图示 105-106）。

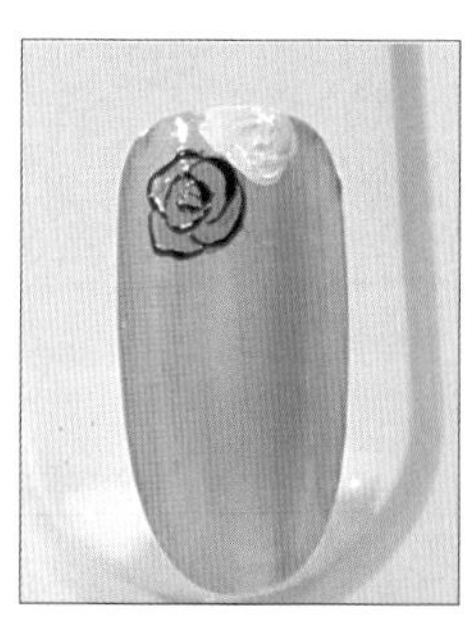

16以短线笔蘸取白色凝胶，在步骤 13 圆形侧边绘制一圆形，并照灯暂时固化。

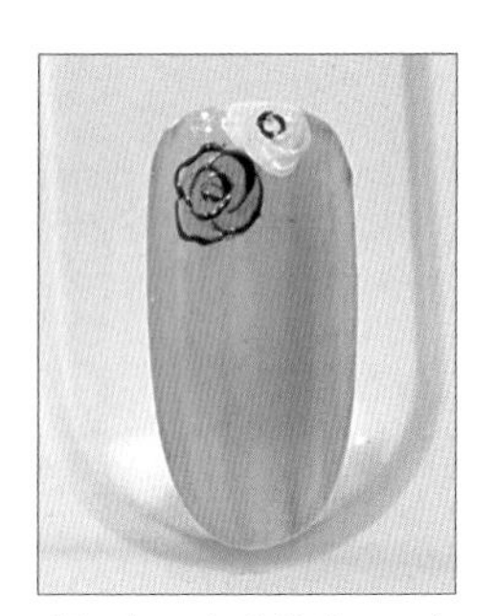

17以极细短线笔蘸取黑色凝胶在圆形中间绘制一蕊心（参考图示 201）。

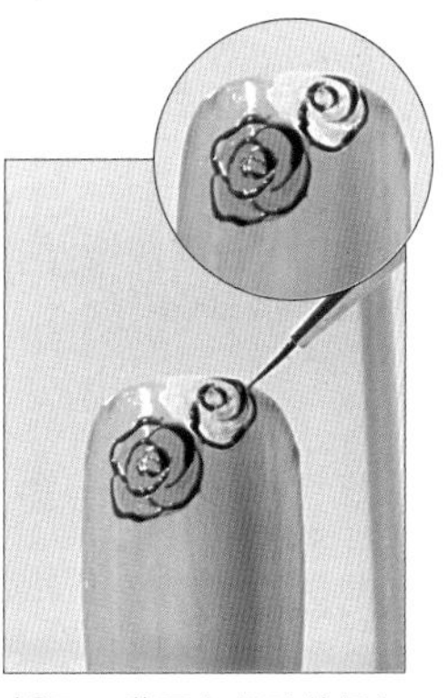

18取已蘸黑色凝胶的极细短线笔以步骤 17 的圆圈为中心向外绘制半圆形，形成玫瑰花形（参考图示 202-204）。

19重复步骤 18，将玫瑰花 2 绘制完成（注：玫瑰花以不超过步骤 16 的圆形为主，参考图示 205-206）。

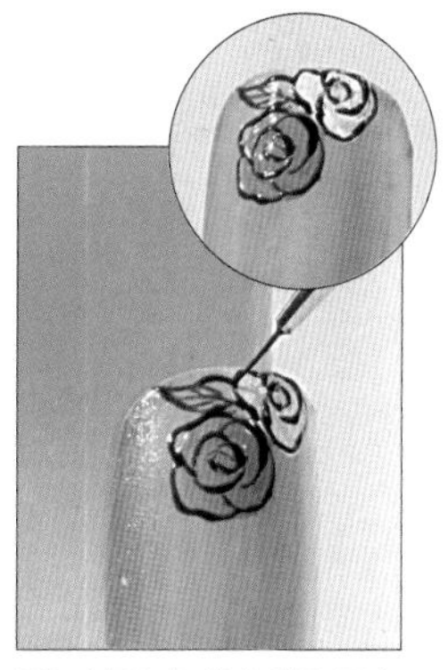

20以极细短线笔蘸取黑色凝胶在玫瑰花 2 侧边绘制叶子（参考图示 301-306）。

21以极细短线笔蘸取黑色凝胶在玫瑰花 1 和 2 的中间绘制两片叶子。

22以极细短线笔蘸取黑色凝胶在叶子中间绘制弧形线条。

23以针笔蘸取黑色凝胶在弧形线条两侧点上黑点点缀。

24先将甲片放入光疗灯暂时固化后，再涂上上层凝胶。

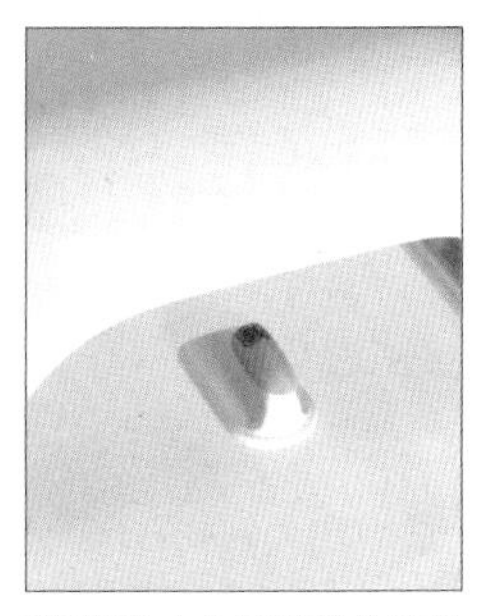

25将涂上上层凝胶的甲片放在光疗灯中，使表面凝胶固化（注：可视甲面造型厚薄来调整上层胶涂刷的次数）。

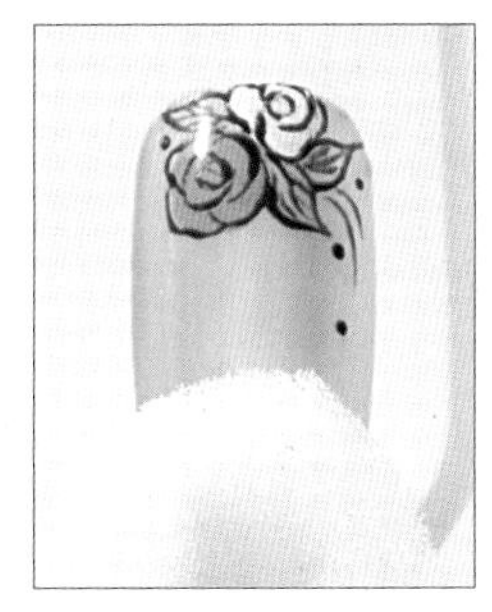

26最后，再以凝胶清洁绵蘸取凝胶清洁液清除未固化凝胶即可。

效果如图，凝胶清洁完成。

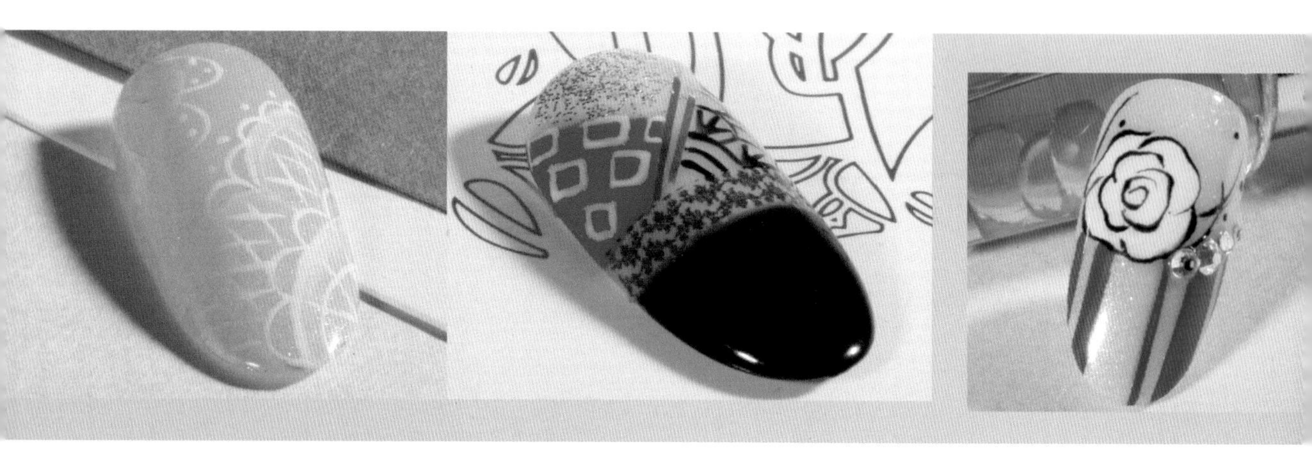

优雅日式

Part8

白色爱恋

步骤

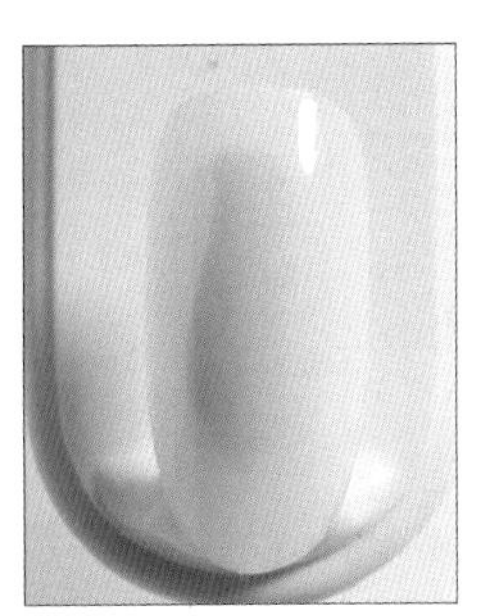

01先在甲片上涂上底层凝胶。

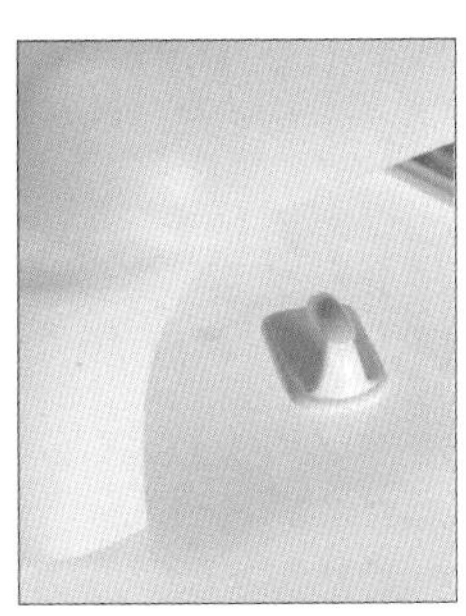

02承步骤1，将甲片放置在光疗灯中使底层凝胶暂时固化。

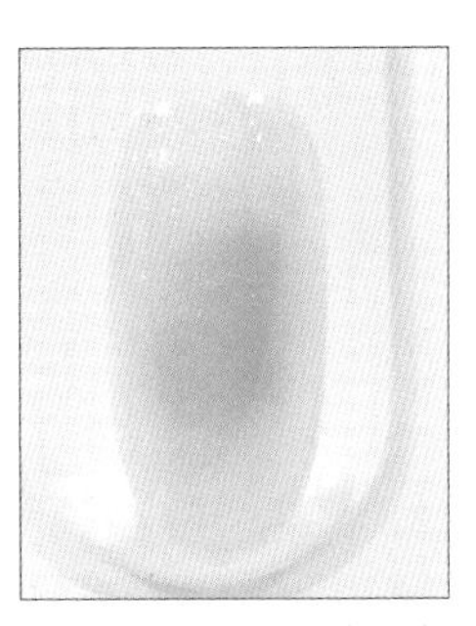

03在甲片上涂上亮粉色凝胶（色卡5），并放入光疗灯中使凝胶暂时固化（注：可视颜色的饱和度调整彩色凝胶的涂刷次数）。

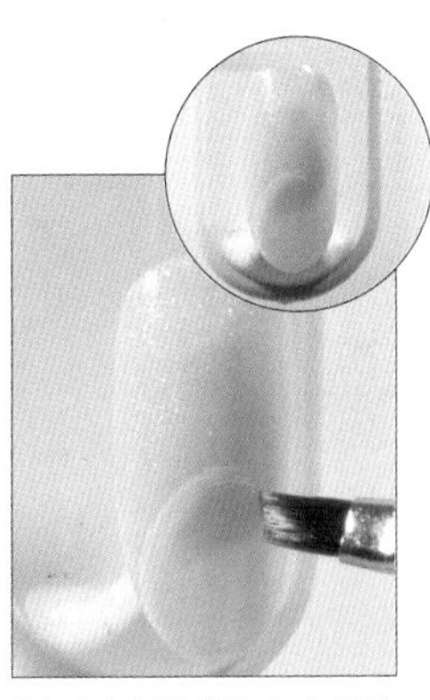

04以中斜笔蘸取白色凝胶从甲尖往上画弧形线条。

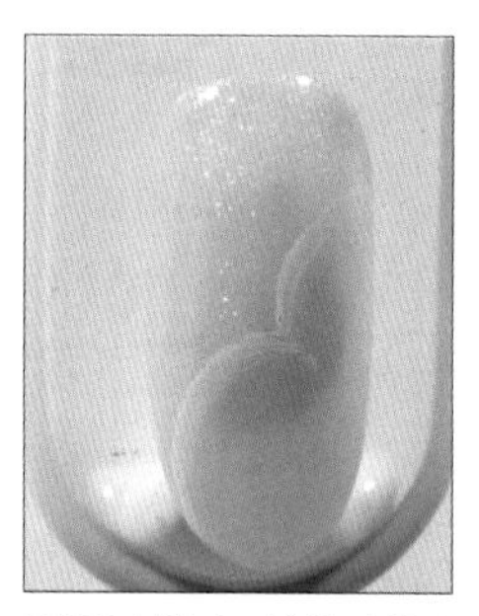

05承步骤4，接续步骤4的弧形线条再往上画弧形线条，形成波浪状线条。

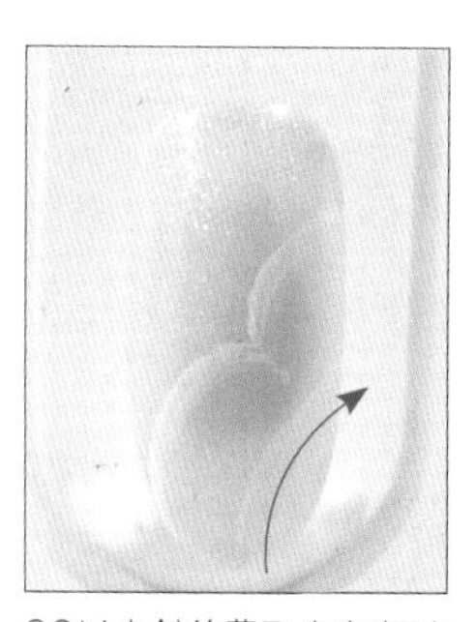

06以中斜笔蘸取白色凝胶在波浪状线条下方画一弧形线条1，将甲片放入光疗灯中暂时固化。

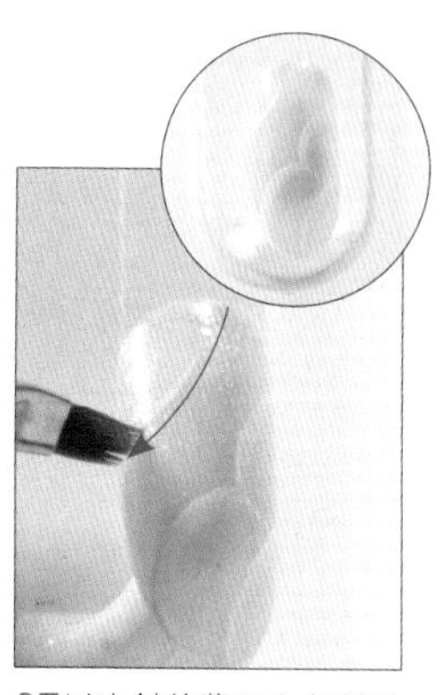

07以中斜笔蘸取白色凝胶在波浪状线条上方画一弧形线条2。

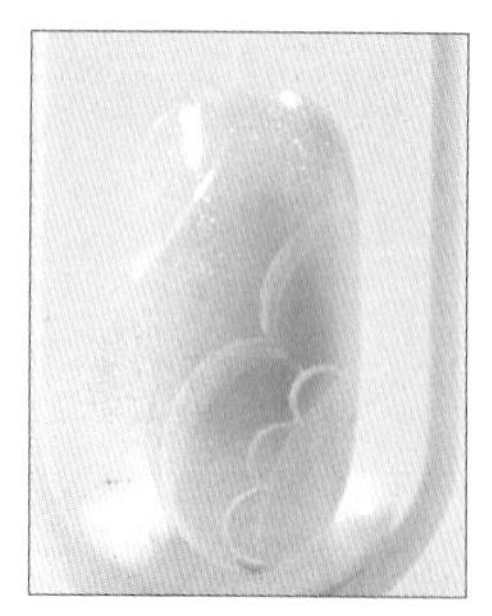

08以极细短线笔蘸取白色凝胶在弧形线条1上方画三个半圆波浪弧形。

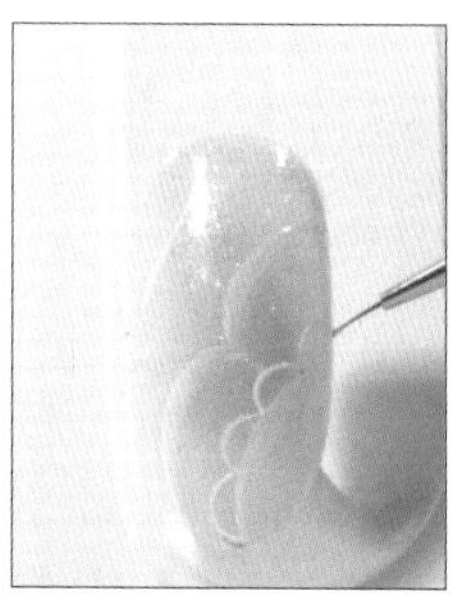

09承步骤8，再画一个半圆波浪弧形。

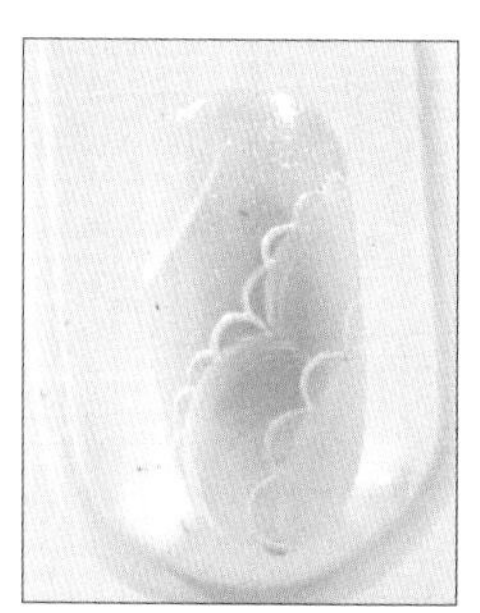

10以极细短线笔蘸取白色凝胶沿着波浪状线条上方画半圆波浪弧形。

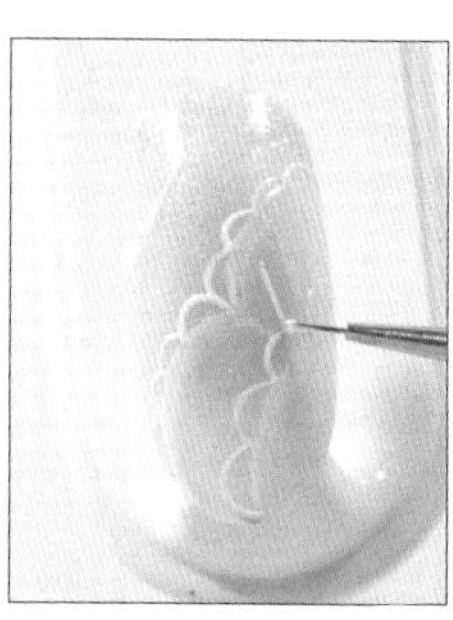

11以极细短线笔蘸取白色凝胶在波浪形线条下方绘制斜线（注：以不超过步骤9的半圆波浪弧形为主）。

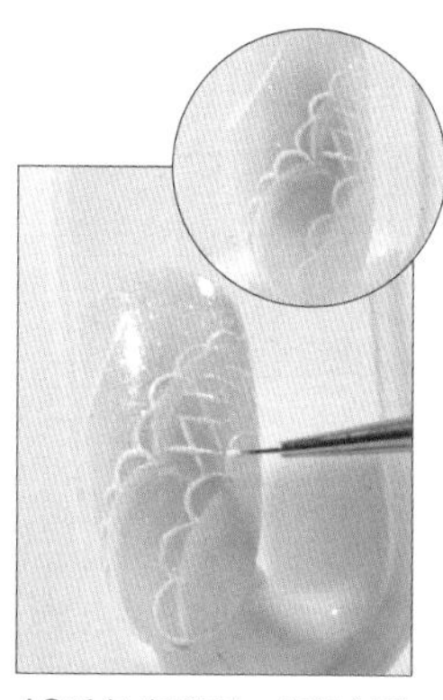

12重复步骤11，再绘制斜线，但需与步骤11的斜线呈现交叉图形。

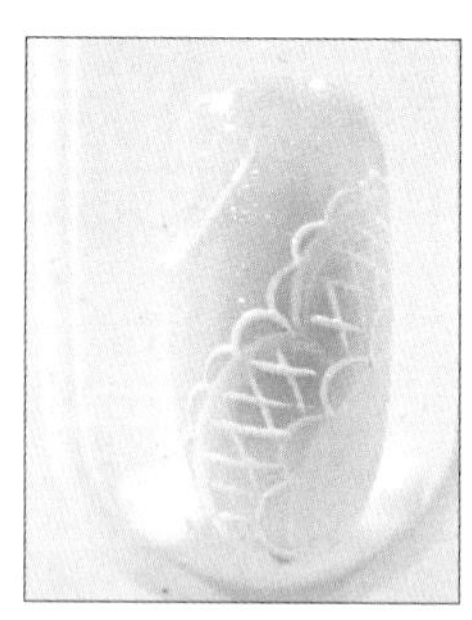

13重复步骤11-12，绘制完交叉图形后，再将甲片放入光疗灯暂时固化。

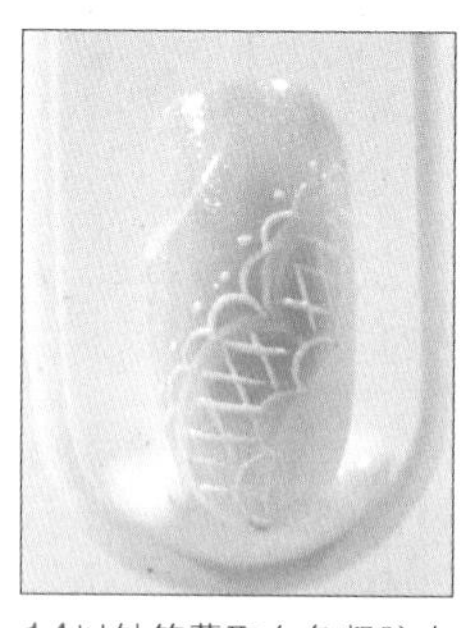

14以针笔蘸取白色凝胶在步骤10的半圆形上方点上白点（注：在两个半圆波浪弧形中间分别点上白点）。

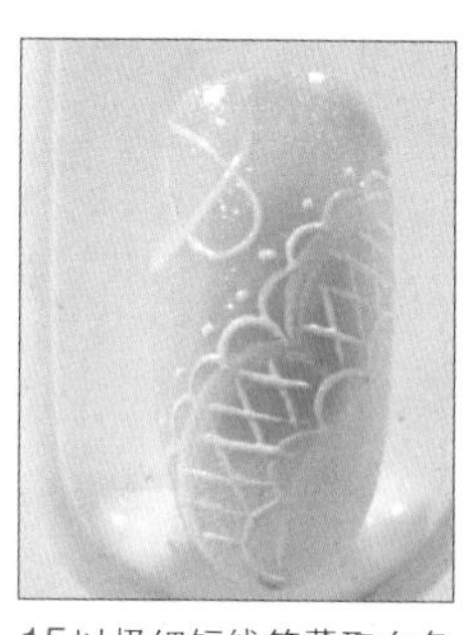

15以极细短线笔蘸取白色凝胶在弧形线条2中间画一片花瓣。

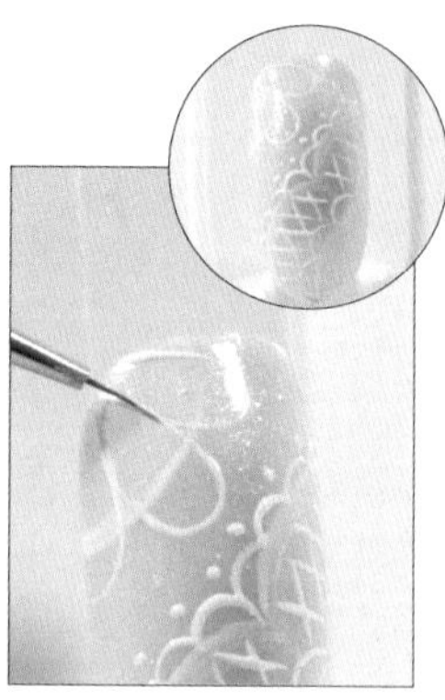

16重复步骤15，再画上两片花瓣，形成以三片花瓣组成的花朵。

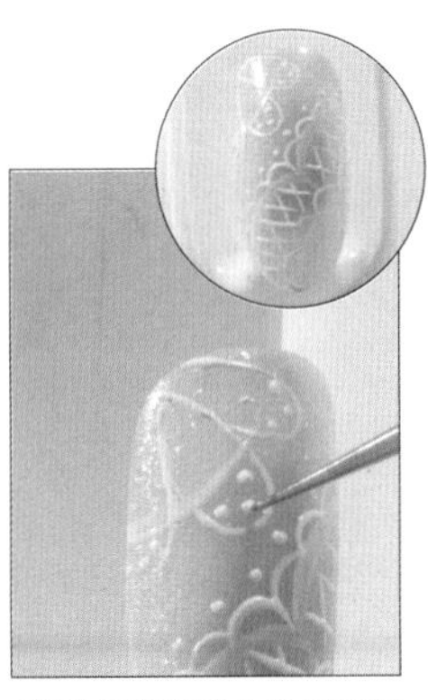

17以针笔蘸取白色凝胶在花瓣内分别点上三个白点。

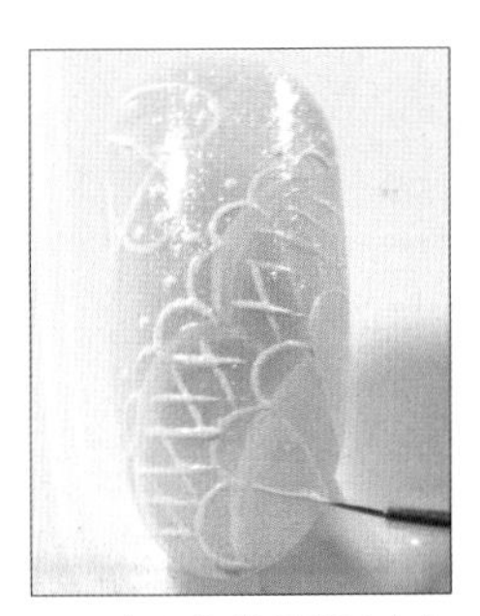

18以极细短线笔蘸取白色凝胶在步骤9的半圆波浪形下方画出斜线，形成花瓣图样。

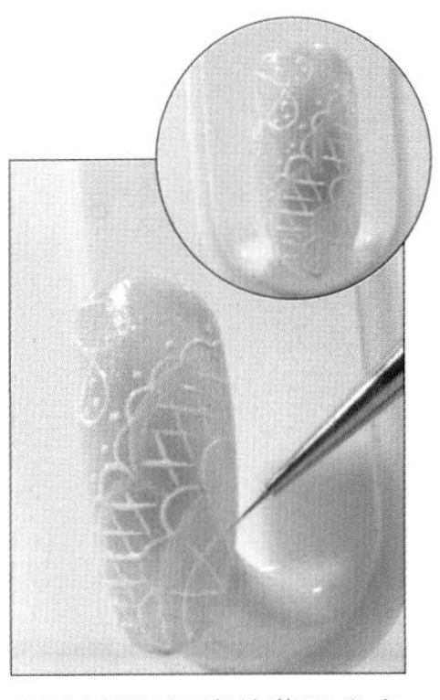

19以极细短线笔蘸取白色凝胶在弧形线条1下方再画一条弧形线条。

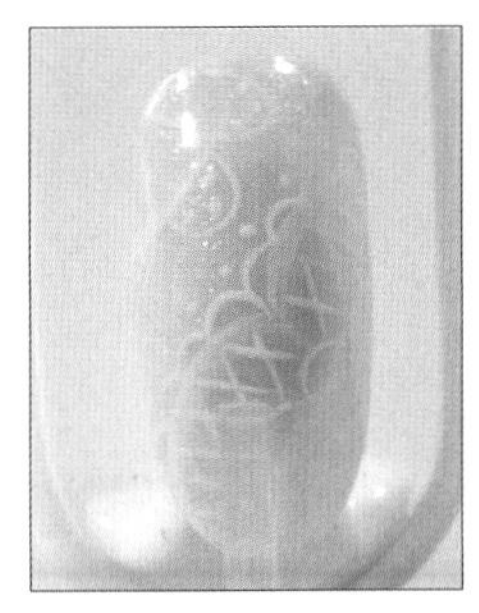

20先将甲片放入光疗灯暂时固化后，再涂上上层凝胶。

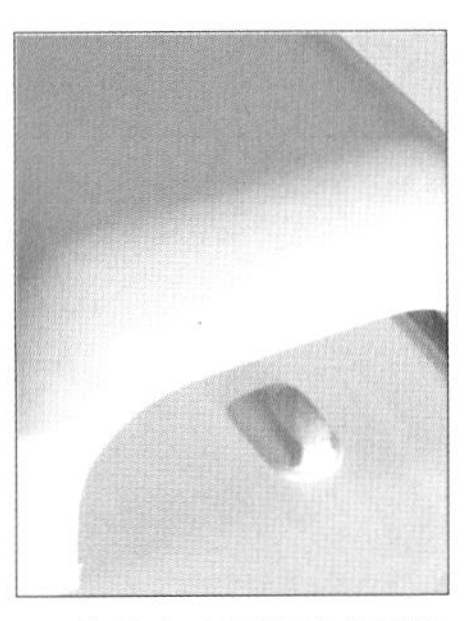

21将涂上上层凝胶的甲片放在光疗灯中，使表面凝胶固化（注：可视甲面造型厚薄来调整上层胶涂刷的次数）。

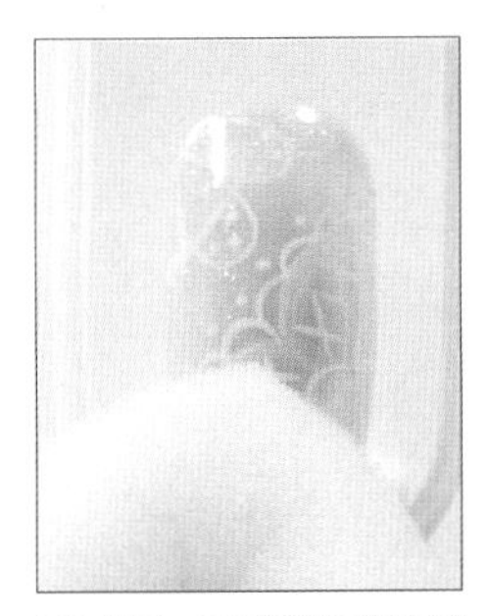

22最后，再以凝胶清洁绵蘸取凝胶清洁液清除未固化凝胶即可。

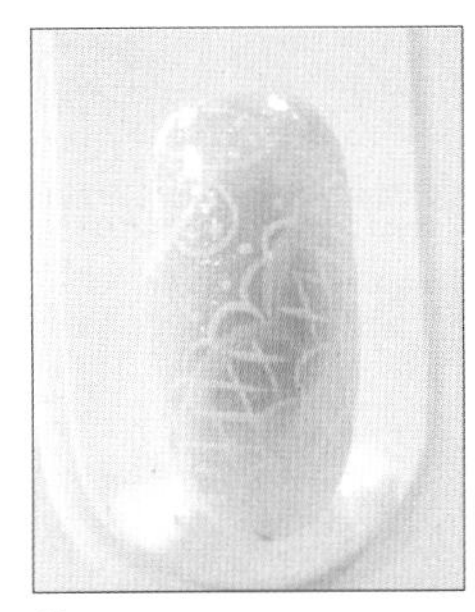

效果如图，凝胶清洁完成。

典雅和风

步骤

01先在甲片上涂上底层凝胶。

02承步骤 1，将甲片放置在光疗灯中使底层凝胶暂时固化。

03以黑色凝胶（色卡 13）在甲片 1/3 处往甲尖涂满凝胶，将甲片放入光疗灯短暂固化。

04以桃红色凝胶在甲片侧边绘制一梯形（注：与步骤 3 的黑色凝胶之间需预留间隙）。

05先放入光疗灯中使凝胶暂时固化，再以镊子夹取图腾贴纸贴在步骤 4 预留的间隙上。

06以亮银色凝胶在梯形上方绘制一扇形，并放入光疗灯中使凝胶暂时固化（注：扇形大小与梯形大小相同，不可超过梯形）。

07以银线贴沿着梯形及扇形的边缘粘贴。

08以剪刀沿着甲片边缘剪下多余的银线贴。

09如图，银线贴剪制完成，与步骤 5 的贴纸形成一三角形。

10以极细短线笔蘸取黑色凝胶在银线贴下方画弧形线条，以一个弧形线条上方堆叠两个弧形线条的方式绘制。

11重复步骤 10，依序往上堆叠绘制。

12重复步骤 10，完成弧形线条的绘制。

13以极细短线笔蘸取黑色凝胶在步骤 12 的弧形线条内侧绘制三角线。

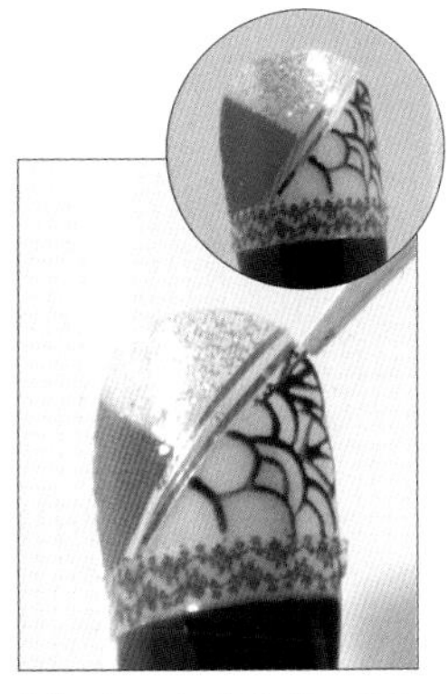

14以极细短线笔蘸取黑色凝胶在弧形线条内侧重复绘制另一弧形线条。

15重复步骤 13，以极细短线笔蘸取黑色凝胶绘制三角线。

16以极细短线笔蘸取黑色凝胶，重复绘制弧形线条。

17以极细短线笔蘸取白色凝胶在步骤 4 的梯形内侧依序绘制正方形。

18如图，正方形绘制完成。

19先将甲片放入光疗灯暂时固化后，再涂上上层凝胶。

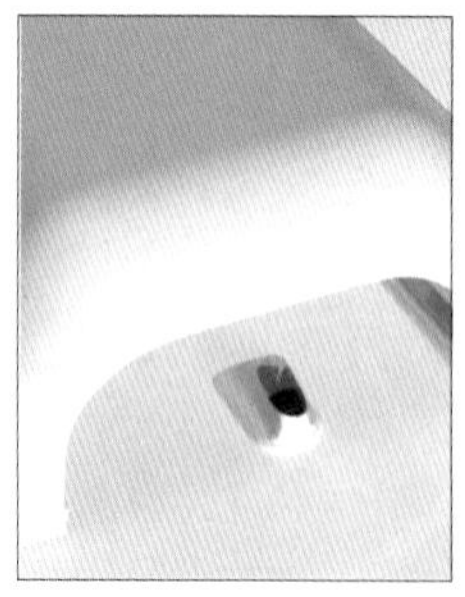

20将涂上上层凝胶的甲片放在光疗灯中，使表面凝胶固化。

21最后，再以凝胶清洁绵蘸取凝胶清洁液清除未固化凝胶即可。

效果如图，凝胶清洁完成。

别致品味

图示

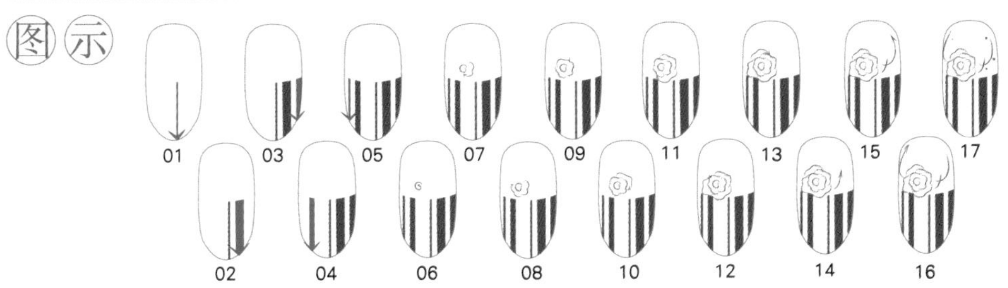

步骤

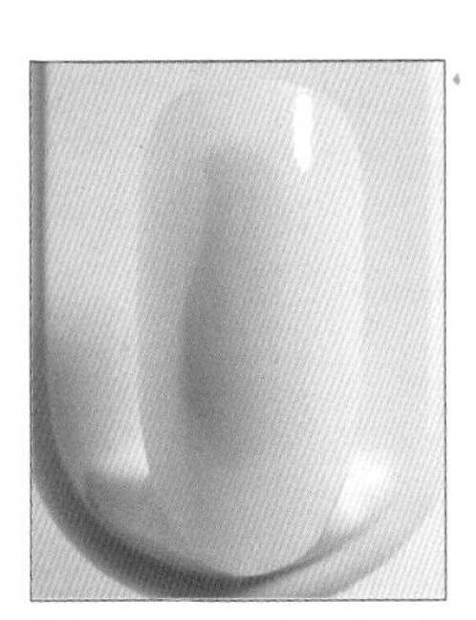

01先在甲片上涂上底层凝胶。

02承步骤1，将甲片放置在光疗灯中使底层凝胶暂时固化。

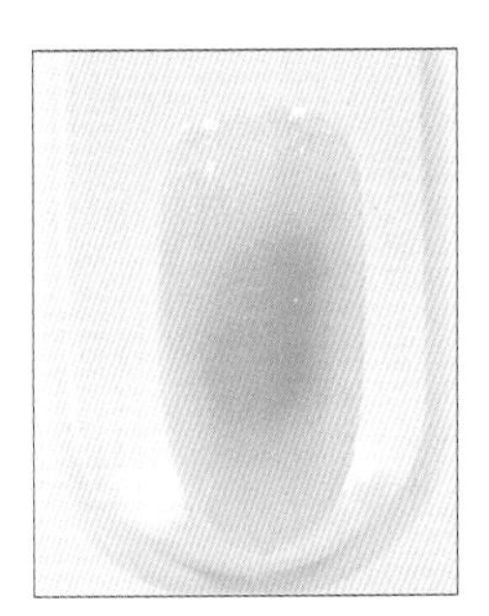

03在甲片上涂上浅粉色凝胶（色卡5），并放入光疗灯中使凝胶暂时固化（注：可视颜色的饱和度调整彩色凝胶的涂刷次数）。

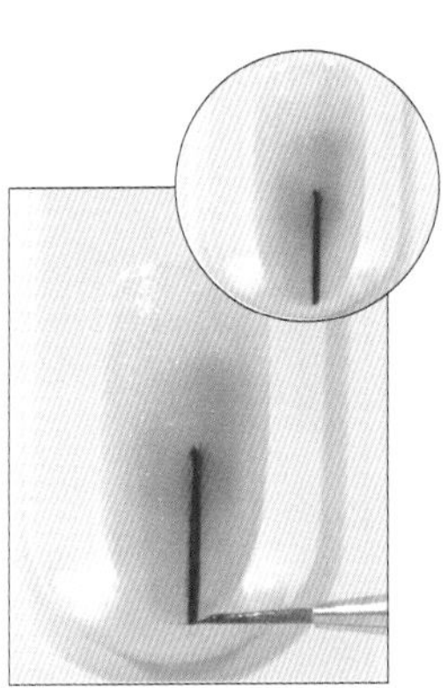

04以长线笔蘸取深紫色凝胶从甲片1/2处往甲尖绘制一直线（参考图示01）。

05承步骤4，再以平头笔修饰边线，使线条更为平整。

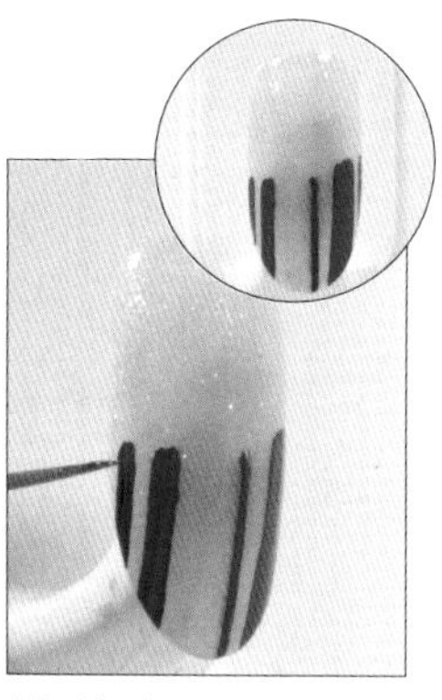

06重复步骤4-5，在甲片两侧画上直线，并放入光疗灯中使凝胶暂时固化（注：直线的粗细可依整体设计微调，参考图示02-05）。

07以短线笔蘸取白色凝胶先在直线上方绘制一圆形，照灯暂时固化后，再以极细短线笔蘸取黑色凝胶在圆形中间画一蕊心形状（参考图示06）。

08以极细短线笔蘸取黑色凝胶以步骤7的蕊心为中心，绘制三片花瓣（注：花瓣线条可粗细呈现，参考图示07-09）。

09重复步骤8，再绘制两片花瓣（注：画到外围的花瓣需将花瓣画大一些，才可呈现玫瑰花盛开的样子，参考图示10-11）。

10重复步骤8，再绘制两片花瓣，形成玫瑰花的图样（参考图示12-13）。

11以极细短线笔蘸取黑色凝胶在玫瑰花两侧绘制弧形线条，增加甲片的设计感（参考图示14-16）。

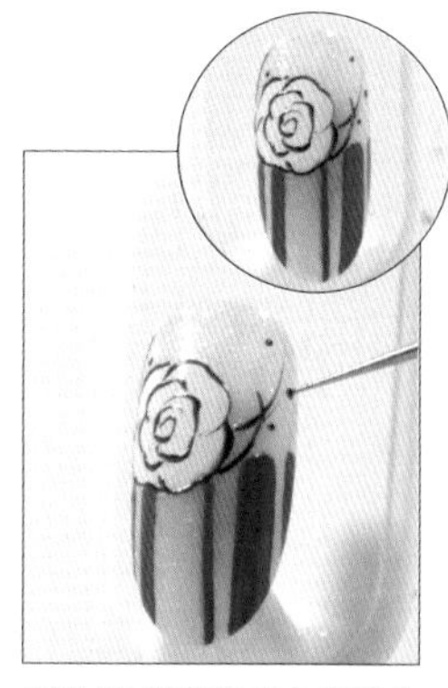

12以针笔蘸取黑色凝胶在弧形线条两侧点上圆点点缀后，将甲片放入光疗灯中，使凝胶暂时凝固（参考图示17）。

13以短线笔在步骤6的直线上方涂上少量建构胶，以镊子夹取大小不同的白钻依序摆放使造型呈现华丽感。

14将甲片放入光疗灯暂时固化使白钻固定贴牢，再涂上上层凝胶，并将甲片放在光疗灯中，使表面凝胶固化。

15最后，再以凝胶清洁绵蘸取凝胶清洁液清除未固化凝胶即可。

效果如图，凝胶清洁完成。

私藏甜味

图示

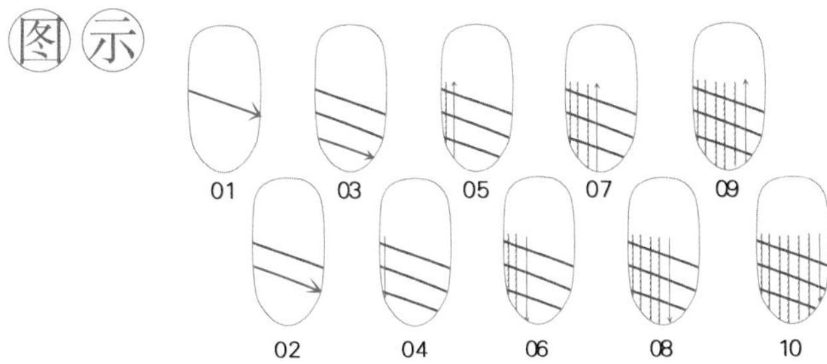

步骤

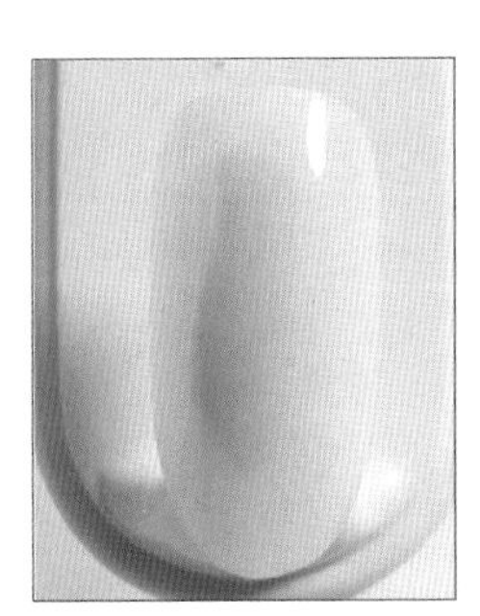

01先在甲片上涂上底层凝胶。

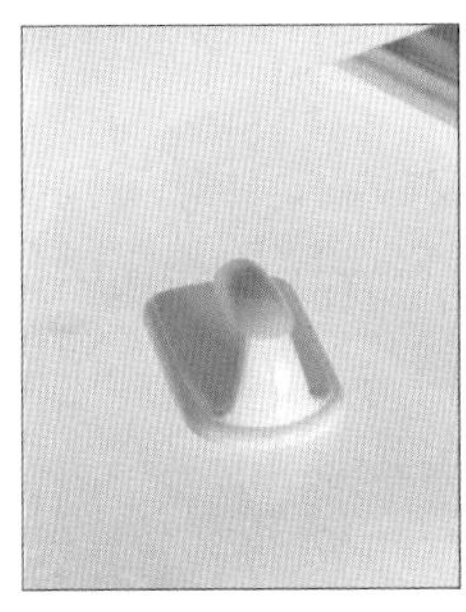

02承步骤1，将甲片放置在光疗灯中使底层凝胶暂时固化。

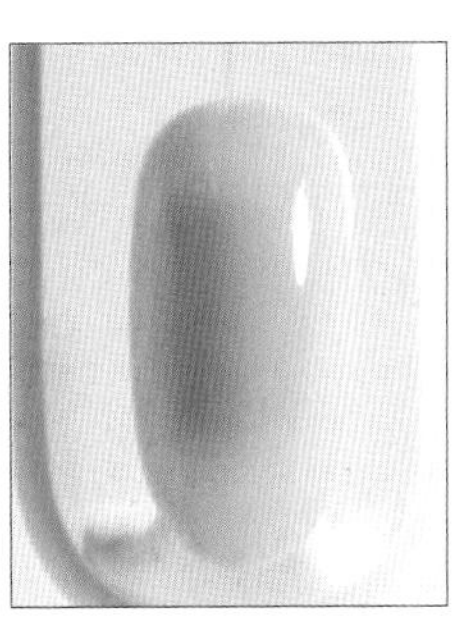

03在甲片上涂上粉色凝胶（色卡11）后，将甲片放在光疗灯中，使表面凝胶暂时固化。

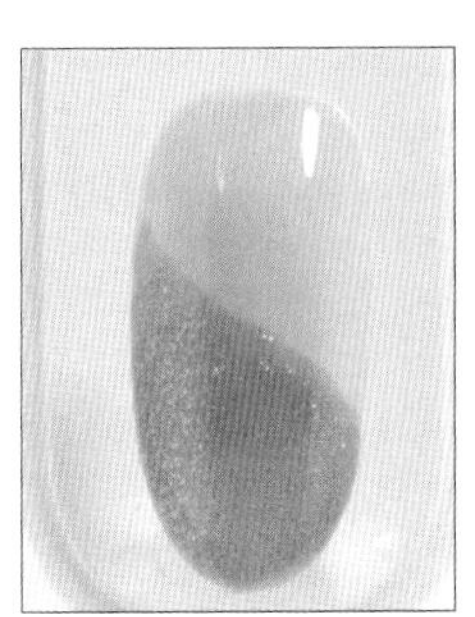

04以亮粉橘色凝胶（色卡25）从甲片右侧往下涂刷一斜边色块，再放入光疗灯暂时固化。

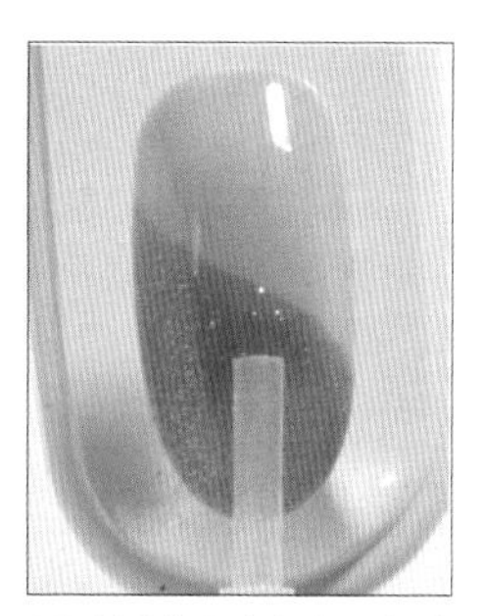

05在甲片上涂上上层凝胶后，将甲片放在光疗灯中，使表面凝胶固化。

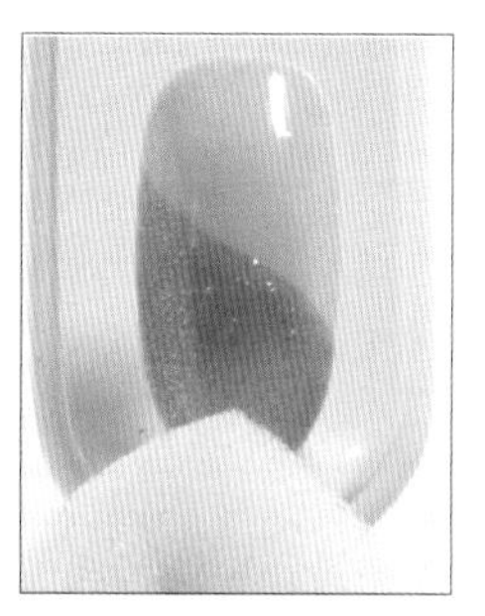

06以凝胶清洁绵蘸取凝胶清洁液清除未固化凝胶。

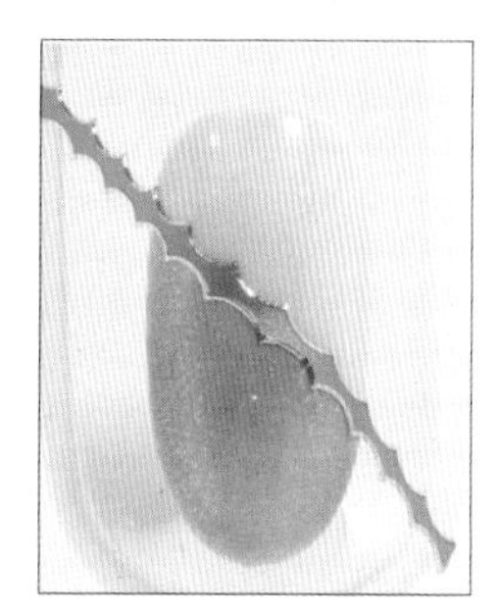

07以镊子夹取弧形长条形贴纸贴在粉色和橘色凝胶的分界。

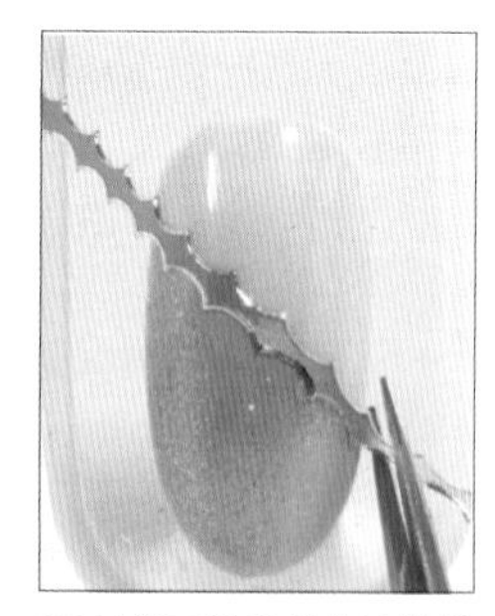

08以剪刀沿着甲片边缘剪下多余的贴纸。

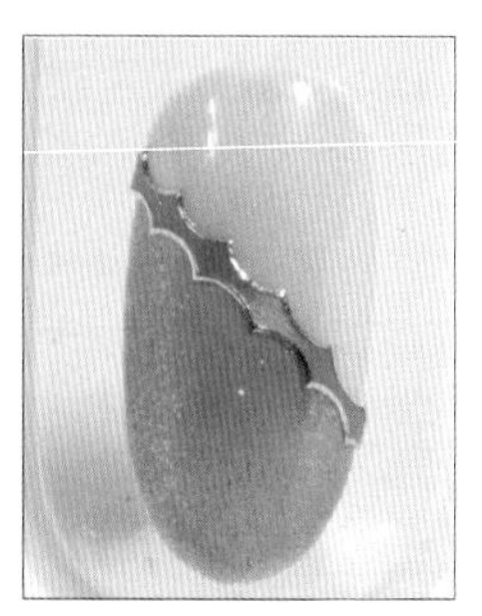

09如图，贴纸剪制完成。

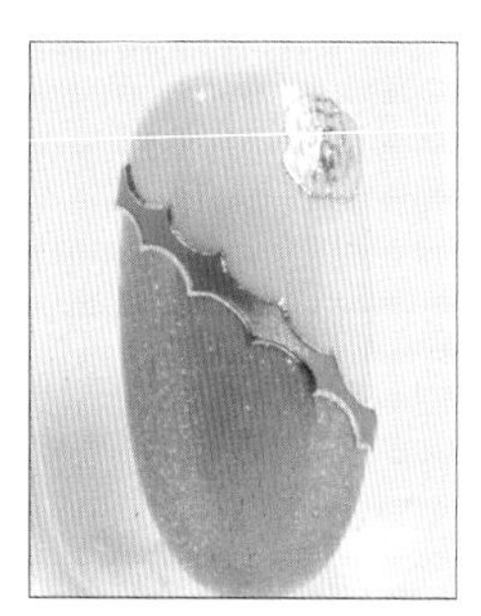

10以镊子夹取玫瑰贴纸，贴在甲片上侧。

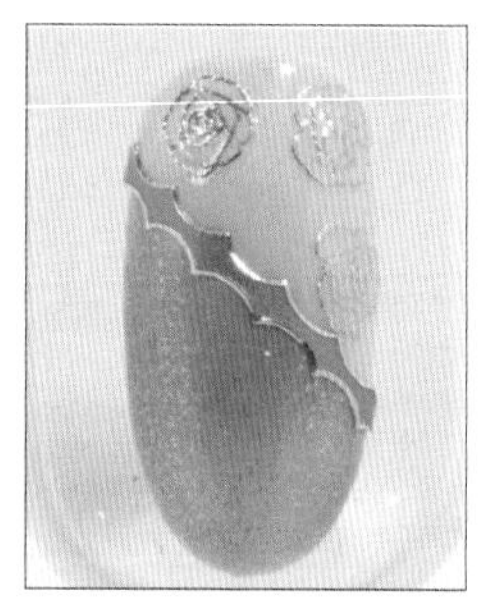

11重复步骤10，再夹取两张玫瑰贴纸并依序贴上。

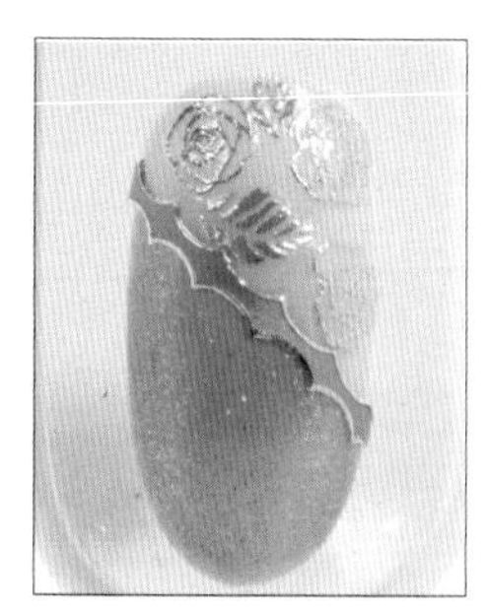

12以镊子夹取叶子贴纸，贴在玫瑰侧边，增加甲片的设计感。

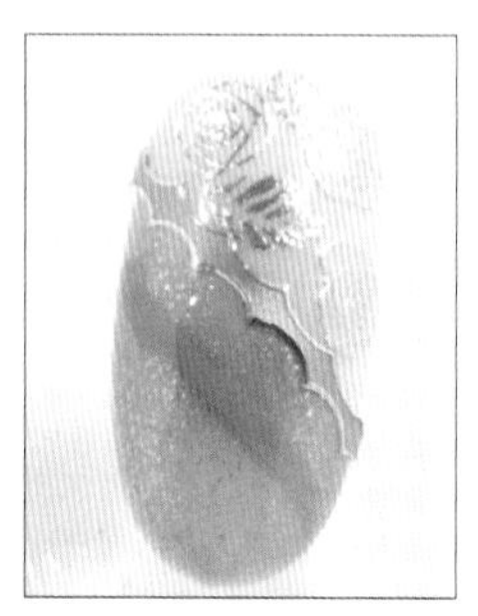

13在步骤9贴纸下方涂刷亮粉橘色凝胶后，用紫色线胶绘一斜线（参考图示01）。

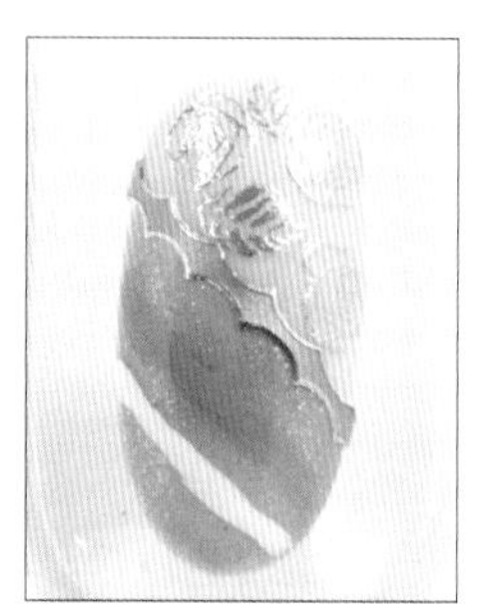

14以白线胶（色卡27）再绘一斜线，两条线中间需预留空间（参考图示02）。

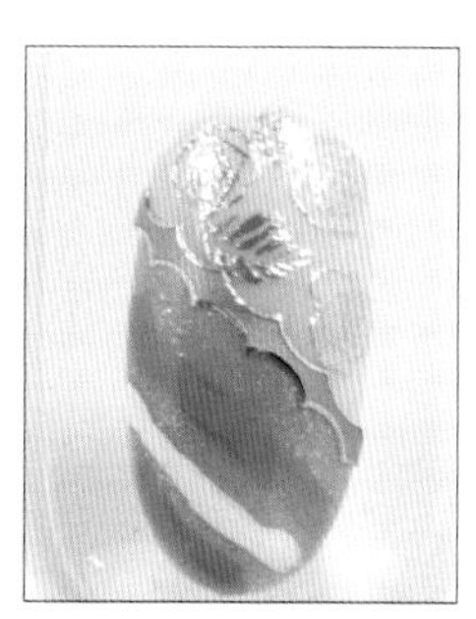

15以紫色线胶在步骤14的白线下方绘制一斜线，两条线中间需预留空间（参考图示03）。

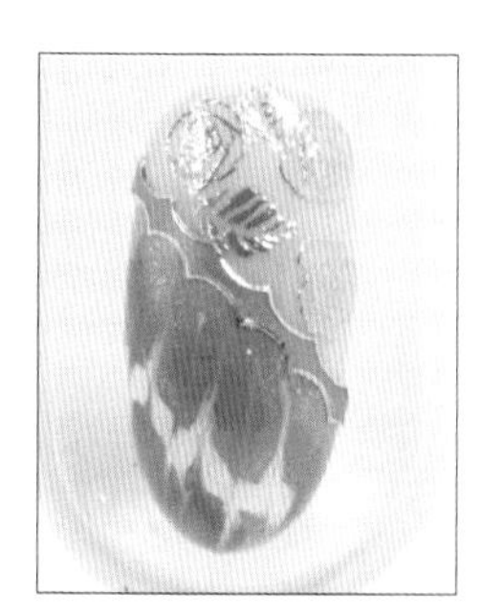

16取干净短线笔以由上往下，再由下往上的方式勾勒出孔雀纹后，放光疗灯中暂时固化（参考图示04-10）。

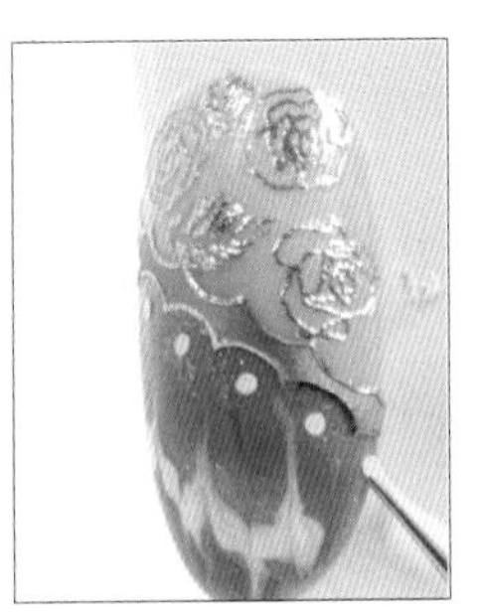

17 先在甲片薄刷建构胶后，取白色圆亮片放在步骤16的孔雀纹上方，并以针笔微调亮片位置。

18 承步骤17，亮片摆放完成后，将甲片放入光疗灯中暂时固化。

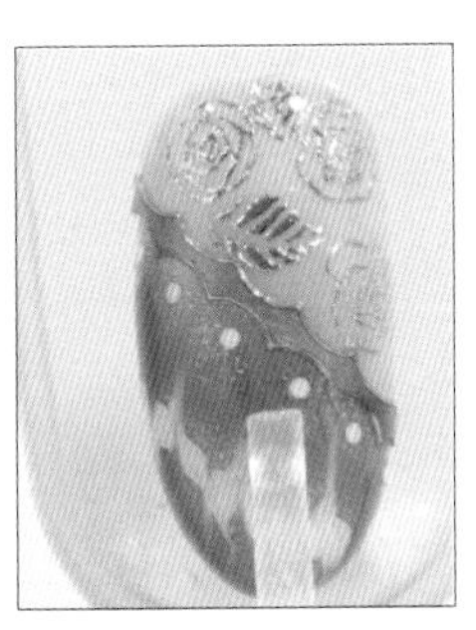

19 在甲片上涂上上层凝胶。

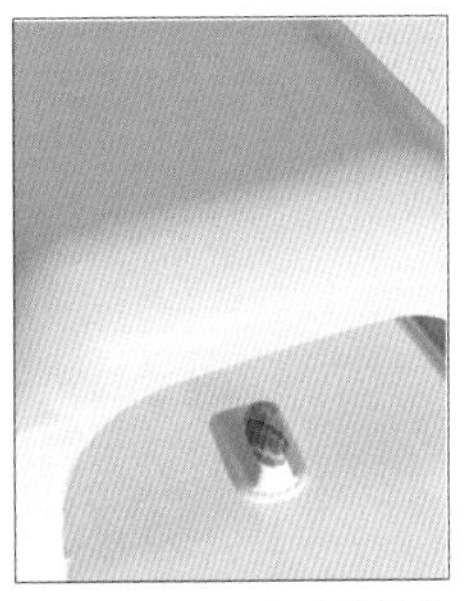

20 将涂上上层凝胶的甲片放在光疗灯中，使表面凝胶固化（注：可视甲面造型厚薄来调整上层胶涂刷的次数）。

21 最后，再以凝胶清洁绵蘸取凝胶清洁液清除未固化凝胶即可。

效果如图，凝胶清洁完成。

日式风韵

步骤

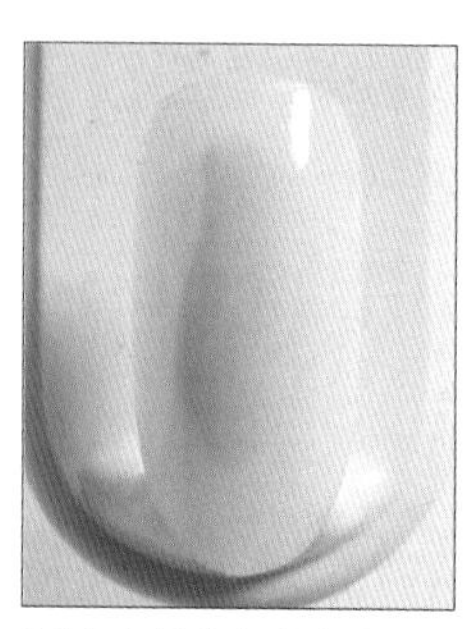

01先在甲片上涂上底层凝胶。

02承步骤1，将甲片放置在光疗灯中

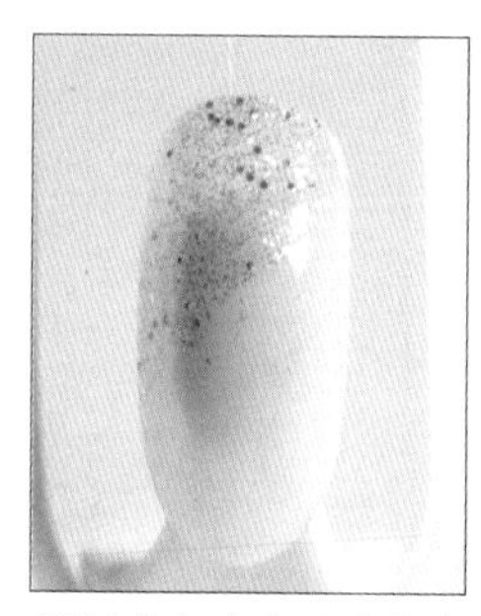

03以亮银色凝胶（色卡21）由甲片上方往下斜刷一斜边色块（注：可以平头笔修平斜线）。

04以粉色凝胶（色卡29）涂刷另一斜边色块后，再照灯暂时固化。

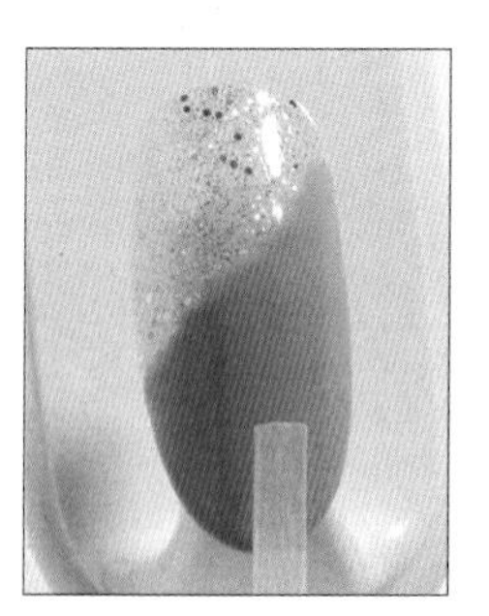

05在甲片上涂上上层凝胶后，将甲片放在光疗灯中，使表面凝胶固化。

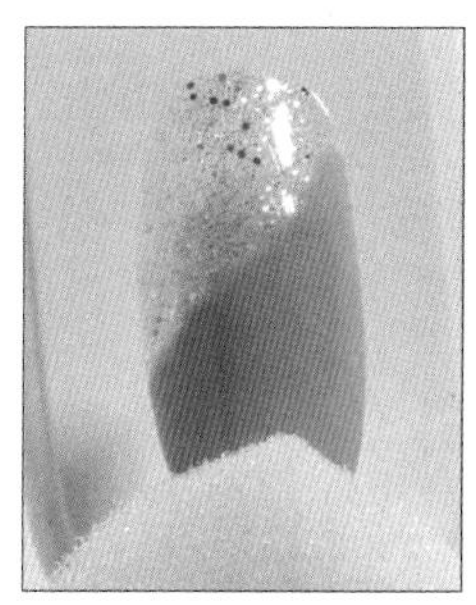

06以凝胶清洁绵蘸取凝胶清洁液清除未固化凝胶。

07以镊子夹取玫瑰花和小花贴纸贴在两色交界处。

08以镊子夹取风扇贴纸依序贴上。

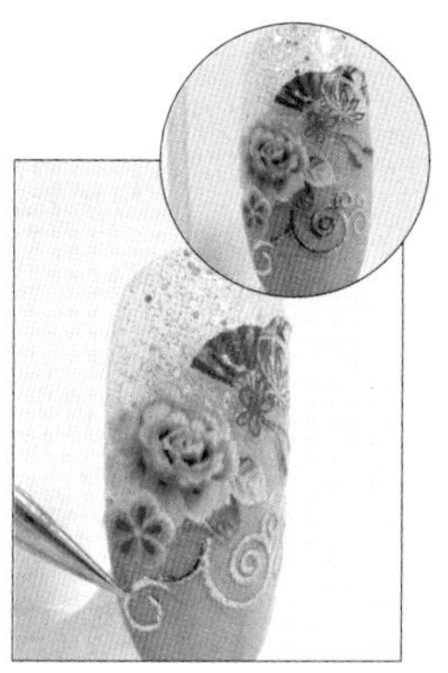

09以镊子夹取金色卷藤贴纸贴在玫瑰花贴纸下方。

10重复步骤9，依序贴满甲片，增加整体的设计感（注：注意贴纸需贴牢）。

11在甲片上涂上上层凝胶。

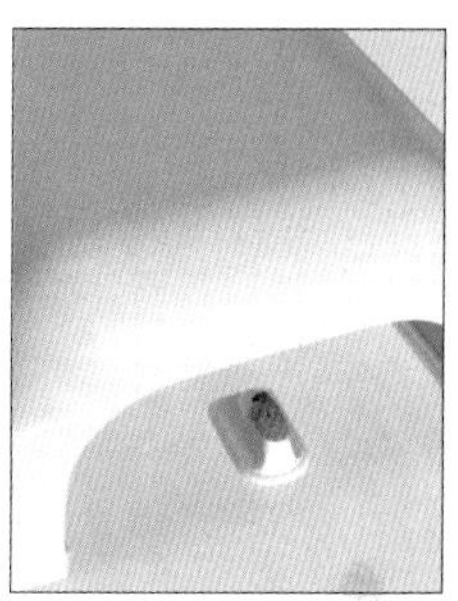

12将涂上上层凝胶的甲片放在光疗灯中，使表面凝胶固化。

13最后，再以凝胶清洁绵蘸取凝胶清洁液清除未固化凝胶即可。

效果如图，凝胶清洁完成。

玫瑰传情

图示

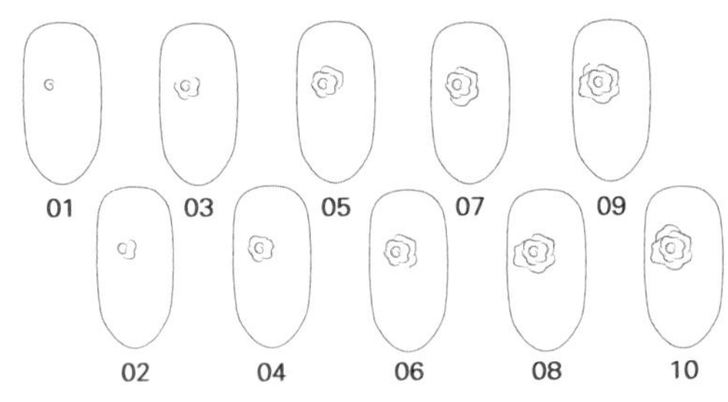

步骤

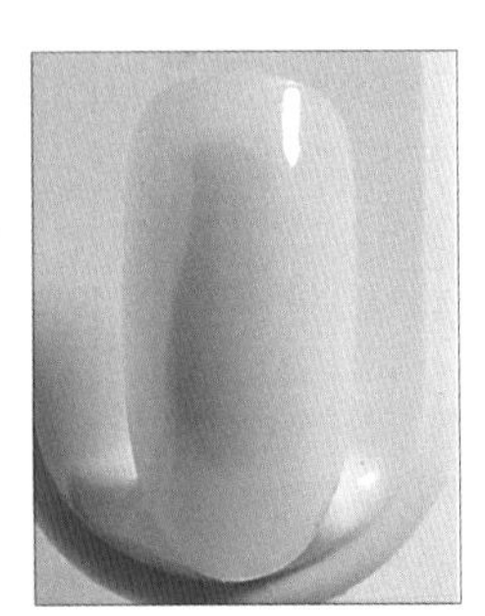

01 先在甲片上涂上底层凝胶。

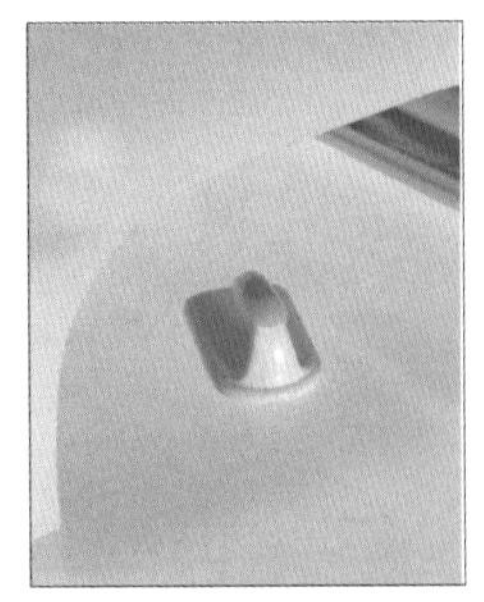

02 承步骤 1，将甲片放置在光疗灯中使底层凝胶暂时固化。

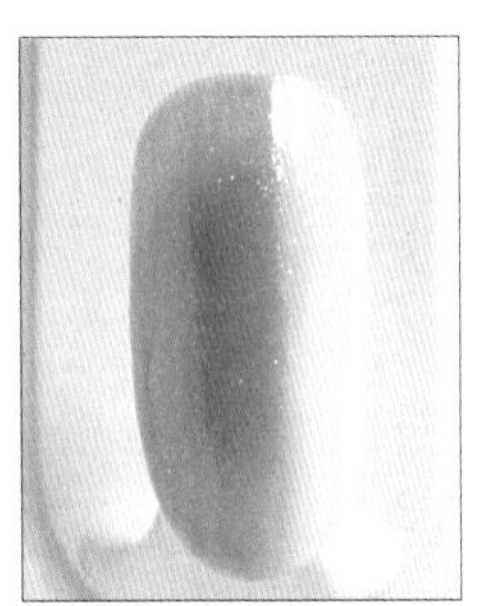

03 以亮粉色凝胶（色卡 5）从甲片 1/2 处由上往下涂刷至甲尖。

04 重复步骤 3，以粉色凝胶（色卡 16）从亮粉色凝胶侧边由上往下涂刷。

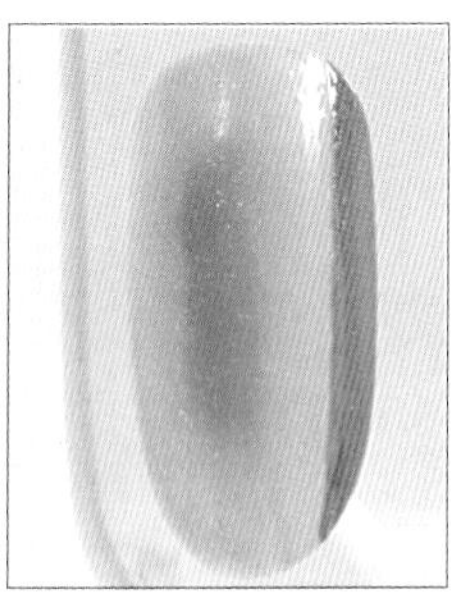

05以深粉色凝胶（色卡29），从粉色凝胶侧边由上往下涂刷后，将甲片放在光疗灯中，使表面凝胶暂时固化。

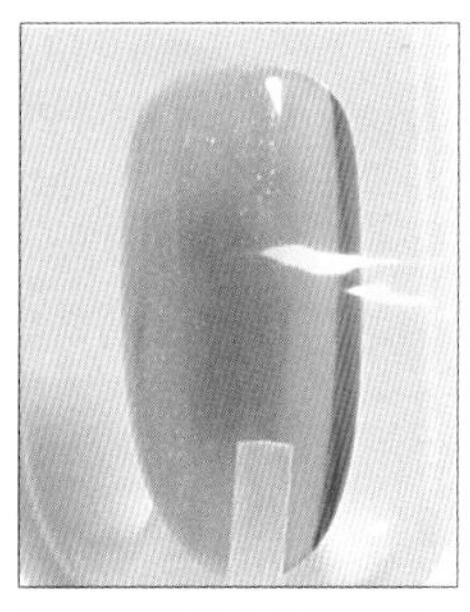

06在甲片涂上上层凝胶，并将甲片放在光疗灯中，使表面凝胶固化。

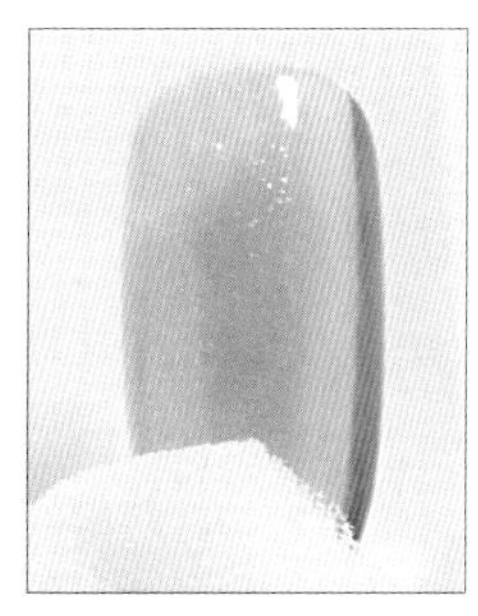

07以凝胶清洁绵蘸取凝胶清洁液清除未固化凝胶。

08先将红色、白色彩绘凝胶颜料挤出放在调色纸张上。

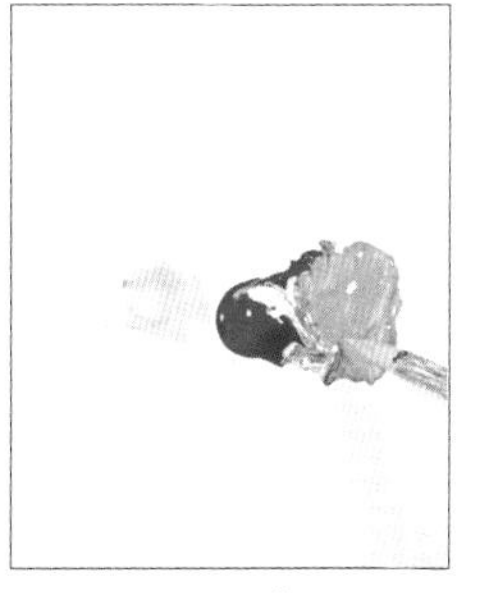

09以彩绘笔先蘸取白色彩绘凝胶颜料，再混合到红色彩绘凝胶颜料上混合成粉红色颜料。

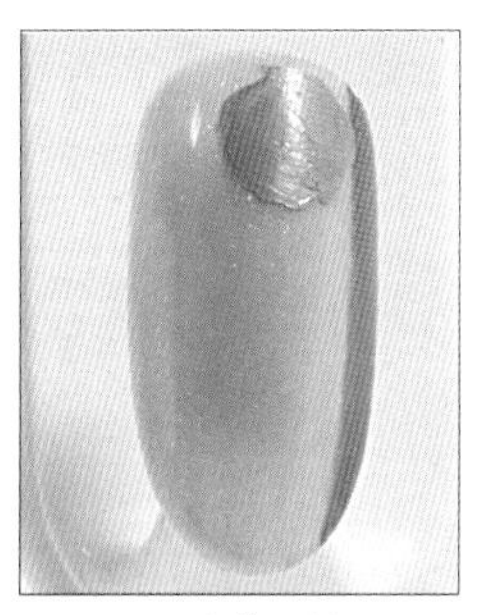

10以彩绘笔蘸取粉红色颜料在甲片上方画一花形，再放入光疗灯中暂时固化。

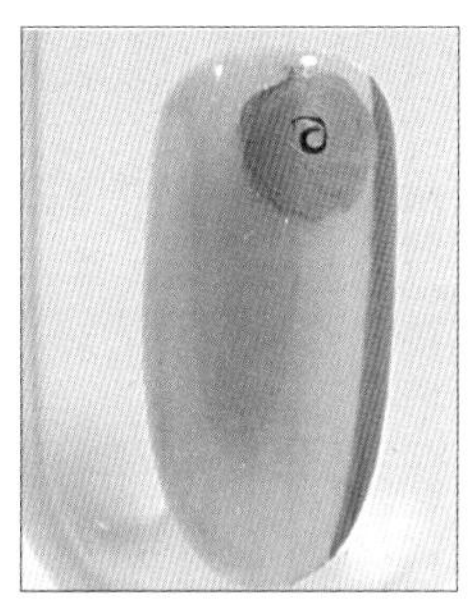

11以彩绘笔蘸取黑色颜料在圆形上方画一蕊心形（参考图示01）。

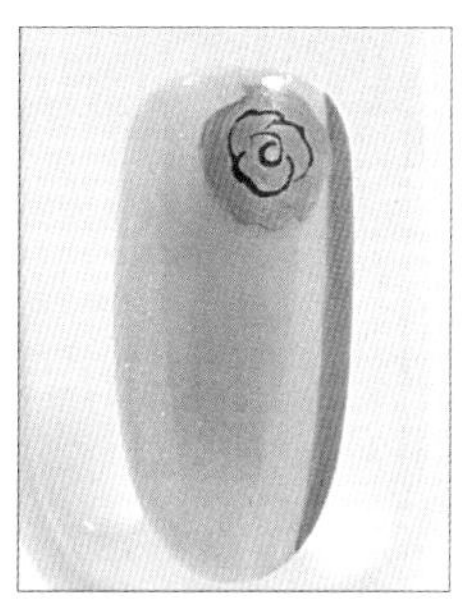

12以彩绘笔蘸取黑色颜料以步骤11的蕊芯为中心，绘制三个U字形，形成玫瑰花瓣（参考图示02-04）。

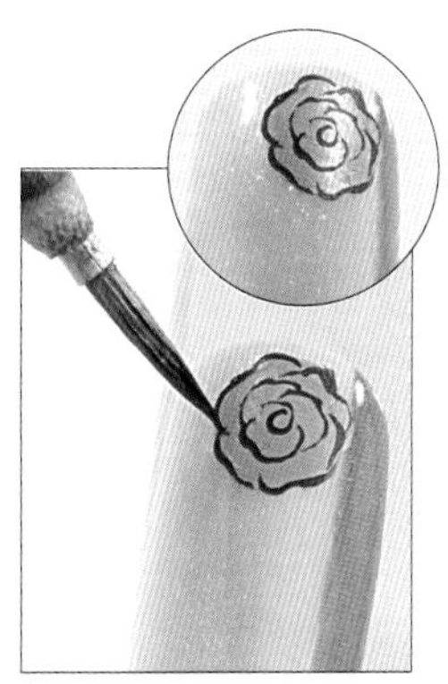

13重复步骤12，依序绘制5个U字形，形成玫瑰花1（注：画到外围的花瓣需将U字形画大一些，才可呈现玫瑰花盛开的样子，参考图示05-10）。

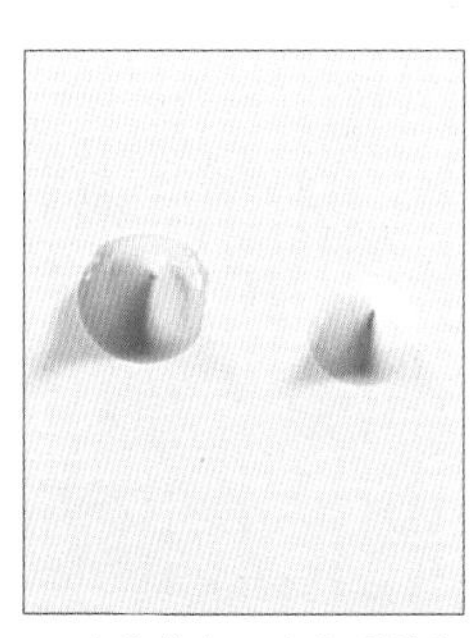

14先将黄色、白色彩绘凝胶颜料挤出放在调色纸张上。

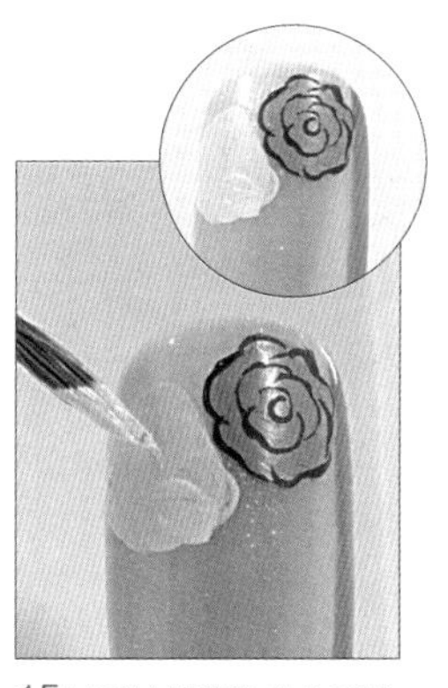

15以彩绘笔蘸取黄色彩绘凝胶颜料在玫瑰1的侧边画一花形，并照灯暂时固化。

16以彩绘笔蘸取白色彩绘凝胶颜料在玫瑰1的另一侧画一花形，并照灯暂时固化。

17重复步骤 11-13，完成玫瑰花 2。

18重复步骤 11-13，完成玫瑰花 3。

19以彩绘笔蘸取绿色彩绘凝胶颜料在玫瑰 1 的下方画一叶片形。

20以彩绘笔蘸取黑色颜料在叶形里面绘制叶脉（注：叶脉颜色可浅一点）。

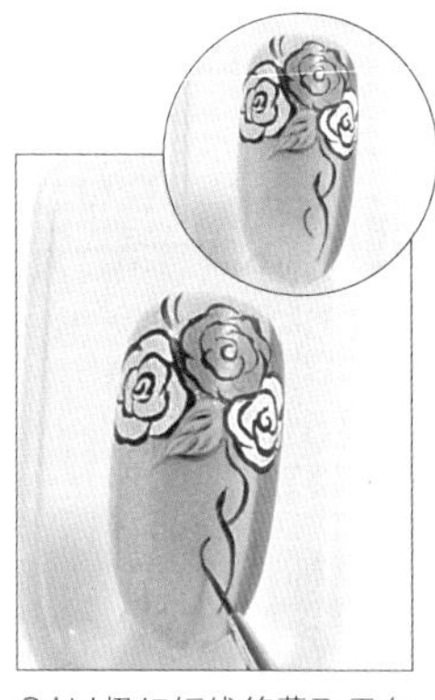

21以极细短线笔蘸取黑色颜料在玫瑰花图样的上、下方绘制弧形线条，增加甲片设计感后，照灯暂时固化并在甲面薄刷建构胶。

22取亮片放置在步骤 21 的弧形线条两侧点缀，增加甲片华丽感，再放入光疗灯中暂时固化。

23在甲片上涂上上层凝胶。

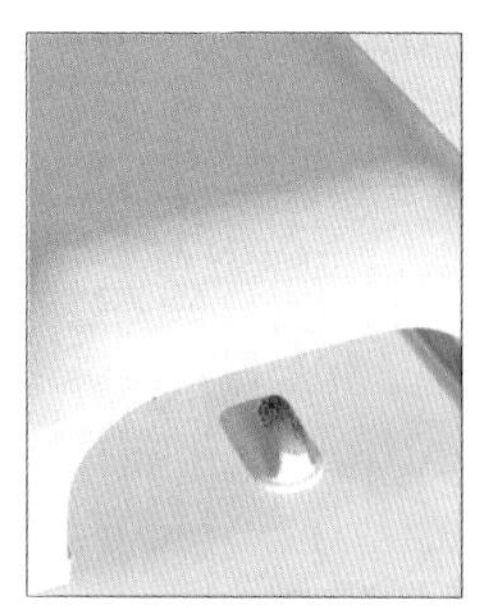

24将涂上上层凝胶的甲片放在光疗灯中，使表面凝胶固化（注：可视甲面造型厚薄来调整上层胶涂刷的次数）。

25最后，再以凝胶清洁绵蘸取凝胶清洁液清除未固化凝胶即可。

效果如图，凝胶清洁完成。

附录
Part9

光疗美甲常见问题解答

Q1 市面上有很多品牌的光疗凝胶，挑选哪一种比较好呢？

A：首先要确认你想要使用何种特性的凝胶。可卸式凝胶可以使用专用卸甲液卸甲，对初学者来说操作比较简单，卸甲也很方便；不可卸式凝胶则需用磨棒或磨甲机抛磨卸除，在修磨上需要特别小心，以免伤及客人真甲。

Q2 水钻饰品需要用什么粘在指甲上呢？

A：可以使用底层凝胶、透明凝胶或是建构凝胶。黏稠度较高的建构凝胶比较容易粘住饰品。

Q3 涂刷凝胶后照灯，甲面为何会有热热的感觉呢？

A：凝胶在硬化的时候，因为化学反应的关系会产生硬化热，当甲面感觉热的时候可以暂时先将指甲伸出光疗灯外，等数秒后再将指甲伸进光疗灯里照射，重复几次之后就不会再感觉到热了。除此之外，如果凝胶涂太厚，特别容易产生硬化热，所以涂刷时，胶量要薄一点，一层一层地上胶。

Q4 光疗凝胶指甲不会伤害真甲吗？

A：正常光疗指甲维持 2~3 周就要卸除，正确的卸甲方式不会对真甲造成伤害。但过度频繁的替换造型，有可能会对真甲带来不好的影响，甚至损伤了真甲。因此，卸甲后建议做基础保养，可维持甲面健康状态。

Q5 凝胶笔有各种不同品牌与形状，该使用哪一种，又该选购几只才好呢？有什么需要注意的地方？

A：一般以尼龙制的凝胶笔居多，另外也有比较高级的动物毛凝胶笔。一般建议使用毛质柔软的貂毛凝胶笔，笔尖的类型为：方形笔、椭圆形笔、细长线笔等。

凝胶笔的数量则依个人使用习惯购买，可依凝胶颜色（透明、浅色、深色、亮彩、白色）分类使用，可以避免光疗笔过度清洁造成笔毛掉落，延长光疗笔的使用寿命。另外，为防止阳光与台灯灯光及 UV 灯、LED 灯的照射，平时一定要将凝胶笔盖上笔盖，笔刷才不会硬掉。

另外，不同的笔型，会用在不同的地方，如下表：

圆头笔（椭圆笔）	方形笔或是椭圆笔	方形笔
涂刷透明凝胶时，通常使用椭圆笔，因为涂刷甲面时能涂到甲面边缘且凝胶较平顺完整	在使用色胶时，则会依在甲面上的造型不同，选用方形笔或是椭圆笔来涂刷色胶	在制作延甲时，会使用方形笔，利用方形笔二侧笔尖来铺胶、勾拉胶，使胶平整
细笔	**斜刷式笔**	
在描绘细致的彩绘图案时，可使用细笔，或用来绘制大理石纹等彩绘	在绘制法式指甲时，可以用斜刷式笔，能描出漂亮的法式弧线	

Q6 为何上层凝胶照灯除胶后，指甲会雾雾的不亮呢?

A: 原因可能如下：

1. **照射时间不足，未完全硬化**
   涂刷太厚可能造成照射时间不足，未完全硬化，所以可以调整上层凝胶照灯时间。

2. **未确实将未硬化凝胶擦拭干净**
   照灯后勿马上直接清洁甲面，待 5~10 秒后再将清洁棉充分地蘸湿凝胶清洁液，确实将指甲清洁擦拭干净。

3. **未定时更换清洁棉**
   凝胶清洁棉需要替换，不可以重复使用多次，脏污与重复使用会使残胶留在清洁棉上，造成亮度不一。

4. **品牌让硬化时间不一**
   硬化的时间也会因凝胶品牌不同而有差异，可向销售该品牌的厂商确认。

5. **品牌不同让亮度不一**
   上层凝胶与清洁液的品牌不同也可能影响亮度，使用同品牌会使亮度比较稳定。

6. **灯管太久未更换**
   若是使用 UV 照灯射，可检查灯管是否太久没更换，使灯管的灯光变弱，造成亮度不一。

Q7 卸甲时，甲面需要抛磨吗?

A: 需要抛磨甲面，经过抛磨可以快速地卸除指甲。

Q8 凝胶可以延甲吗?

A: 可以。但要注意，若使用软式凝胶延甲，长度不宜过长，以免造成指甲断裂。若使用硬式凝胶延甲，其硬度较佳，厚度略较厚，可做较长的延甲。

Q9 亮粉和色粉可以混合使用吗?

A: 可以。也可以与底层胶混合使用，只是固化时间会略微变长，建议每次只混合需要使用的分量，不要先混合放着，因为混胶不易保存且性质不稳定。

若要保存混合后的凝胶，使用的容器需使用不透明且深色的容器，避免阳光与灯光的照射，而影响胶质。

Q10 凝胶清洁液可以用酒精替代吗?

A: 不建议使用酒精清洁，因为各品牌凝胶的特性不同，其光泽上会产生亮度偏差与变化，所以请使用凝胶专用清洁液。

Q11 色胶可以与其他品牌的底层胶与上层胶混合使用吗?

A: 要自行试试才能知道。因为各品牌凝胶的特性不同，不论是色胶的饱和度、是否缩胶或是否会褪色，以及照灯时间的长短皆不相同，另外亮度维持是否一致且持久，这些都是要考量的因素。

Q12 为了不伤真甲，是否可以省略前置甲面抛磨?

A：不可以，如果省略前置甲面抛磨直接进行光疗指甲制作，凝胶易缩胶导致不平整，且易脱落造成甲面角质磨损。只要正确地施行光疗指甲制作且正确地卸甲，是不会对真甲造成伤害的。

Q13 凝胶指甲可以自行剪短剥除吗?

A：不可以，每个人指甲生长速度不同，正常卸甲时间为 2~3 周，需请专业美甲师依正确卸甲方式进行卸甲，切勿自行修剪剥除，以免造成甲面角质受损伤。

Q14 市面上的甲油凝胶与罐装凝胶有何不同?

A：初学者使用甲油凝胶比较容易操作，因为制作时间较为快速，若客人赶时间需快速完成，甲油凝胶是最佳选择。

罐装凝胶因需渐进式涂刷制作，其操作时间较长，但因凝胶饱和度佳，适合设计多样式造型。一般美甲师都会挑选此两种不同产品，以便服务需求不同的客人。

Q15 甲油凝胶与罐装凝胶若太浓稠，会有什么影响? 有什么方式可以改善?

A：如果凝胶太浓稠，会影响涂刷胶时是否平整，太厚容易造成缩胶起皱，甲面也会有热感，不易照干。

甲油凝胶若太浓稠，可以用甲油稀释液稀释；罐装凝胶若太浓稠，可以加适量底层凝胶混合搅拌均匀。

Q16 光疗凝胶指甲有没有难闻的气味?

A：光疗凝胶指甲本身没有挥发性的成分，所以它无臭无味，是美甲沙龙喜爱的服务项目。

Q17 凝胶容易缩胶的原因是什么，该如何避免与注意?

A：先检查在做光疗凝胶指甲时，基本前置作业是否准确，以及凝胶涂刷的量是否过多或过少。另外指甲前端是否有包（封）边，也是造成缩胶原因之一，所以要落实基本前置作业与涂刷凝胶状况，请务必注意胶量多寡并务必记得要包（封）边。

Q18 凝胶里面有气泡，该如何处理?

A：混合彩色凝胶时，慢慢地以の字形的方式搅拌，可以减少气泡的混入，如果已经有气泡混入，可用前端尖锐的工具，如木签等，将气泡刺破。

Q19 光疗凝胶指甲会不会引起皮肤过敏呢?

A：皮肤过敏依个人体质不同，或是遗传因素而有不同反应，在光疗指甲材料里，凝胶清洁液之类的材料含有挥发性液体，皮肤较敏感的人就要特别注意。另外在光疗照灯射时，也必须注意紫外线可能会引发的过敏问题，所以在服务客人之前，可进行问卷咨询，务必确切了解顾客皮肤状况给予适当建议与服务。

Q20 光疗指甲具有强化指甲的作用吗?

A：有的，指甲较脆弱薄软的人，可以选择使用透明凝胶。因为当透明凝胶涂刷于真甲的表面时，会形成保护膜，同时也可以增强甲面的强度硬度，使指甲不易断裂损伤。

Q21 什么类型的客人适合光疗指甲?

A：光疗指甲因其自然与透亮、持久性，且不会造成生活起居上与工作上的不便，所以是爱美女性的最佳选择。

以下职业建议可做光疗指甲保护指甲，或是让整体造型加分，包含家庭主妇、银行职员、医护人员、餐饮清洁人员、航空小姐等，尤其是薄软指甲者可改善指甲断裂情况。

家庭主妇	料理餐食会长时间接触水分与油垢，清洁打扫家务所使用的化学清洁液，容易造成甲面脆弱断裂，制作光疗指甲不会造成日常生活起居的不便，可以增强补甲又可以美化指甲
银行职员	银行的制度与专业形象，需注意仪容，若想要装扮指甲又想要维持较久，光疗指甲是最佳选择，其颜色与造型建议尽量以简约素雅为主。如：单裸色、法式、璀璨、浅色渐层
医护人员	医护人员的专业行象，需注意仪容，但因长时间接触挥发性酒精与药品，常使指甲干裂易断，若想要增强指甲又装扮指甲，光疗指甲是最佳选择，其颜色与造型建议尽量以简约素雅为主，如：单裸色、透明光疗
餐饮清洁人员	餐饮清洁员长时间接触水分与油垢，清洁打扫所使用的化学清洁液，都容易造成甲面脆弱断裂，制作光疗指甲不会造成日常生活起居的不便，可以增强补甲又可以美化指甲
航空小姐	航空的制度与专业形象，服装仪容更是不可忽视，若想要装扮指甲又想要维持较久，光疗指甲是最佳的选择，其颜色与造型建议尽量以简约素雅为主，如：单裸色、法式、璀璨、浅色渐层
薄软指甲者	指甲薄软易断裂者，初期建议以透明光疗来增强补甲，改善指甲不易断裂，改善后则可依个人喜好选择光疗指甲造型

Q22 对第一次做光疗指甲的人有什么建议呢？

A：对于初次尝试光疗指甲的人，建议可以做简单的单色光疗，体验光疗指甲的特性与美丽，若想做实用又方便穿搭的款式，可选择渐层璀璨造型。

另外，初次做光疗指甲的人，不要接触易染色的物品，如：报纸、防晒油、染发剂、强效清洁剂、深色易染色衣裤等，且勿进行游泳、泡汤活动，易造成凝胶甲面雾化、亮度与附着力不易维持。

正常光疗指甲维持 2~3 周即需回店家卸甲，若甲面出现翘起情况，切勿自行拔除或使用不当方式去除，以免造成甲面断裂受损。

Q23 光疗指甲与水晶指甲的不同？

A：

	水晶指甲	光疗指甲
成分	成分为丙烯酸，经温度与时间产生固化现象	成分为丙烯酸酯（含发光剂），经光疗灯照射后产生固化现象，固化时分子震荡后会有灼热感，完成后即消失
味道	有	无
上胶方式	无	涂刷胶时需单一方向上胶且一层一层地上胶
胶是否整平	否，水晶粉不会自动平整，需由水晶笔刷刷平整	是，光疗胶会自动整平
卸甲方法	卸甲用多孔海绵，可用卸甲液卸除	光疗指甲分两种卸甲方法，硬式凝胶，需要用磨除式卸甲；软式凝胶可用凝胶专用卸甲液卸除
溶剂存放温度	水晶溶剂是挥发性强的有机溶剂，存放的温度需在 20±5℃（可以放在阴凉处但不可放在潮湿处）	凝胶的存放需在 20±5℃（可以放在阴凉处但不可放在潮湿处）
其他特性	1. 水晶指甲可延伸长度较长，甲形可多变 2. 可矫正指形，改善极短或外观不佳的指甲 3. 可协助咬甲症者改善啃咬指甲的习惯	1. 凝胶的上层凝胶会接触空气产生抑制层，所以不会干，需要用凝胶清洁液清洁甲面 2. 凝胶若上太薄则容易断裂，故甲面需做足够的弧度与厚度 3. 光疗指甲的亮度不因碰触溶剂或去光水等液体而产生雾化不亮，其亮度维持较水晶指甲久